固体物理学

― 工学のために ―

筑波大学名誉教授
理学博士
岡崎　誠　著

裳華房

SOLID STATE PHYSICS
for
ENGINEERING STUDENTS

by

Makoto OKAZAKI, DR. SC.

SHOKABO
TOKYO

まえがき

固体物理は，基礎から応用までに広がる壮大な分野である．固体物理の特徴は現象が多彩なことである．それは舞台となる物質の，無限ともいえる多様性に由来する．そのことによって，固体物理はめざましい展開を果たしてきた．固体物理の成果は物理の領域を超えて，電子工学，化学，材料工学，生物工学から情報工学にまで取り込まれている．これらの分野の人たちにとっても，基礎知識としての固体物理の重要性は現在 急速に増えている．

工学のための固体物理

非常に広範な固体物理の内容をどのように講義すればよいか，また教科書はどんなものが適当かという問題は，教える側・学ぶ側の双方が頭を悩ます問題である．

本書は，工学系の 3，4 年生を対象としている．工学は応用の学問であるから知識を浅く広く教え，教科書はハンドブック的な本を使うといった従来の考え方は，もはや通用しない．技術が高度化し発達が急速な時代には，学生時代に学んだトピック的なことの多くは，10 年後には過去のものとなっている．研究，開発において必要になるのは，当時存在しなかった分野であり，その際役に立つのは，基礎の知識と考え方を応用する力であろう．実際，基礎的な工学を学んだ人たちの，さまざまな分野での活躍はめざましい．

固体物理の特徴と本書の視点

広範な固体物理の特徴を，あえて次の 3 点にあると考えた．

① 構成粒子がミクロである

ミクロだから量子力学が必要である．また多数であるために粒子の統計性が重要となる．物性のミクロなメカニズムを，観測されるマクロな量と関連づけることが必要である．

② 結晶内電子に対して，自由電子近似が有効である

自由電子モデルで多くの現象が解釈できる．さらに，結晶ポテンシャルの効果が本質的な問題も，自由電子から出発して近似を進めることによって説明できる．

③ 物による多様性がある

その違いは元素の周期律と関連が深い．

本書を書くときに意識した固体物理に対する視点は，上にあげた3つの特徴に対応して

① 古典論と量子論

② 自由電子と結晶内電子

③ 物による物性の違い

の3点である．これらは，本書における各章を縦糸とすれば，全体を織りなす横糸のようなものである．

本書の内容

物質科学に必要な固体物理のミニマムとして，この本では，基礎的な事項と重要な物性を解説する．

基礎の中で，結晶構造と $\boldsymbol{k}$ 空間（1，2章），量子力学（3章），固体の結合（4章）は，固体の成り立ちに関することである．次に物質の構成要素である原子と電子の状態について，格子振動（5章），自由電子論（7章），エネルギーバンド（8章），バンド理論の応用（9章）を解説する．

物性は総花的になるのを避けて，比熱（6，7章），熱伝導（6章），電気伝導（10章），光学的性質（11章），磁性（12章），超伝導（14章）をとり上げた．それぞれの章も，項目を多くあげるよりは，統一的な理解が得られることを目指した．

具体的な物質としては，物理的にも材料としても重要な半導体（13章）と超伝導体（14章）をとり上げ，その性質と，デバイスの基礎となる接合をく

わしくのべる．最後に多体問題である電子間相互作用をとり上げる（15 章）．

上にあげた視点のうちで，① の古典論と量子論の対比に関して例をあげれば，電子を運動量 $\boldsymbol{p}$ の粒子とみるのは古典論であり，電子の状態をエネルギーで指定しバンドで考えるのが量子論である．電気伝導について，気体分子運動論を使うドルーデの理論は前者の立場であり，$\boldsymbol{k}$ 空間で論じるのは後者である．このとき量子論的な粒子は，波束の考えで古典論と対応づけられる．② の自由電子近似は，単純な金属でそのまま成り立つ．バンドギャップが生じて金属と絶縁体を区別するのには，結晶ポテンシャルが不可欠だが，自由電子近似が優れているのは，結晶ポテンシャルの効果を十分にとり入れられることである．そこから展開された今日の高度なバンド理論は，すべての物質に適用できるようになった．

③ の物による違いは，構成原子の周期律がもとになる．物性を議論するときには，物による違いをつねに意識した．しかし紙数の都合もあり，実際に論じることができたのは，結晶構造と結合の問題や，金属，半導体，超伝導体といった大分類に関することに止まっている．

技術的なこと

全体を通じて，とり上げる項目を絞り，書く以上は突っ込んだ理解ができるようにていねいに記述した．例えばエネルギーバンドの章で式が多く現われるのは，自分で式をフォローしたほうが内容をはっきり把握できると考えたからである．しかし大切なのは式を導くことではなくて，結果の物理的な意味を理解することである．

各節のタイトルに，その内容を一言で表わすような，サブタイトルをつけた．これはその節に書かれていることを，いくらかでも予知させるためである．最初はその意味が理解できなくても，その節を読み終えてから見直してもらうと理解を助けると思う．

章末の演習問題はなるべく本文を補うものを選んだ．また関連するほかの章の項目をそのつど引用し，固体物理の全体像をもつための助けとなるように心掛けた．

コラムでは，本文で書いたことを見直したり，やや高度な話題を補ったりした．本文執筆中はこれを考えるゆとりはなかったが，以前出した本の同種のものに感想を頂いたことを思い出して，書く気になった．気分転換に読んで頂ければ幸いである．

この本を書いている3年の間に，多くの先輩・友人たちにいろいろな形で励ましを頂いた．また長年の教育・研究生活において，学生諸君との折々の会話から教えられたことも多い．心から謝意を表する．出版に際して，裳華房編集部の亀井祐樹氏，小野達也氏に大変お世話になったことを感謝する．

2002年9月

岡　崎　　誠

目　　次

1.　結晶構造と周期性

2.　k　空　間

3.　量 子 力 学

4. 固体の結合

5. 格子振動

6.　格子比熱と熱伝導

7.　自由電子論

8.　エネルギーバンド

9. バンド理論の応用

10. 電 気 伝 導

11. 光学的性質

12. 磁　　性

13. 半導体の物理

コ　ラ　ム

1 結晶構造と周期性

多種多様な固体物性を理解するとき，一番もとになる情報が原子配列である．原子が周期的に並んでいる結晶構造は，ブラベ格子と基本構造の2つから成り立っている．基本ベクトルが決めるブラベ格子によって基本単位胞が決まる．これらの概念を，面心立方格子，NaCl構造など代表的な例を示して説明する．結晶構造は，電子状態や格子振動をはじめ種々の物性を理解し，分類するもとになる．乱れた原子配列をもつ非晶質の構造にも，結晶と類似の短距離秩序があることをのべる．

1　格子とは何か　～結晶構造の枠組み～

結晶構造の議論では結晶のもつ幾何学的な性質だけに注目し，結晶を構成している原子の違いを無視する．

まず結晶構造の枠組みである**格子**を，わかりやすい2次元の場合について説明する．例として，正方形からできている格子の各点に，同じ種類の原子がある場合を考える．これが正方格子である（**図1･1** a）．各点に2個またはそれ以上の原子団がある場合を図1･1 bに示す．このときの格子も，同じ正方格子である．2つの場合とも，周期的な繰り返しの様子は同じであり，違いは繰り返される中味にある．格子とは，繰り返しの様子を規定するものである．繰り返されるものが2個以上の原子である格子を，**基本構造をもつ格**

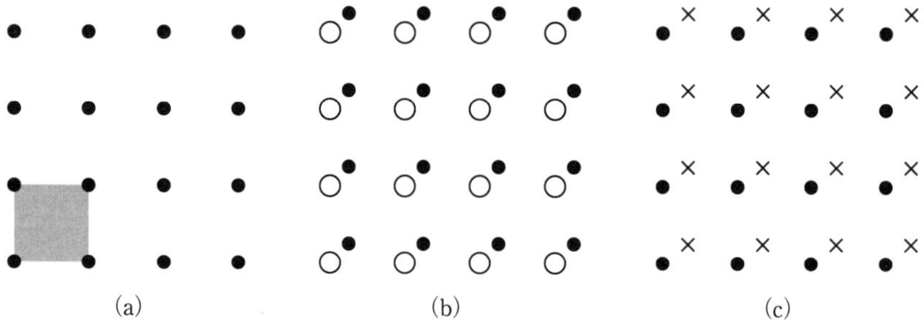

図1･1　2次元格子の定義

子という．繰り返されて結晶空間を形成する単位領域(図1･1aのアミ部分)を，その中の任意の1点で代表させたものを，**格子点**という．格子点として，原子が存在している位置を選ぶ必要はない．例えば図1･1cに示すように原子がない点（×印）を用いても，同じ格子が定義される．この事実は，格子が抽象的な概念であることを理解させるだろう．

このような格子を3次元で考えることができる．ブラベ格子のきちんとした定義を2通り与えておこう．

① **直観的定義**　無限個の点の配列で，どの点からみたときも，景色が同じであるような点の集合を**ブラベ格子**という．

正方格子の例で原子のある点からみたときに，どの点からの景色も同じであることは明らかである(図1･1a)．原子がない点からみたときに，同じ景色であるような点の集合（図1･1c）も，やはり正方格子である．**図1･2**の蜂の巣格子では，すべての原子が同等ではなく，例えばAとA′では周りの景色が違う．同等の点の組はA，B，CとA′，B′，C′であり，それぞれが六方格子である．したがって，蜂の巣格子のブラベ格子は，六方格子である．

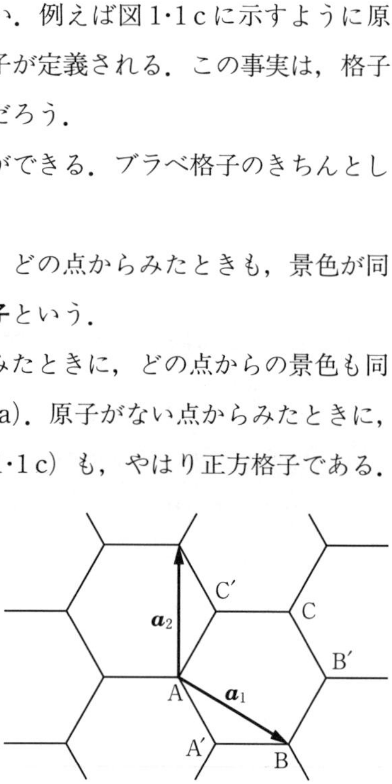

図1･2　蜂の巣格子

格子には，正方格子のようにすべての格子点が同等であるブラベ格子と，蜂の巣格子のように同等でない格子点をもつ**非ブラベ格子**がある．後者が，基本構造をもつ格子である．蜂の巣格子の基本構造は A，A′ である．あとで，格子は $\boldsymbol{k}$ 空間の基本域を決め(2 章)，基本構造は局所的な原子の結合を支配する（4 章）ことを知る．

② **数学的定義**　同一平面上にない基本ベクトルの組 $\boldsymbol{a}_1$，$\boldsymbol{a}_2$，$\boldsymbol{a}_3$ の線形結合

$$\boldsymbol{R}_n = n_1\boldsymbol{a}_1 + n_2\boldsymbol{a}_2 + n_3\boldsymbol{a}_3 \tag{1.1}$$

で与えられる点の集合が，3 次元ブラベ格子である．n_1，n_2，n_3 はすべての整数である，

(1.1)は全格子点を表わす**格子ベクトル**である．3 次元ブラベ格子の直観的定義は，数学的定義と関連づけて次のようにいえる．点 $\boldsymbol{r}$ からみたときの原子配列が，$\boldsymbol{R}_n$ だけずらした

$$\boldsymbol{r}' = \boldsymbol{r} + n_1\boldsymbol{a}_1 + n_2\boldsymbol{a}_2 + n_3\boldsymbol{a}_3 \tag{1.2}$$

からみたときと同じであるような，基本ベクトル $\boldsymbol{a}_1$，$\boldsymbol{a}_2$，$\boldsymbol{a}_3$ でブラベ格子が定義される．

格子は，(1.1) の格子ベクトルによる並進に対して不変である．この並進対称性（周期性）が，固体物理の基本定理であるブロッホの定理を導くことになる（8 章 1・3 節)．

2 次元の場合の格子ベクトルは

$$\boldsymbol{R}_n = n_1\boldsymbol{a}_1 + n_2\boldsymbol{a}_2 \tag{1.3}$$

である．直角座標 x，y，z 方向の単位ベクトルを，それぞれ $\boldsymbol{e}_x$，$\boldsymbol{e}_y$，$\boldsymbol{e}_z$ で表わすことにする．正方格子の基本ベクトルは，

$$\boldsymbol{a}_1 = a\boldsymbol{e}_x, \qquad \boldsymbol{a}_2 = a\boldsymbol{e}_y$$

である．a は格子定数である．蜂の巣格子の基本ベクトルは

$$\boldsymbol{a}_1 = a\boldsymbol{e}_x, \qquad \boldsymbol{a}_2 = -\frac{a}{2}\boldsymbol{e}_x + \frac{\sqrt{3}}{2}a\boldsymbol{e}_y$$

である．

2次元ブラベ格子には，正方格子，六方格子，長方格子，面心長方格子，斜交格子の5種類がある．これを**図1·3**に示す．各ブラベ格子の違いは，$\boldsymbol{a}_1$，$\boldsymbol{a}_2$の大きさと角度で決まっている．正方格子と六方格子では，$\boldsymbol{a}_1$と$\boldsymbol{a}_2$の大きさが等しい．$\boldsymbol{a}_1$と$\boldsymbol{a}_2$のなす角は，正方，長方格子では90°，六方格子では120°である．面心長方格子では，φが長方格子によって決まる．斜交格子は，$\boldsymbol{a}_1$，$\boldsymbol{a}_2$の大きさと角度がともに任意という，何の条件もない最も一般的な場合である．斜交格子以外に課せられる，基本ベクトルの大きさと角度に関する条件は，格子が$2\pi/2$，$2\pi/3$，$2\pi/4$，$2\pi/6$の回転操作のどれかに対して不

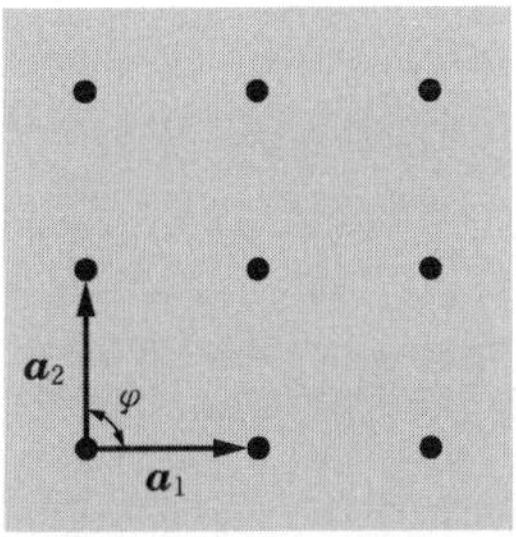

(a) 正方格子
$|\boldsymbol{a}_1| = |\boldsymbol{a}_2|$，$\varphi = 90°$

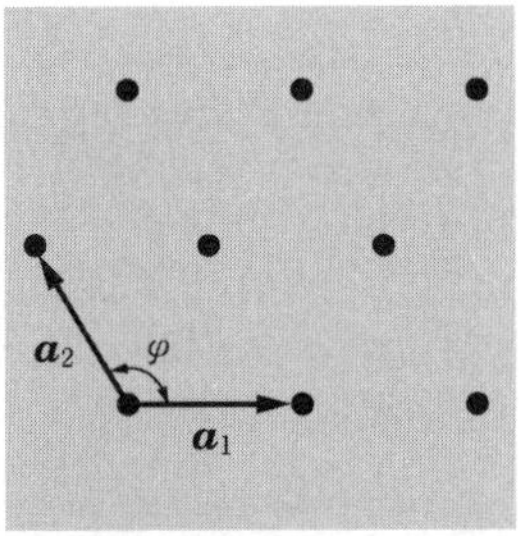

(b) 六方格子
$|\boldsymbol{a}_1| = |\boldsymbol{a}_2|$，$\varphi = 120°$

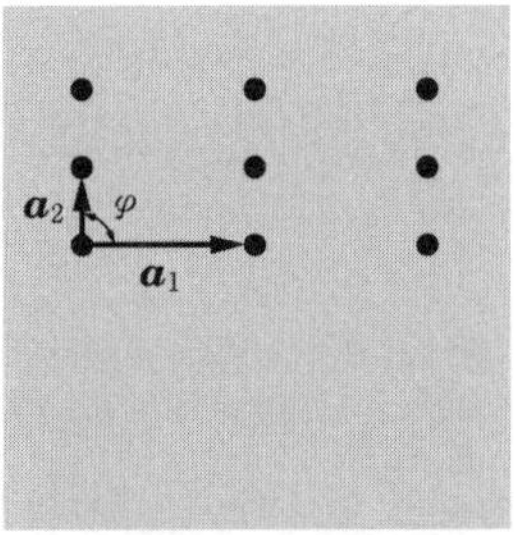

(c) 長方格子
$|\boldsymbol{a}_1| \neq |\boldsymbol{a}_2|$，$\varphi = 90°$

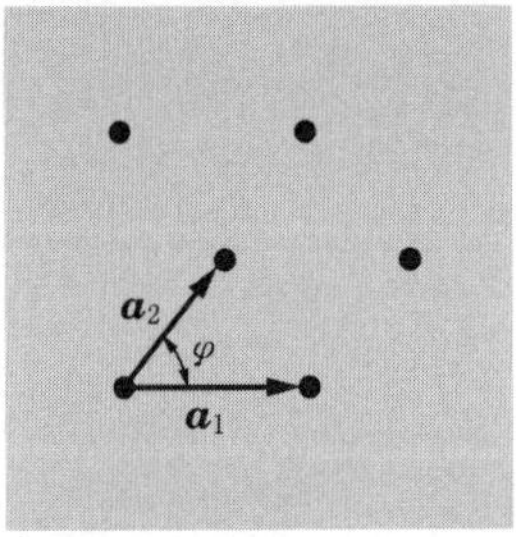

(d) 面心長方格子
$|\boldsymbol{a}_1| \neq |\boldsymbol{a}_2|$

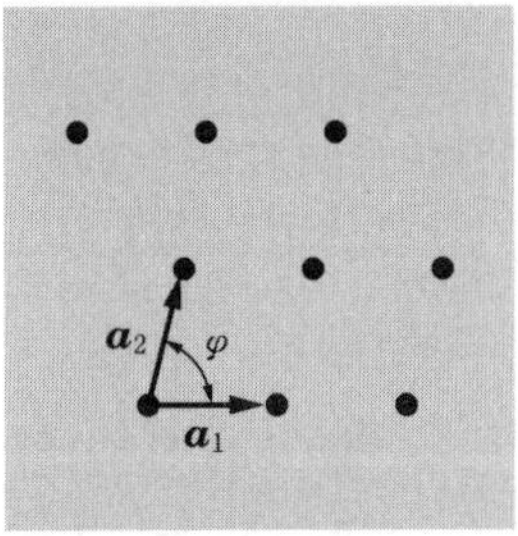

(e) 斜交格子
$|\boldsymbol{a}_1| \neq |\boldsymbol{a}_2|$，$\varphi \neq 90°$

図1·3　2次元ブラベ格子

変に保たれるという性質を満たすために必要となる．そしてこの性質のために，格子の基本領域をずらしていったとき，空間に隙間ができないのである．

3 次元ブラベ格子の例を示す．単純立方格子の基本ベクトルは，同等な 3 軸 x，y，z 方向を同じ大きさにとり

$$\boldsymbol{a}_1 = a\boldsymbol{e}_x, \qquad \boldsymbol{a}_2 = a\boldsymbol{e}_y, \qquad \boldsymbol{a}_3 = a\boldsymbol{e}_z \tag{1.4}$$

に選ぶのが自然である．立方格子には，単純立方格子のほかに，体心立方格子，面心立方格子がある．

体心立方格子（body-centered cubic. 略して bcc 格子という）を**図 1･4** に示す．これは立方体のコーナーと中心に格子点をもつ．構造から考えやすい基本ベクトルは

$$\boldsymbol{a}_1 = a\boldsymbol{e}_x, \qquad \boldsymbol{a}_2 = a\boldsymbol{e}_y, \qquad \boldsymbol{a}_3 = \frac{a}{2}(\boldsymbol{e}_x + \boldsymbol{e}_y + \boldsymbol{e}_z) \tag{1.5}$$

である（図 1･4 a）．べつの基本ベクトルの選び方として

$$\left.\begin{aligned} &\boldsymbol{a}_1 = \frac{a}{2}(\boldsymbol{e}_y + \boldsymbol{e}_z - \boldsymbol{e}_x), \qquad \boldsymbol{a}_2 = \frac{a}{2}(\boldsymbol{e}_z + \boldsymbol{e}_x - \boldsymbol{e}_y), \\ &\boldsymbol{a}_3 = \frac{a}{2}(\boldsymbol{e}_x + \boldsymbol{e}_y - \boldsymbol{e}_z) \end{aligned}\right\} \tag{1.6}$$

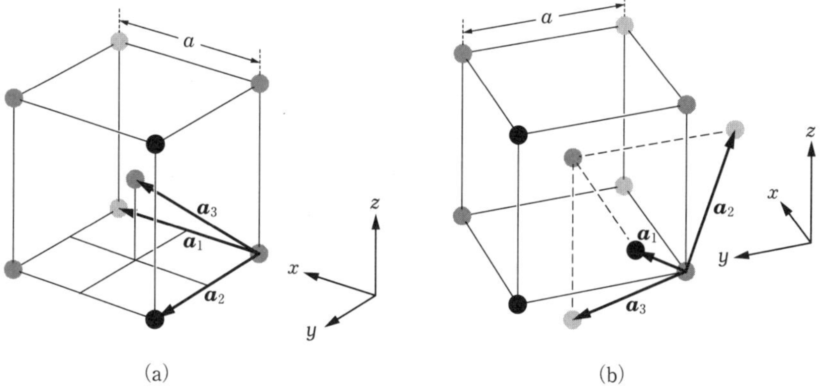

図 1･4　体心立方格子

がある(図 1･4 b)．(1.6) では $\boldsymbol{a}_1$ ～ $\boldsymbol{a}_3$ を同等にみているので，立方対称性に則している．

面心立方格子 (face-centered cubic. fcc 格子) は，イオン結晶や半導体など多くの物質にみられる重要な例である (**図 1･5**)．基本ベクトルは

$$\left.\begin{aligned} \boldsymbol{a}_1 &= \frac{a}{2}(\boldsymbol{e}_y + \boldsymbol{e}_z) \\ \boldsymbol{a}_2 &= \frac{a}{2}(\boldsymbol{e}_z + \boldsymbol{e}_x) \\ \boldsymbol{a}_3 &= \frac{a}{2}(\boldsymbol{e}_x + \boldsymbol{e}_y) \end{aligned}\right\} \qquad (1.7)$$

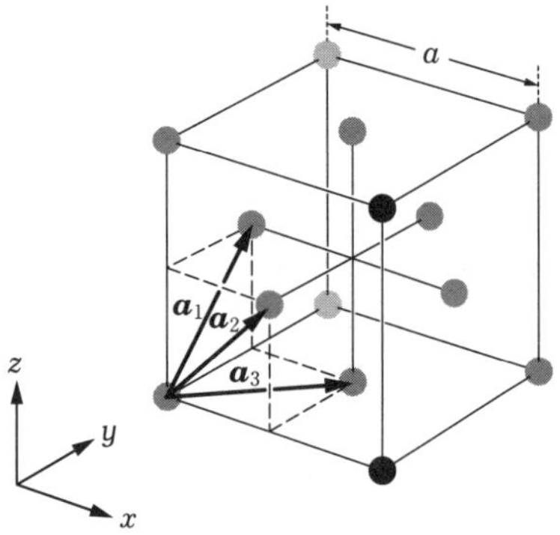

図 1･5　面心立方格子

にとるのが普通である．

3 次元のブラベ格子は，全部で 14 種類ある．数が限られているのは，並進対称性の条件を満たす必要があるためである．14 個は，格子点の周りの対称性によって 7 つの晶系に分類される．ブラベ格子のことを，空間格子とも呼ぶ．その種類と性質については，キッテル 著『固体物理学入門 上』(丸善) を参照するとよい．

2　基本単位胞　～空間格子を表わす最小の単位～

空間を，格子の基本ベクトルがつくる平行六面体に分割することを考える．領域を格子ベクトルで変位させたとき，空間を隙間なくかつ重なりなく埋めるような体積最小のものを，**基本単位胞** (primitive unit cell) という．同じ性質をもち体積が最小でないものを，一般に**単位胞**という．

2 次元の場合には，$\boldsymbol{a}_1$，$\boldsymbol{a}_2$ を境界とする平行四辺形が基本単位胞である．基本単位胞はつねに 1 個の格子点を含む．単位胞をなす四辺形の 1 つの頂点

は，それが接する4つの単位胞で共有されているから，1つの単位胞には1/4が属する．したがって，単位胞は全体で $(1/4) \times 4 = 1$ 個の格子点を含んでいる．

格子がつくる空間は，基本単位胞が格子ベクトルによって並んだものである．$\boldsymbol{a}_1$，$\boldsymbol{a}_2$ の選び方には任意性があるが，どのように選んでも基本単位胞の面積は等しい（演習問題2）．

3次元の場合の基本単位胞は，3つの基本ベクトル $\boldsymbol{a}_1$，$\boldsymbol{a}_2$，$\boldsymbol{a}_3$ で張られる平行六面体である．基本単位胞の体積は

$$V = |(\boldsymbol{a}_1 \times \boldsymbol{a}_2) \cdot \boldsymbol{a}_3| \qquad (1.8)$$

で与えられる．単純立方格子の基本単位胞は立方体である．面心立方格子の基本単位胞は，**図1·6** の斜方六面体になる．このときの基本ベクトルは (1.7) である．

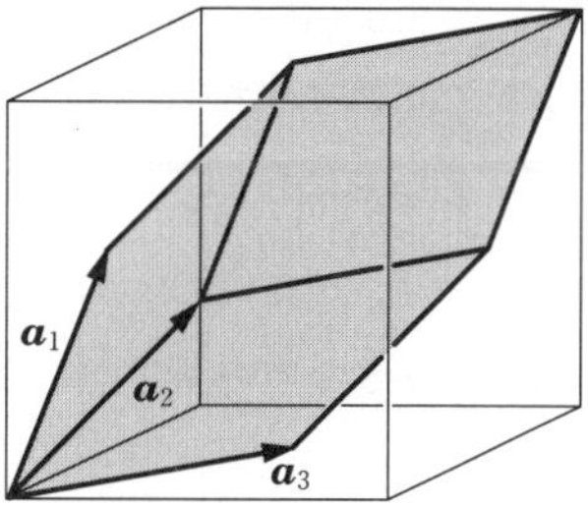

図1·6　面心立方格子の基本単位胞

基本単位胞より大きいが，格子の対称性がわかりやすい単位胞のとり方がある．例えば面心立方格子の単位胞として，体積が4倍ある図1·6の立方体を選ぶことがある．これを基本単位胞に対して，**慣用単位胞**あるいは単に単位胞 (unit cell) と呼んでいる．図1·6の慣用単位胞には4つの格子点が含まれる．

結晶にある操作を行ったとき同じ構造となるような操作を，その結晶の**対称操作**という．対称操作としては，当然，格子ベクトルによる移動がある．そのほかに，ある軸の周りの $2\pi/n$ $(n = 1, 2, 3, 4, 6)$ の回転，ある点での反転（$\boldsymbol{r}$ を $-\boldsymbol{r}$ とすること），回転と回転軸上の1点での反転を組み合わせた操作がある．対称操作の数が多いとき，その結晶は対称性がよいという．

物質の性質はその結晶の対称性を反映するから，いろいろな物性を対称性で分類すると便利なことが多い．その意味で対称性の議論は重要となる．くわしくは，小野寺嘉孝 著『物性物理/物性化学のための 群論入門』（裳華房）を

参照することをすすめる.

ある格子点からみて，近くにある格子点との間を結ぶ線の垂直二等分面によって囲まれる最小の領域で，その格子の**ウィグナー－サイツセル**を定義する. 単純立方格子では，ウィグナー－サイツセルが基本単位胞に一致する．ウィグナー－サイツセルの形が基本単位胞と異なる場合でも，両者の体積は等しい．体心立方格子のウィグナー-サイツセルを**図1･7**に示す. 表面の正六角形は，原点と最近接格子点［1/2, 1/2, 1/2］を結ぶ線の垂直二等分面で，同等な面が8つある．正方形は第2近接格子点[1, 0, 0]との垂直二等分面で，6つある.

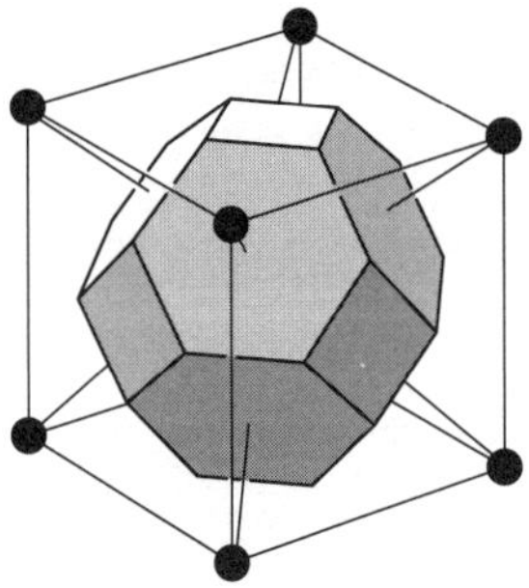

図1･7　体心立方格子のウィグナー－サイツセル

結晶構造において，ある原子の最近接原子の数を，**配位数**という．単純立方格子の配位数は6，体心立方格子では8，面心立方格子では12である．配位数は，結晶の結合形態と関係が深いことを4章でのべる.

格子の役割は何か．それは結晶構造と2章でのべる $\boldsymbol{k}$ 空間のブリュアン域を決めることである．物性を表わすさまざまの物理量をそこで表わすことになる. 同じ立方晶系であっても格子が違うと，ブリュアン域は違う形である.

3　結晶構造　～物質を原子配列で分類する～

結晶構造と格子との関係を，次の式で概念的に表わすことができる.

$$\text{結晶構造} = \text{格子} + \text{基本構造} \tag{1.9}$$

つまり格子が同じでも，基本構造の違いによって結晶構造はいろいろなものになる．基本構造がない単純格子の場合には，格子と結晶構造が一致する．この場合には結晶の全原子が同じ種類である．以下で，代表的な結晶構造を説明する.

3・1 結晶構造の例

基本構造をもたない結晶構造としては，例えば単純立方，面心立方，体心立方格子が，それぞれの結晶構造を与える．体心立方構造をとるものには，ナトリウム，カリウム，α-鉄，面心立方構造にはアルミニウム，銅，金などがある．

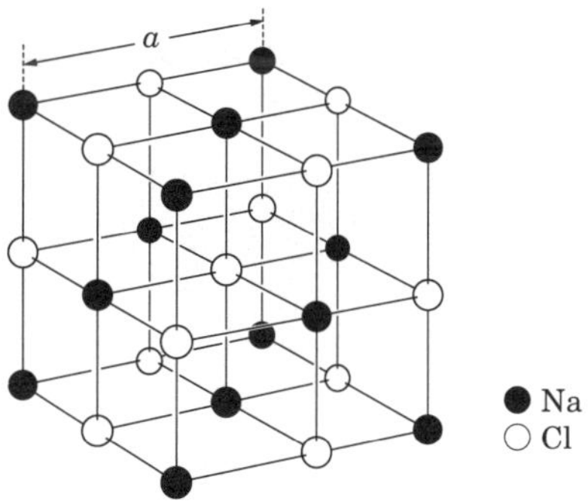

図 1・8 NaCl 構造

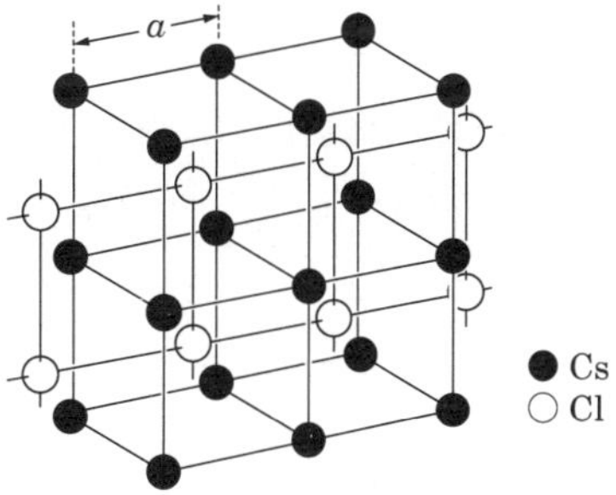

図 1・9 CsCl 構造

基本構造をもつ結晶構造の例として，NaCl 構造を**図 1・8** に示す．これは，(0, 0, 0) と (1/2, 1/2, 1/2) を基本構造とする面心立方格子である．面心立方構造と NaCl 構造で，2 章で導入するブリュアン域は同じ形になる．ただし，配位数は 12 と 6 で違う．CsCl 構造を**図 1・9** に示す．これは (0, 0, 0) と (1/2, 1/2, 1/2) を基本構造とする単純立方格子であり，配位数は 8 である．ダイヤモンド構造を**図 1・10** に示す．これは (0, 0, 0) と (1/4, 1/4, 1/4) を基本構造とする面心立方格子である．この構造では，各原子は正四面体の中心にあっ

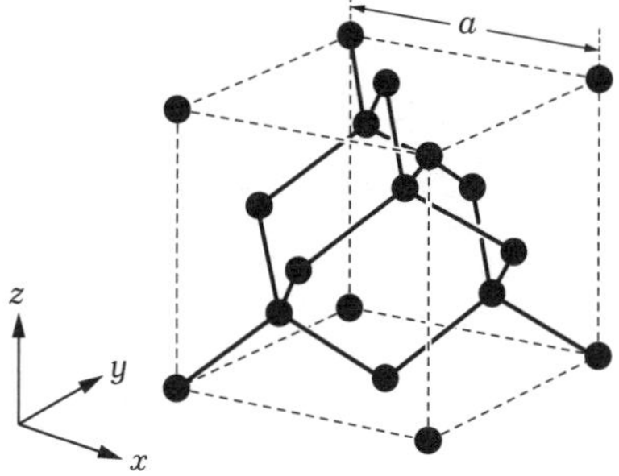

図 1・10 ダイヤモンド構造

て，最近接原子は正四面体の頂点にある．配位数は4と少ない．シリコン，ゲルマニウムなど共有結合をしている元素半導体結晶が，この構造である．

ZnS構造はダイヤモンド構造で，$(0,0,0)$ と $(1/4,1/4,1/4)$ が異種原子のものであり，13-15族化合物半導体のガリウムひ素などがこの構造をもつ．六方最密構造は三角格子と，三角形の中心に頂点をもつ三角格子を交互に重ねたもので，この構造のブラベ格子は六方格子で，その基本ベクトルは

$$\left.\begin{aligned} \boldsymbol{a}_1 &= a\boldsymbol{e}_x \\ \boldsymbol{a}_2 &= -\frac{a}{2}\boldsymbol{e}_x + \frac{\sqrt{3}}{2}a\boldsymbol{e}_y \\ \boldsymbol{a}_3 &= c\boldsymbol{e}_z \end{aligned}\right\} \tag{1.10}$$

である．この格子を $(2/3)\,\boldsymbol{a}_1 + (1/3)\,\boldsymbol{a}_2 + (1/2)\,\boldsymbol{a}_3$ だけずらして重ねたのが六方最密構造である．このとき原子は密につまって，密度が大きくなっている．最密構造は，同種原子がなるべく多く接触したときに実現する．金属は原子が近くに集まろうとするので，この構造である．

3・2　結晶構造の役割

どんな物性を議論するときでも，最初に問われるのはその物質の結晶構造である．それほど基本的なデータである結晶構造は，物性においてどんな役割を果たしているのだろうか．まず原子が凝集して結晶となるときの結合のタイプは結晶構造と密接な関係がある．各原子を剛体球と考え，それを重なりも隙間もないように空間に配置したとき，空間を占める割合を**充塡率**という．その値は，単純，体心，面心立方，ダイヤモンド構造について，0.52，0.68，0.74，0.34である（演習問題6）．金属に体心，面心立方構造のものが多いのは，それが金属結合に適しているからである．ダイヤモンド構造では隙間が大きいが，電荷分布が空間的に集中して共有結合している．

例えば，格子が同じでブリュアン域が同じであっても，結晶構造が違うと電子状態は違ってくる（8章）．結晶構造が同じ物質の電子状態には，似てい

る点が多い．その結果，物性が定性的に似たものになっている．それゆえ物性を系統的に理解するのには，結晶構造が出発点となる．しかし構成原子によって電子状態を占有する電子の数が異なり，占有の仕方が違ってくる(9章1節)．定量的なことをいえば，同じ結晶構造でも物によって格子定数が違う．そのため，物性に定量的な違いが現われることになる．

基本的な問題として，ある物質が，なぜその結晶構造なのかということがある．それに対する答えを一言でいえば，ほかのどんな構造よりも，その構造のときに系のエネルギーが低いからである．そのとき，4章でのべる結合の問題が密接に関係している．この問題は最近，第一原理的な計算によって盛んに研究されている．

4　非晶質固体と液体の構造　〜短距離秩序は結晶と類似〜

結晶の構造は規則的である．それに対して原子配列が周期的でない乱れた構造の物質を，**非晶質**（**アモルファス**）という．この節をおく意味は，アモルファス物質が材料として用いられることが多いこと，その物性を理解するには，やはり構造を知る必要があるからである．液体では原子は動きまわる．しかし，瞬間的な原子配置は非晶質固体と似たところがある．

非晶質の構造を完全に記述するには，すべての原子の位置を与える必要がある．しかしそれは不可能であるし，有用でもない．結晶では最近接原子，第2近接原子の数とその原子間距離が決まっている(**短距離秩序**)．これを周期的につないで結晶構造ができている(**長距離秩序**)．非晶質でも近接原子の数と原子間距離は意味がある．結晶との違いは，それがある値の周りにばらつきをもつことである．ある点から離れていくにつれて，ばらつきが積み重ねられる結果，遠いところでみると構造がランダムになっている．つまり，非晶質や液体の乱れた構造にも，ある種の秩序がある．この秩序は，近接する原子の位置関係だけにみられる局所的秩序である．これは結晶内でも原子

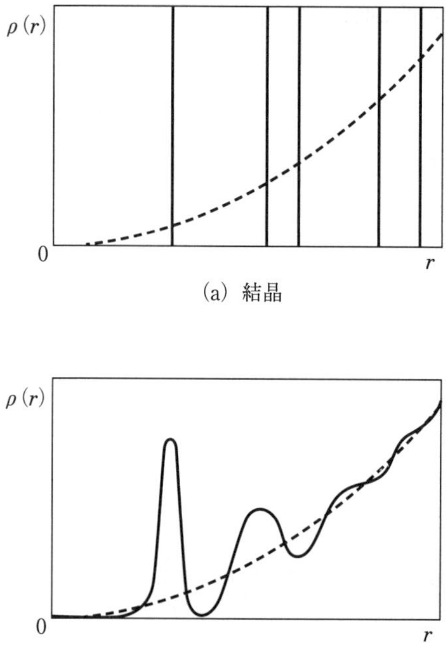

(a) 結晶

(b) 非晶質

図 1·11　結晶と非晶質の動径分布関数

や分子の短距離的な結合が基本になっていることから理解できるだろう．

非晶質の構造を表わすのには，**動径分布関数**を使う，ある原子から距離 r と $r+dr$ の間の球殻内に原子を見出す確率を $\rho(r)\,dr$ としたときの $\rho(r)$ が，動径分布関数である．結晶の動径分布関数は，近接原子間距離の点だけに値をもつ鋭いピーク構造となる(**図 1·11** a)．非晶質でもピークの位置は結晶とほとんど同じであるが，ある幅をもっている(図 1·11 b)．距離が遠くなると幅が広がり，動径分布関数に構造が見えなくなる．X 線，中性子などの回折の測定から，動径分布関数を知ることができる．

この章では，原子は結晶構造で決まる位置に静止していると考えた．しかし実際には，平衡点付近で熱振動をしている．これが格子振動であることを 5 章で学ぶ．

演習問題

1. 体心立方格子の角の格子点と，体心の格子点で，景色が同じであることを確かめよ．

2. ブラベ格子の基本ベクトルの選び方には任意性があることを，斜交格子の場合に図示せよ．

3. 単純，体心，面心立方構造について，基本単位胞の体積，単位体積当たりの格子点の数，最近接原子間距離，第 2 近接原子の数を求めよ．ただしどの構造も，慣用単位胞の 1 辺の長さを a とする．

4. 銅の結晶構造は面心立方構造で，格子定数は 3.61 Å である．銅の密度を求めよ．ただし，銅 1 モルの質量は 63.5 g である．

5. ダイヤモンド構造で $(0,0,0)$ にある原子の最近接原子は，正四面体の頂点にあることを確かめよ．

6. 単純立方構造，面心立方構造，ダイヤモンド構造の充塡率を求めよ．

教えてみて，初めてわかる

ある科目を初めて講義したとき，それまでわかっていたつもりなのに，実はそうでなかったことを知らされた．そのとき“これで本当にわかった”と思ったのだが……．あとで教科書を書くことになってもう一度“まだ理解が不十分だったが，今度こそは”と思った．自分の言葉で表現することによって，理解が確かなものになっていくということであろう．物事の理解にはこのような段階があるというのが，お粗末な経験則である．

“お粗末な”というのは，これは恥ずべきことであり，初めからきちんと理解できればよいからである．そうでないと，教えたり書いたりする機会がなければ，いつまでも理解できないままでいることになる．上滑りで，すぐその気になる私の性格が，原因であろう．

この本を書くとき，そんな人たちへの助けにという気持ちがあって，ていねいに説明するように心掛けた．とはいえ，ていねいすぎることを恐れる．読みながら行間を埋めようと悩むことも，役に立つと思うからだ．それにギャップの場所や大きさが人によって違うのが難問である．

2

$\boldsymbol{k}$ 空間

結晶に現われるいろいろな物理量は，結晶構造と同じ周期をもつ関数である．これを扱うのに，波数 $\boldsymbol{k}$ を変数とする逆格子空間（$\boldsymbol{k}$ 空間）を導入する．逆格子は実空間の各ブラベ格子に対して決まる．実空間の基本単位胞に対応して，$\boldsymbol{k}$ 空間ではブリュアン域が定義される．格子振動，電子のエネルギーバンドをはじめ多くの物性が，ブリュアン域で表現される．逆空間だから，$\boldsymbol{r}$ 空間の広い領域が $\boldsymbol{k}$ 空間の狭い領域に対応する，という関係がある．

1　$\boldsymbol{k}$ 空間とは　～周期系を扱うにはこれが便利～

1・1　$\boldsymbol{k}$ 空間の導入

固体物理では，$\boldsymbol{k}$ という変数がしばしば現われる．**$\boldsymbol{k}$ 空間**の概念がわかり難いために，固体物理の理解に最初でつまずくことがある．それを避けるために，この章では $\boldsymbol{k}$ 空間を $\boldsymbol{r}$ 空間と対比させて，ていねいに説明する．

$\boldsymbol{k}$ は，もともと物理量の空間的変化を波で表わしたとき，それを特徴づける**波数**であり，長さの逆の次元をもっている．量子力学や固体物理では粒子を波と考えるので，状態を表わす座標として波数 $\boldsymbol{k}$ を使う．これが $\boldsymbol{k}$ の素朴な理解である．いいかえると，$\boldsymbol{k}$ は周期系の物理量を表わすときの変数である．例えば，固体中の格子振動（5 章）や電子のエネルギーバンド（8 章）は，$\boldsymbol{k}$ の関数として表わされる．エネルギーバンドの場合に，$\boldsymbol{k}$ は電子の状態を指定する変数となる．つまり，$\boldsymbol{k}$ の1つ1つの値に対して，エネルギーや波動関数が決まる．

一方で，電子の位置座標は $\boldsymbol{r}$ 空間の点であり，状態 $\boldsymbol{k}$ を表わす波動関数 $\psi_{\boldsymbol{k}}(\boldsymbol{r})$ は，$\boldsymbol{r}$ の関数として与えられる（3章2節）．われわれが日常体験をしているのが $\boldsymbol{r}$ 空間であり，これまで $\boldsymbol{r}$ 空間で物事を考えてきたので，$\boldsymbol{k}$ 空間を特殊なものと思いがちである．そのことが $\boldsymbol{k}$ 空間をわかり難くさせるかもしれない．しかし $\boldsymbol{r}$ 空間と $\boldsymbol{k}$ 空間は，互いに逆空間であるという意味では，一方が主で他方が従ということはなくて同等である．

1・2 フーリエ級数

まず，1次元の場合を説明する．**フーリエ級数**とは，変数 x の周期関数を $\cos kx$，$\sin kx$ の形の，いろいろな波数 k の波の重ね合わせとして表わしたものである．あるいは，$\exp(ikx)$ の形の波の重ね合わせで表わしても同値である．最も単純な周期関数は，1つの k の波である．複雑な関数は，いろいろな k の波を使って展開できる．周期 a の関数を考えると

$$f(x + na) = f(x) \tag{2.1}$$

が成り立つ（n は整数）．$f(x)$ を

$$\exp\left(i\frac{2\pi}{a}mx\right) \qquad (m = 0, \pm 1, \pm 2, \cdots)$$

という波の重ね合わせで

$$f(x) = \sum_m A_m \exp\left(i\frac{2\pi}{a}mx\right) \tag{2.2}$$

と表わしたものを，$f(x)$ のフーリエ級数という．これは (2.1) の周期性を満たしている．x 空間での格子点は点列 na である（**図2・1** a）．この格子点に対して，$2\pi/a$ を単位とする点列 $(2\pi/a) \times m$ を**逆格子点**という（図2・1 b）．これは x 空間の格子点に対応する，k 空間での格子点である．これを

$$G_m = \frac{2\pi}{a}m \tag{2.3}$$

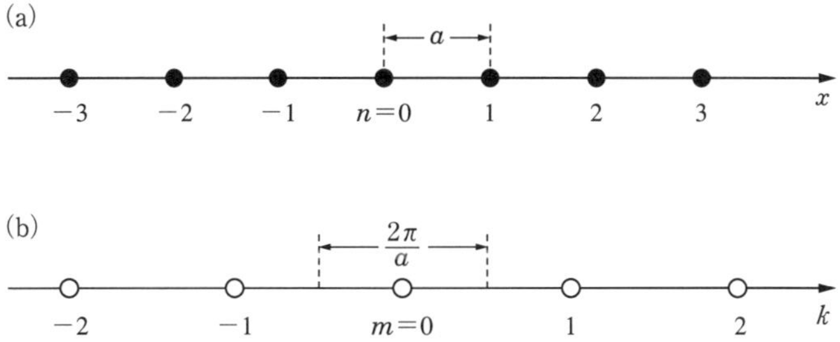

図 2・1 1 次元の格子点と逆格子点

と表わすと (2.2) は

$$f(x) = \sum_m A_{Gm} \exp(iG_m x) \tag{2.4}$$

と書け，係数 A_{Gm} は

$$A_{Gm} = \frac{1}{a}\int_0^a f(x)\exp(-iG_m x)\,dx \tag{2.5}$$

で与えられる．どんな k の波の成分が，どのくらい含まれるかを示すのが，フーリエ係数 A_{Gm} である．もとの関数 f の変数は x であるが，k を変数と考えて，G_m での成分の大きさを与えるのが係数 A_{Gm} である．フーリエ級数展開とは，x 空間の関数 $f(x)$ を，逆空間である k 空間に変換して A_{Gm} で表わすことである．

3 次元空間での周期関数として，x，y，z 軸方向にそれぞれ a_x，a_y，a_z の周期をもつ場合を考えると

$$f(\boldsymbol{r} + \boldsymbol{R}_n) = f(\boldsymbol{r} + n_x a_x \boldsymbol{e}_x + n_y a_y \boldsymbol{e}_y + n_z a_z \boldsymbol{e}_z) = f(\boldsymbol{r}) \tag{2.6}$$

が成り立っている．ここで

$$\boldsymbol{R}_n = \sum_{i=x,y,z} n_i a_i \boldsymbol{e}_i \tag{2.7}$$

である．このとき 3 次元フーリエ級数は

$$f(\boldsymbol{r}) = \sum_{G_x, G_y, G_z} A(G_x, G_y, G_z)\exp\{i(G_x x + G_y y + G_z z)\} \tag{2.8}$$

$$G_x = \frac{2\pi}{a_x}m_x, \qquad G_y = \frac{2\pi}{a_y}m_y, \qquad G_z = \frac{2\pi}{a_z}m_z \tag{2.9}$$

である．G_x，G_y，G_z を成分とする 3 次元ベクトル $\boldsymbol{G}_m$ を用いると

$$f(\boldsymbol{r}) = \sum_{G_m} A_{G_m} \exp(i\boldsymbol{G}_m\cdot\boldsymbol{r}) \tag{2.10}$$

となる．フーリエ係数は

$$A_{G_m} = \frac{1}{v_{\text{cell}}}\int_{\text{cell}} f(\boldsymbol{r})\exp(-i\boldsymbol{G}_m\cdot\boldsymbol{r})\,d\boldsymbol{r} \tag{2.11}$$

で与えられる．v_{cell} は a_x，a_y，a_z がつくる直方体の体積で，積分はその中で行う．結晶には基本ベクトルの成分 a_i $(i = x, y, z)$ に関する周期性があり，格子点を与える(2.7)で表わされる変位で，結晶は変わらない．このとき(2.9)によって G_x, G_y, G_z が決まり，$\boldsymbol{k}$ 空間で表わした量には $\boldsymbol{G}_m$ の周期性がある．

2 逆格子 ～ブリュアン域で物性を表わす～

2・1 逆格子の定義

周期が x，y，z 軸方向に一致していない一般的な場合を含めて，**逆格子**を定義する．2通りの定義を示すが，この2つは同等である．

定義1 基本ベクトル $\boldsymbol{a}_i$ で決まるブラベ格子に対する**逆格子の基本ベクトル**は

$$\boldsymbol{b}_i = 2\pi\frac{\boldsymbol{a}_j \times \boldsymbol{a}_k}{\boldsymbol{a}_i\cdot(\boldsymbol{a}_j \times \boldsymbol{a}_k)} \tag{2.12}$$

で与えられる．ここで (i, j, k) は $(1, 2, 3)$ の循環置換である．逆格子の基本ベクトル $\boldsymbol{b}_1$，$\boldsymbol{b}_2$，$\boldsymbol{b}_3$ を用いて

$$\boldsymbol{G}_m = m_1\boldsymbol{b}_1 + m_2\boldsymbol{b}_2 + m_3\boldsymbol{b}_3 \tag{2.13}$$

と表わしたものが**逆格子点**である．

定義2 ブラベ格子のすべての $\boldsymbol{R}_n$ について

$$\exp(i\boldsymbol{G}_m\cdot\boldsymbol{R}_n) = 1 \tag{2.14}$$

を満たす波数ベクトル $\boldsymbol{G}_m$ の集合を，そのブラベ格子の逆格子という．(2.14) は $\boldsymbol{G}_m\cdot\boldsymbol{R}_n$ が 2π の整数倍という条件である．

定義1は，ある格子の逆格子を実際に求めるのに使われるもので，実用的な定義といえる．定義2は，逆格子の満たすべき性質で規定した，いわば概念的な定義である．この定義は，逆格子空間での理論を展開するときに使われる．

逆格子の例をあげておこう．単純立方格子の逆格子は，$\boldsymbol{k}$ 空間での単純立方格子である．体心立方格子の逆格子は，$\boldsymbol{k}$ 空間での面心立方格子，また面心立方格子の逆格子は，体心立方格子である．これは，定義1からすぐにいえる．

2・2 ブリュアン域

$\boldsymbol{G}=0$ の点と近接逆格子点を結ぶ線の垂直二等分面で囲まれる最小体積を，**第1ブリュアン域**という．あるいは，ほかのどの逆格子点よりも $\boldsymbol{G}=0$ の点に近い逆格子空間の点の集まり，といってもよい．第1ブリュアン域は，$\boldsymbol{r}$ 空間のウイグナー - サイツセルに対応する，$\boldsymbol{k}$ 空間の領域である．ブリュアン域の境界面は $\boldsymbol{k}^2=(\boldsymbol{k}+\boldsymbol{G})^2$，すなわち

$$2\boldsymbol{k}\cdot\boldsymbol{G}+\boldsymbol{G}^2=0 \tag{2.15}$$

で与えられる(**図2•2**)．これは $\boldsymbol{k}\cdot(-\boldsymbol{G}/2)=(-\boldsymbol{G}/2)^2$ と書き直せるから，

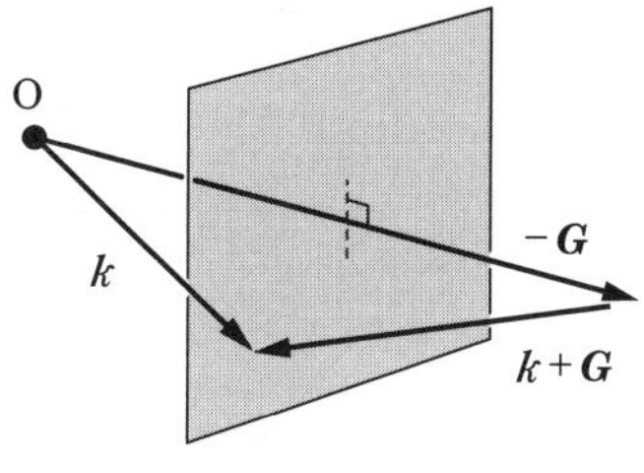

図2•2 ブリュアン域の境界面

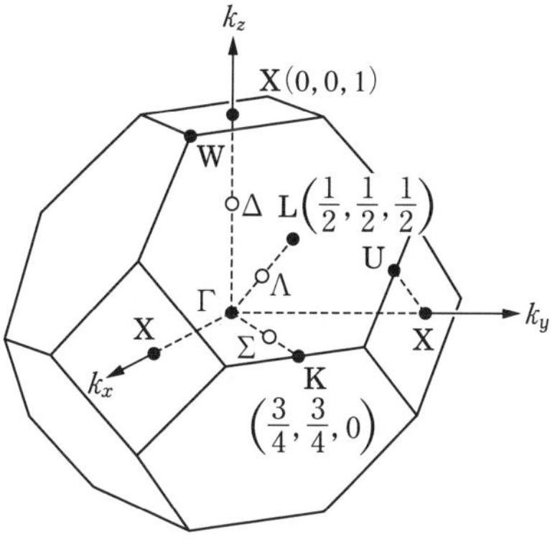

図2•3 面心立方格子のブリュアン域

原点と $-\boldsymbol{G}$ を結ぶ線の垂直二等分面上に $\boldsymbol{k}$ があることを意味する．

面心立方格子のブリュアン域は，体心立方格子のウイグナー - サイツセルと同じ形になる（**図 2·3**）．ブリュアン域内の対称性がよい点には，Γ，Δ，X などの名がついている．

結晶構造が違っても，格子が同じならば逆格子は同じであるから，ブリュアン域の形も同じである．例えば，ダイヤモンド構造であるシリコンの結晶と面心立方構造の銅で，ブリュアン域は同じ図 2·3 の形である．

$\boldsymbol{k}$ 空間の原点と任意の逆格子点を結ぶ線の垂直二等分面で，**ブラッグ面**を定義する．**図 2·4** に，2 次元正方格子で第 1 ブリュアン域の 4 倍の領域内に現われるすべてのブラッグ面を示す（2 次元の場合には線であるが）．$n=1\sim3$ のゾーンはその全領域が含まれるが，$n=4\sim6$ のゾーンは一部しか含まれていない．原点からブラッグ面を 1 つも横切らずに行ける $\boldsymbol{k}$ 点の集まりが第 1 ブリュアン域であるという表現もできる．このように，ブラッグ面を 1 つだけ横切って行ける点の集まりで第 2 ブリュアン域を定義する．一般に，n 個のブラッグ面を横切って到達する点の集合を第 $(n+1)$ ブリュアン域という．

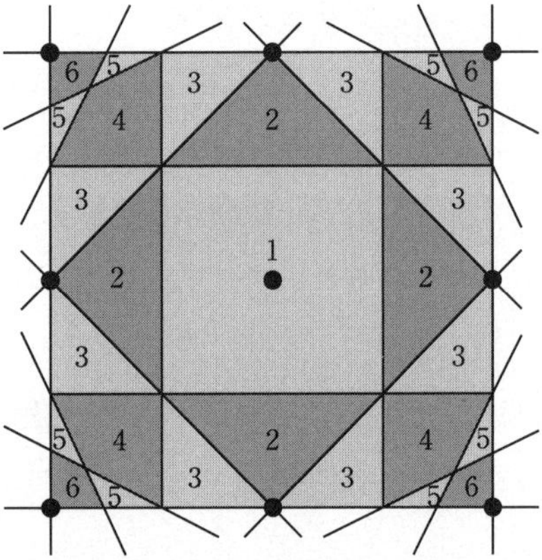

図 2·4　正方格子のブリュアン域

波数ベクトル $\boldsymbol{k}$ が大きくて，第 1 ブリュアン域の外にある場合（**図 2·5**）でも，それを逆格子ベクトルだけずらして，つねに $\boldsymbol{k}$ が第 1 ブリュアン域内にあるようにできる．このようにすべての $\boldsymbol{k}$ を第 1 ブリュアン域に移行

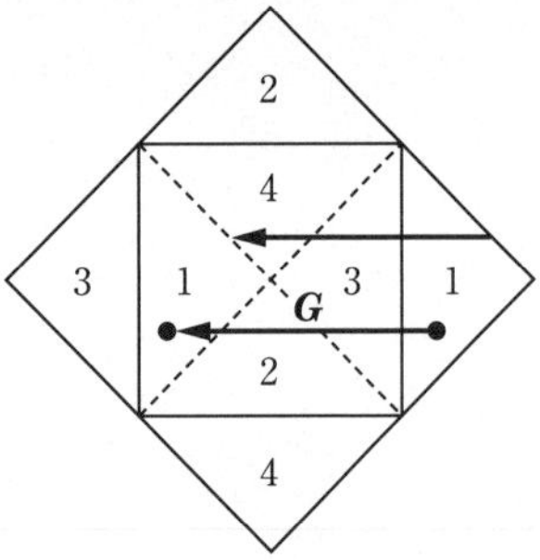

図 2·5　還元ゾーン形式

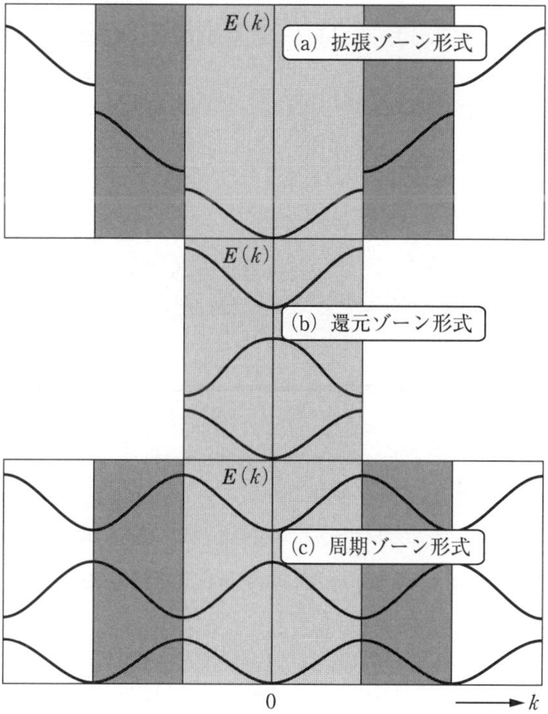

図 2・6 拡張，還元および周期ゾーン形式

させて表わすのを，**還元ゾーン形式**という．**拡張ゾーン形式**で**図 2・6** a のバンドは，還元ゾーン形式では図 2・6 b のようになる．そのとき，逆格子ベクトルだけずれている $\boldsymbol{k}$ 空間のすべての点は，第 1 ブリュアン域の同じ点になる．つまり還元ゾーン形式は，$\boldsymbol{k}$ 空間を第 1 ブリュアン域だけで考えるので便利である．あとで，フォノンの分散関係（5 章），バンド構造（8 章）など，結晶の基本的な物理量を還元ゾーンで表わすことになる．

ブリュアン域が，$\boldsymbol{k}$ 空間の全域にわたって周期的に繰り返されているとする便宜的な表わし方を，**周期ゾーン形式**という（図 2・6 c）．この形式は 9 章 5 節でフェルミ面の形をみるときなどに便利である．とくに，ゾーン境界を横切るフェルミ面の形を調べるときに用いられる．

3　$\boldsymbol{k}$ 空間の座標　～$\boldsymbol{r}$ 空間の広い領域は，$\boldsymbol{k}$ 空間の狭い領域～

3・1　$\boldsymbol{k}$ 点のとりうる値と個数

逆格子空間では，離散的な逆格子点（2.13）だけでなく，途中の点を含めた連続的な点で物理量を定義する必要が生じる．これは $\boldsymbol{r}$ 空間で格子点以外の点での量が必要なことに対応する．

$\boldsymbol{r}$ 空間での一般の点は，単位胞を指定する格子点 $\boldsymbol{R}_n$ と，単位胞内の座標 $\boldsymbol{r}_n$ を用いて

$$\boldsymbol{r} = \boldsymbol{R}_n + \boldsymbol{r}_n \tag{2.16}$$

で与えられる．これに対応して $\boldsymbol{k}$ 空間での点は

$$\boldsymbol{k} = \boldsymbol{G}_m + \boldsymbol{k}_m \tag{2.17}$$

と表わされる．以下では還元ゾーン形式を使うことにして，$\boldsymbol{k}_m$ を $\boldsymbol{k}$ と書く．$\boldsymbol{k}$ が $\boldsymbol{b}_1$，$\boldsymbol{b}_2$，$\boldsymbol{b}_3$ によって，どう表わされるかを調べよう．逆格子の単位胞内で $\boldsymbol{k}$ がとりうる値は，周期的境界条件から次のようにして決まる．**周期的境界条件**とは，系が十分大きな長さの周期をもつと考えて，波動関数などの計算に用いる条件である．基本ベクトル $\boldsymbol{a}_i(i = 1, 2, 3)$ の場合に，各方向の周期を $N_i\boldsymbol{a}_i$ として，この条件を3次元の波動関数に対して表わすと

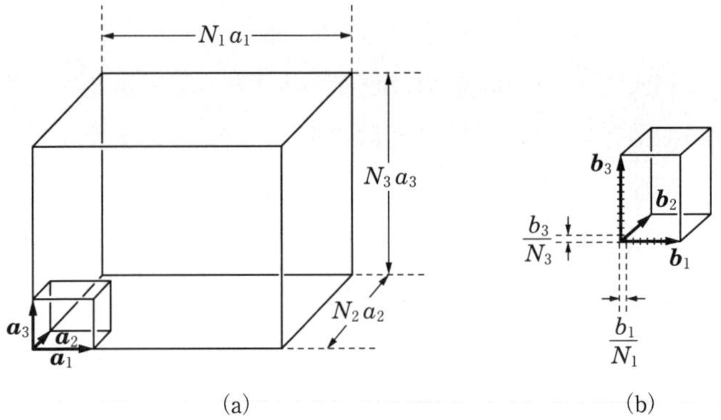

図2・7　$\boldsymbol{r}$ 空間と $\boldsymbol{k}$ 空間の対応

$$\psi_k(\boldsymbol{r} + N_i\boldsymbol{a}_i) = \psi_k(\boldsymbol{r}) \qquad (i = 1, 2, 3) \tag{2.18}$$

である．N_i は，基本ベクトル $\boldsymbol{a}_i$ の方向で境界条件を課す単位胞の数である（**図 2•7** a）．8 章 1・3 節で示す**ブロッホの定理**は，格子ベクトル $\boldsymbol{R}_n$ の変位に対して

$$\psi_k(\boldsymbol{r} + \boldsymbol{R}_n) = \exp(i\boldsymbol{k}\cdot\boldsymbol{R}_n)\,\psi_k(\boldsymbol{r}) \tag{2.19}$$

と書ける．これに周期的境界条件（2.18）を課すと

$$\psi_k(\boldsymbol{r} + N_i\boldsymbol{a}_i) = \exp(iN_i\boldsymbol{k}\cdot\boldsymbol{a}_i)\,\psi_k(\boldsymbol{r}) = \psi_k(\boldsymbol{r}) \tag{2.20}$$

だから

$$\exp(iN_i\boldsymbol{k}\cdot\boldsymbol{a}_i) = 1 \qquad (i = 1, 2, 3) \tag{2.21}$$

が満たされなければならない．逆格子空間での任意の $\boldsymbol{k}$ 点を，基本ベクトル $\boldsymbol{b}_1$，$\boldsymbol{b}_2$，$\boldsymbol{b}_3$ の 1 次結合で

$$\boldsymbol{k} = \mu_1\boldsymbol{b}_1 + \mu_2\boldsymbol{b}_2 + \mu_3\boldsymbol{b}_3 \qquad (-1/2 < \mu_i \leqq 1/2) \tag{2.22}$$

と表わすと，（2.21）は

$$\exp(i2\pi N_i\mu_i) = 1 \qquad (i = 1, 2, 3) \tag{2.23}$$

となり

$$\mu_i = \frac{m_i}{N_i},\ \ m_i = 0, \pm 1, \cdots, \pm\left(\frac{N_i}{2} - 1\right),\ \frac{N_i}{2} \quad (N_i：\text{偶数}) \quad (i = 1, 2, 3) \tag{2.24}$$

でなければならない．したがって許される $\boldsymbol{k}$ は，基本ベクトル $\boldsymbol{b}_i$ で

$$\boldsymbol{k} = \sum_{i=1}^{3}\frac{m_i}{N_i}\boldsymbol{b}_i \tag{2.25}$$

と表わされる．これが逆格子の単位胞内の点を与える．N_i は非常に大きな数であるから，実際上，$\boldsymbol{k}$ は連続的な値をとる．結晶格子の周期関数のフーリエ展開は，逆格子ベクトル $\boldsymbol{G}_m$ でだけ，フーリエ係数がゼロでない値をもつ．逆格子空間のほかの点に対応する項はフーリエ展開に現われない．

1 つの $\boldsymbol{k}$ 点当たりの，$\boldsymbol{k}$ 空間の体積 $\varDelta\boldsymbol{k}$ は

$$\varDelta\boldsymbol{k} = \left|\frac{\boldsymbol{b}_1}{N_1}\cdot\left(\frac{\boldsymbol{b}_2}{N_2} \times \frac{\boldsymbol{b}_3}{N_3}\right)\right| = \frac{1}{N}|\,\boldsymbol{b}_1\cdot(\boldsymbol{b}_2 \times \boldsymbol{b}_3)| \tag{2.26}$$

である．$N = N_1N_2N_3$ は単位胞の数である．(2.26)はブリュアン域の体積の $1/N$ であり，ブリュアン域に含まれる $\boldsymbol{k}$ 点の数は N となる．すなわち $\boldsymbol{k}$ のとりうる数は，結晶内の単位胞の数に等しい．

3・2 $\boldsymbol{k}$ 空間と $\boldsymbol{r}$ 空間の対応関係

これまでの議論から，互いに逆の関係にある $\boldsymbol{k}$ 空間と $\boldsymbol{r}$ 空間の対応をまとめると，以下のようになる．

両方の空間の基本単位胞が，互いに対応して決まる．

$\boldsymbol{r}$ 空間で N 個の単位胞（格子点）を考えると，第1ブリュアン域（$\boldsymbol{k}$ 空間の単位胞）内に N 個の $\boldsymbol{k}$ 点が決まる．

N 個の格子点と，ブリュアン域内の N 個の $\boldsymbol{k}$ 点の対応を図2·7bに示す．$\boldsymbol{r}$ 空間で N 倍に拡大された領域が，$\boldsymbol{k}$ 空間で $1/N$ に縮小された領域に対応するのは，両方の空間が互いに逆の関係にあるからである．この逆関係が実際の問題に現われる例として，14章で半導体中の不純物状態の電子が $\boldsymbol{r}$ 空間の広い範囲に分布している状況は，$\boldsymbol{k}$ 空間の狭い範囲を考えればよいことを知る．

結晶の物理量を $\boldsymbol{k}$ を変数として表わすことの，大きな利点をのべておこう．マクロなサイズの結晶では，原子の数はアボガドロ定数 ($\sim 10^{23}$) 程度もあり，それだけ多くの自由度に対する問題を解くことは不可能である．$\boldsymbol{k}$ 空間を使えば，結晶内電子のエネルギーを，1つ1つの電子がとる値の代わりに，少数の $\boldsymbol{k}$ に対して求め，バンド構造を定性的に知ることができる(図8·7)．さらに精度を上げるために，10^6 個程度の点での値が必要になっても，十分計算が可能である．格子振動でいえば，1つ1つの原子の変位を考える代わりに，格子振動を結晶全体を伝わる波としてとらえ，いくつかの波数 $\boldsymbol{k}$ の値での角振動数を知るのである（図5·10）．

4　結晶構造の決定法　～X 線や中性子の波が回折～

結晶の構造を決める最も有力な方法は，**X 線回折**である．X 線は波長が 1 Å（0.1 nm）程度の電磁波である．これを結晶に入射させると，格子定数が同じ程度であるために，回折現象が起こる．これを利用して結晶構造を決定するのが，**X 線構造解析**である．

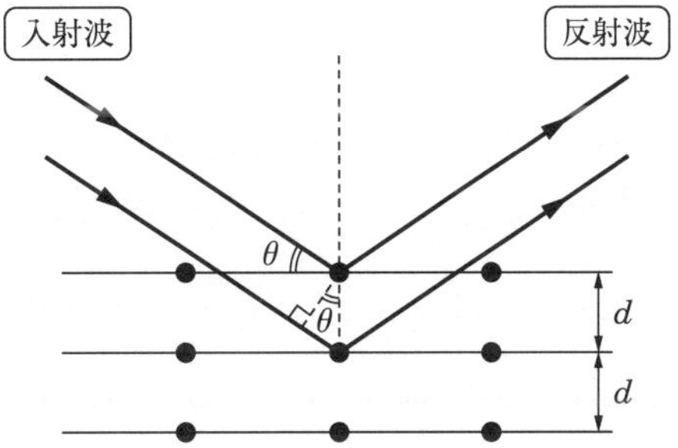

図 2•8　ブラッグの条件

結晶中の原子は，格子面と呼ばれる一群の面上に配列していると考えることができる(**図 2•8**)．角度 θ で入射した波長 λ の波は，各原子から反射されて結晶から出てくる．隣り合う面からの光路差が波長 λ の整数倍のとき，反射波が強め合う．この条件は，面間隔を d とすると

$$2d \sin \theta = n\lambda \tag{2.27}$$

である．これを**ブラッグの条件**と呼び，このときの反射を**ブラッグ反射**という．λ や θ を変えて測定をすると，この条件を満たすときに反射波が観測され，d を決めることができる．

こうして，結晶構造，単位胞の大きさ，結晶の方位を知ることができる．ブラッグの条件は，ブリュアン域の境界面を決める式 (2.15) と同じであることがいえる．

X 線の回折強度の表式を求める．回折現象では，波数ベクトル $\boldsymbol{k}$ の波が入射し，$\boldsymbol{k} + \boldsymbol{G}$ の波が出てくる．そのとき結晶内部では電子密度分布 $n(\boldsymbol{r})$ によって散乱が起こり，回折強度は

$$S_G = \int_{\text{cell}} n(\boldsymbol{r}) \exp(-i\boldsymbol{G}\cdot\boldsymbol{r})\, d\boldsymbol{r} \tag{2.28}$$

の2乗に比例する．積分は単位胞内で行う．

S_G を**構造因子**と呼ぶ．基本単位胞に複数の原子がある場合には，j 番目の原子の中心を $\boldsymbol{r}_j$ とし，これに属する電子密度を n_j とすると

$$n(\boldsymbol{r}) = \sum_j n_j(\boldsymbol{r} - \boldsymbol{r}_j) \tag{2.29}$$

である．この場合の構造因子は

$$S_G = \sum_j f_j \exp(-i\boldsymbol{G}\cdot\boldsymbol{r}_j) \tag{2.30}$$

となる．この導出で，$\boldsymbol{\rho} = \boldsymbol{r} - \boldsymbol{r}_j$ とおいて**原子形状因子**

$$f_j = \int n_j(\boldsymbol{\rho}) \exp(-i\boldsymbol{G}\cdot\boldsymbol{\rho})\, d\boldsymbol{\rho} \tag{2.31}$$

を定義した．この積分は全空間で行う．

$$\boldsymbol{r}_j = x_j\boldsymbol{a}_1 + y_j\boldsymbol{a}_2 + z_j\boldsymbol{a}_3 \tag{2.32}$$

と表わすと，$\boldsymbol{G} = m_1\boldsymbol{b}_1 + m_2\boldsymbol{b}_2 + m_3\boldsymbol{b}_3$ に対する（2.30）は

$$S_G(m_1, m_2, m_3) = \sum_j f_j \exp\{-i2\pi(m_1x_j + m_2y_j + m_3z_j)\} \tag{2.33}$$

となる．体心立方格子では，(0, 0, 0) と (1/2, 1/2, 1/2) に同じ原子があり

$$S_G = f[1 + \exp\{-i\pi(m_1 + m_2 + m_3)\}] \tag{2.34}$$

となる．これから構造因子は，$m_1 + m_2 + m_3$ が奇数のときはゼロ，偶数ならば $2f$ となる．ゼロとなるのは，反射波が打ち消し合うからである．

演習問題

1．（2.13）の $\boldsymbol{G}_m$ が，（2.14）を満たすことを確かめよ．

2．面心立方格子の逆格子が体心立方格子であることを，(2.12)を使って示せ．

3．面心立方格子の構造因子を求めよ．

4．X 線回折で観測されるピークの構造は，ダイヤモンド構造と ZnS 構造でどう違うか．

5. 格子定数が 4 Å の単純立方格子で，X 線回折が起こるのに必要な入射波のエネルギー下限はどれだけか．また，電子線の場合はどうか．

3

量子力学

原子や電子の状態や運動を議論するのには，量子力学が使われる．この章では，固体物性の理解に最小限必要な量子力学を解説する．シュレーディンガー方程式の解であるエネルギー固有値と波動関数，物理量の期待値を説明し，例として調和振動子の解を与える．角運動量とスピンは，原子の電子状態や磁性の理解に欠かせない．原子の電子状態は，固体の結合やエネルギーバンドのもとになっている．非常に適用範囲が広い近似解法である摂動論を，定常状態の場合と時間的に変化する場合について説明する．トンネル効果の例は，半導体や超伝導体の章で扱うことになる．

1　量子力学の導入　～ミクロな粒子を波で表わす力学～

1・1　量子力学はなぜ必要か

固体物理の主役は電子だといってもいい過ぎではない．その電子は結晶をつくっている原子から供給される．そして原子の状態を表わすのは量子力学である．電子のエネルギー状態は，量子力学のシュレーディンガー方程式を解いて決まる（7～9章）．その上に立って，電気伝導，光学的性質，磁性，さらに半導体や超伝導体の物性などが理解される（10～14章）．スピンの自由度は，量子力学に特有のものである．電子が関与する物性の中で，電気伝導のように古典的な粒子の運動で現象論的に記述できるものもあるが，正しくは量子論的なフェルミ統計にしたがう粒子として扱う必要がある.

そもそも量子力学は，原子内電子構造の理解に必要なものとして導入された．古典力学と際立って違う点は，ミクロな粒子の物理量が とびとび な値に限られることである．例えば，原子内電子のエネルギーは，連続な値をとることが許されず，離散的な値をとる．このような性質を，物理量が量子化されているという．もう1つの違いは，ミクロな物体が粒子と波の二重性格をもつことである.（この章の内容のさらにくわしいことは，巻末にあげる量子力学の教科書を参照して欲しい.）

1・2　粒子と波の二重性

ミクロな物体は，粒子であると同時に波でもあるという特異な性質をもっている．これを**粒子と波の二重性**と呼ぶ．電磁波と考えられている光は，光子と呼ばれる粒子でもある．アインシュタインが説明した光電効果は，光を粒子と考えて説明できる代表的な現象である．粒子と考えられていた電子は，電子波と呼ばれる波でもある．その証拠に電子線は回折現象を起こす.

粒子の状態はエネルギー $\boldsymbol{E}$ と運動量 $\boldsymbol{p}$ で規定されるが，これを波とみたときの状態は，振動数 ν と波長 λ で規定される．両者には

$$E = h\nu, \qquad p = \frac{h}{\lambda} \tag{3.1}$$

の関係がある. h はプランクの定数で $6.62 \times 10^{-34}\,\mathrm{J \cdot s}$ という非常に小さい値である．波動を規定するのに，角振動数 $\omega = 2\pi\nu$ と波数 $k = 2\pi/\lambda$ を使えば

$$E = \hbar\omega, \qquad \boldsymbol{p} = \hbar\boldsymbol{k} \tag{3.2}$$

である ($\hbar = h/2\pi$).

波動性と粒子性という矛盾する2つの性質を関連づけるものに，**波束**の概念がある．単一の波長の波動は，空間的に無限に広がって分布している．一方，いくつかの波長の波をうまく重ね合わせることによって，空間的に狭い範囲にだけ分布する波をつくることができる．これを波束と呼ぶ．波束は局

在しているから，粒子として扱うことができる．格子振動の波を粒子とみるフォノンや電子の伝導現象を半古典的に扱うには，波束の運動を考えることになる．このように，波束は粒子と波という2つの見方をつなぐときに有用な概念である．くわしくは5章1・3節でのべる．

2 量子力学の基礎 ～状態を波動関数で表わす～

この節では量子力学の理論の大枠を，基本用語を導入しながら解説する．

2・1 シュレーディンガー方程式

量子力学では，観測されるすべての物理量は線形演算子で表わされる．例えば，運動量演算子は

$$\boldsymbol{p} = -i\hbar\nabla \tag{3.3}$$

である．∇ は勾配ベクトルで

$$\nabla = \boldsymbol{e}_x\frac{\partial}{\partial x} + \boldsymbol{e}_y\frac{\partial}{\partial y} + \boldsymbol{e}_z\frac{\partial}{\partial z} \tag{3.4}$$

であるから，微分演算子である．位置の演算子は $\boldsymbol{r}$ であり，とくに演算子といわなくてもよいが，例えば $\boldsymbol{r}\psi$ は $\boldsymbol{r}$ と ψ の積演算という意味では，$\boldsymbol{r}$ を演算子と考えてよい．演算子をある関数に掛けると，その結果の関数は形が変わるのが普通である．しかし，関数 f をうまくみつけると，演算の結果がもとの関数の定数倍になって

$$Af = af \tag{3.5}$$

を満たすことがある．そのような関数 f が，演算子 A の**固有関数**である．a をその固有関数に対応する**固有値**という．例えば

$$\boldsymbol{p}e^{i\boldsymbol{k}\cdot\boldsymbol{r}} = -i\hbar\nabla e^{i\boldsymbol{k}\cdot\boldsymbol{r}} = \hbar\boldsymbol{k}e^{i\boldsymbol{k}\cdot\boldsymbol{r}} \tag{3.6}$$

が成り立つということは，$\hbar\boldsymbol{k}$ が運動量 $\boldsymbol{p}$ の固有値で，その固有関数は $e^{i\boldsymbol{k}\cdot\boldsymbol{r}}$ であることを意味している．このように固有値と固有関数の組を求めること

を，**固有値問題**を解くという．

量子力学で最も重要な演算子は，エネルギーに対応するものである．これを**ハミルトニアン**という．空間にポテンシャルがないときは，粒子のエネルギーは運動エネルギーだけであり，ハミルトニアンは

$$H = -\frac{\hbar^2}{2m}\left(\frac{\partial^2}{\partial x^2} + \frac{\partial^2}{\partial y^2} + \frac{\partial^2}{\partial z^2}\right) = -\frac{\hbar^2}{2m}\Delta \tag{3.7}$$

である．粒子に何か力が働いているとき，力のポテンシャルエネルギーを $V(\boldsymbol{r})$ とすると，ハミルトニアンは，運動エネルギーとポテンシャルエネルギーの和

$$H = -\frac{\hbar^2}{2m}\Delta + V(\boldsymbol{r}) \tag{3.8}$$

で与えられる．

古典力学で粒子の運動状態は，粒子の位置 $\boldsymbol{r}$ と運動量 $\boldsymbol{p}$ で表わされる．これに対し量子力学では，1 個の電子の状態は，1 つの座標を変数とする**波動関数** $\phi(\boldsymbol{r})$ で表わされる．波動関数は，一般には複素関数である．

エネルギーが時間的に一定である状態を**定常状態**といい，その波動関数は

$$H\phi(\boldsymbol{r}) = \left\{-\frac{\hbar^2}{2m}\Delta + V(\boldsymbol{r})\right\}\phi(\boldsymbol{r}) = E\phi(\boldsymbol{r}) \tag{3.9}$$

を満たす．これが定常状態の**シュレーディンガー方程式**で，E は**エネルギー固有値**である．量子力学的な粒子のエネルギーを決めることは，(3.9) を満たす固有値と固有関数を求めることである．ポテンシャルが時間的に変化するとき，波動関数の時間変化は，**時間に依存する**場合の**シュレーディンガー方程式**

$$i\hbar\frac{\partial\Psi(\boldsymbol{r},t)}{\partial t} = H\Psi(\boldsymbol{r},t) \tag{3.10}$$

で決まる．これは 11 章 4 節で光の吸収を議論するときに解くことになる．ポテンシャルが時間変化しないとき，時間変化をする波動関数 Ψ と，定常状態の波動関数 ϕ の間には

$$\Psi(\boldsymbol{r}, t) = e^{-iEt/\hbar}\psi(\boldsymbol{r}) \tag{3.11}$$

の関係があることは，(3.10) に代入すればわかる．

2・2　固有値と固有関数

固有関数に表わされる粒子の状態を**固有状態**という．固有状態は一般に複数個あり，それを区別するのに**量子数** i を用いて，$\psi_i(\boldsymbol{r})$ と書く．定常状態のシュレーディンガー方程式 (3.9) を解くことは，ある状態 i の，エネルギー固有値 E_i と固有関数 $\psi_i(\boldsymbol{r})$ を，いろいろな i について求めることである．8章で，結晶内電子のエネルギー状態は，適当なポテンシャルに対する (3.9) を解いて得られる．線形演算子 A と，任意の関数 ϕ，ψ について

$$\int \phi^* A^+ \psi \, d\boldsymbol{r} = \int (A\phi)^* \psi \, d\boldsymbol{r} \tag{3.12}$$

で定義する A^+ を，A の随伴演算子という．$A^+ = A$ が成り立つとき，A を**エルミート演算子**という．ハミルトニアンはエルミート演算子であり，その固有値は実数である．また異なる固有値の固有関数には，全空間での積分に関して次の**直交関係**が成り立つ．

$$\int \psi_n^*(\boldsymbol{r}) \psi_m(\boldsymbol{r}) \, d\boldsymbol{r} = 0 \qquad (n \neq m) \tag{3.13}$$

量子力学ではハミルトニアン以外にも，運動量，角運動量など種々の物理量に対応する線形演算子の，固有値と固有関数を求めることになる．それについても (3.13) が成り立つ．以上のべたことは，線形代数学の教えるところである．

最も単純なシュレーディンガー方程式は，1次元自由粒子の

$$-\frac{\hbar^2}{2m}\frac{d^2\psi}{dx^2} = E\psi \tag{3.14}$$

である．その解は，エネルギー固有値が

$$E_k = \frac{\hbar^2}{2m}k^2 \tag{3.15}$$

固有関数は，C を定数として

$$\psi_k(x) = Ce^{ikx} \tag{3.16}$$

となる．この場合の量子数は波数 k であり，連続的な値をとる．

2・3　波動関数の物理的意味

波動関数は粒子が存在する**確率振幅**を表わす．波動関数は通常，1 点だけで値をもつのでなく，空間のある範囲に広がっている．すなわち量子力学では，粒子がどこにあるかを確定的にいえない．各位置に見出される確率がいえるだけである．波動関数で表わされる状態の電子が，点 $\boldsymbol{r}$ 近くの小さな体積 $d\boldsymbol{r}$ に見出される確率は $|\psi(\boldsymbol{r})|^2 d\boldsymbol{r}$ である．**図 3•1** に概念的な $|\psi(\boldsymbol{r})|^2$ を 1 次元の場合に示す．1 粒子の存在確率を全空間で積分したものは 1 でなければならない．

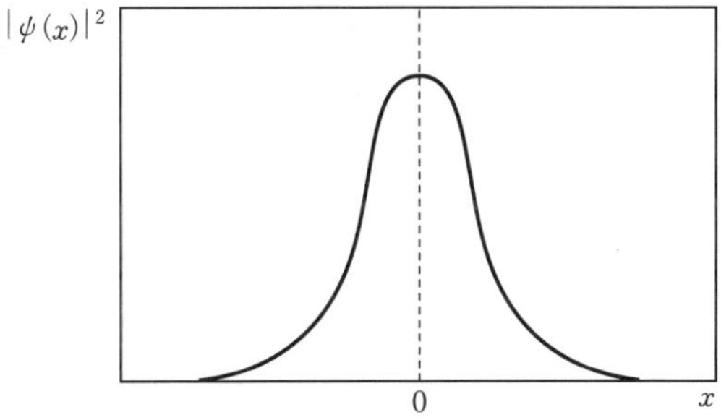

図 3•1　粒子の存在確率

$$\int |\psi(\boldsymbol{r})|^2 d\boldsymbol{r} = 1 \tag{3.17}$$

これを波動関数の**規格化条件**という．(3.16)の係数 C は，この条件から決まる．

例えば粒子の存在する位置は，古典力学では 1 点に決まるが，量子力学では粒子の存在が広がっているため，座標にそれぞれの点での存在確率の重みを掛けた平均値で与えられる．波動関数が規格化されているとすると，x 座標は

$$\langle x \rangle = \int x |\psi(\boldsymbol{r})|^2 d\boldsymbol{r} \tag{3.18}$$

である．左辺の括弧は，平均値を表わす記号である．あるいは ψ で表わされる状態での**期待値**ともいう．一般に物理量を表わす演算子 A の，状態 ψ で

の期待値は

$$\langle A \rangle = \int \psi^*(\boldsymbol{r})\, A\, \psi(\boldsymbol{r})\, d\boldsymbol{r} \tag{3.19}$$

で与えられる．

不確定性原理

電子のような微小な粒子の位置と運動量の両方を，同時に正確に測定することはできない．これを**ハイゼンベルクの不確定性原理**という．位置の測定値の不確かさ（期待値からのずれ）を $\varDelta x$ とし，運動量の x 成分に関する不確かさを $\varDelta p_x$ としたとき

$$\varDelta x\, \varDelta p_x \geq \hbar \tag{3.20}$$

が**不確定性関係**である．y，z 成分についても同じ形の関係式が成り立つ．不確定性関係は，エネルギーと時間の間にも

$$\varDelta E\, \varDelta t \geq \hbar \tag{3.21}$$

として成り立つ．これは，ある状態のエネルギーを有限の時間 $\varDelta t$ の間に測ったとき，(3.21) で決まる不確かさ $\varDelta E$ があることを意味している．

3　調和振動子　～シュレーディンガー方程式の解～

シュレーディンガー方程式の解の例として，**調和振動子**を説明する．調和振動子は，結晶内原子の格子振動などに現われる重要な例である．簡単のために，1次元の場合を考える．原点からの距離に比例する引力

$$F = -Kx$$

を受けている粒子は，ポテンシャル場

$$V(x) = \frac{K}{2} x^2 \tag{3.22}$$

の中にある（**図3･2**）．1次元調和振動子のハミルトニアンは

$$H = -\frac{\hbar^2}{2m}\frac{d^2}{dx^2} + \frac{K}{2} x^2 \tag{3.23}$$

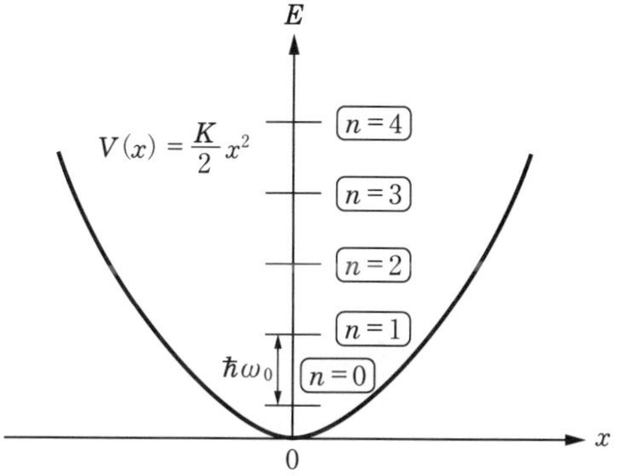

図 3・2　1 次元調和振動子のエネルギー

である．これは古典力学では平衡点付近の単振動に対応する．シュレーディンガー方程式

$$H\psi = E\psi \tag{3.24}$$

を (3.23) について解くことは，量子力学の教科書をみてもらうことにして，ここでは結果だけを与える．エネルギー固有値は

$$E_n = \left(n + \frac{1}{2}\right)\hbar\omega_0 \tag{3.25}$$

となる．n は量子数で $0, 1, 2, \cdots$ の値をもつ．$\omega_0 = \sqrt{K/m}$ である．(3.25)は，単純な等間隔のエネルギー準位を与える（図 3・2）．波動関数は

$$\psi_n(x) = N_n H_n(\alpha x)\exp\left(-\frac{1}{2}\alpha^2 x^2\right) \tag{3.26}$$

となる．$\alpha = \sqrt{m\omega_0/\hbar}$，$H_n$ はエルミートの多項式と呼ばれるもので，αx に関する n 次の多項式である．指数関数があるために，ψ は遠方で急速にゼロになる．N_n は規格化因子で，状態 n に対して

$$N_n = \left(\frac{\alpha}{\sqrt{\pi}\,2^n n!}\right)^{1/2} \tag{3.27}$$

となる．**図 3・3** に，n が小さいときの ψ_n の因子 N_n を除いた部分を示す．波動関数は，ポテンシャルが最小である原点を中心に存在している．n が大きくなると，波動関数のゼロ点の数が増え，振動が激しくなる．そのため運動

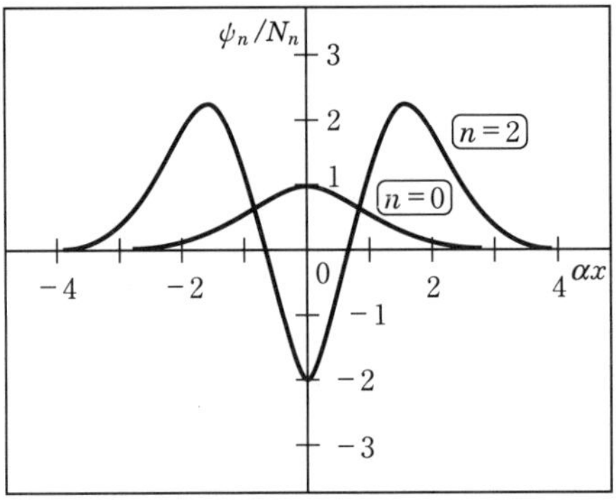

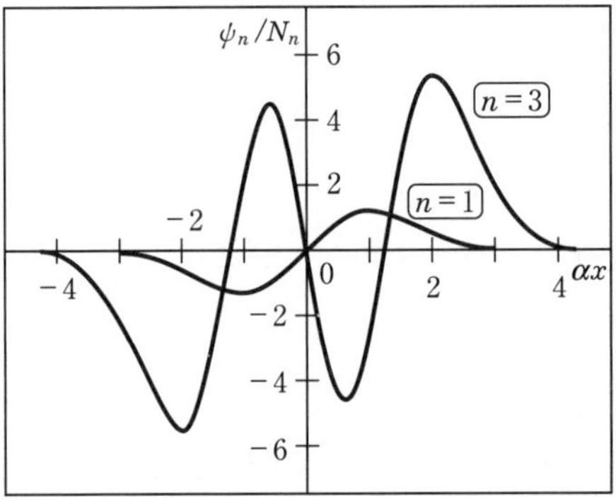

図3・3 1次元調和振動子の波動関数

エネルギーが大きくなり，エネルギー固有値も大きくなる．

4 角運動量とスピン ～原子の状態や磁性を表わすのに不可欠～

量子力学では，角運動量がエネルギーについで重要な物理量といってよいだろう．それは，角運動量の大きさと z 成分が，球対称ポテンシャルの問題で状態を指定する量子数となるからである．そしてその値が，原子内電子状態を指定する量子数ともなる．そのうえ，原子が結合した分子や結晶内の電子状態も，近似的には角運動量で状態を指定できる．

軌道角運動量は

$$\boldsymbol{l} = -i\hbar \boldsymbol{r} \times \nabla \tag{3.28}$$

で定義される．

物理量を演算子と考えない古典力学では，物理量 A，B の間に

$$[A, B] = AB - BA = 0 \tag{3.29}$$

の交換関係がつねに成り立つ．演算子の場合には，これが必ずしも成り立たない．ところが，角運動量演算子がもつ基本的な性質に，$\boldsymbol{l}^2$ と l の1つの成分（通常 l_z を選ぶ）が**交換可能**ということがある．

$$[\boldsymbol{l}^2, l_z] = \boldsymbol{l}^2 l_z - l_z \boldsymbol{l}^2 = 0 \tag{3.30}$$

$\boldsymbol{l}^2$ と l_z が交換可能ということは，両者に共通の固有関数が存在することを意味する．固有関数の具体的な形は，球面調和関数 Y_{lm} である．$\boldsymbol{l}^2$ と l_z について

$$\boldsymbol{l}^2 Y_{lm} = \hbar^2 l(l+1) Y_{lm} \tag{3.31}$$

$$l_z Y_{lm} = \hbar m Y_{lm} \tag{3.32}$$

が成り立つ．(3.31)は角運動量の2乗の固有値が $\hbar^2 l(l+1)$ であることを意味し，(3.32)は z 成分の固有値が $\hbar m$ であることを意味している．このとき

$$l = 0, 1, 2, \cdots \tag{3.33}$$

の値をとる．この l を角運動量の大きさと呼んでいる．各 l に対して，z 成分は

$$m = -l, -l+1, \cdots, l \tag{3.34}$$

の値をもつ．球面調和関数の具体的な形は，$l = 0, 1, 2$ に対して

$$\left.\begin{aligned} &Y_{00} = \frac{1}{\sqrt{4\pi}}, \qquad Y_{10} = \sqrt{\frac{3}{4\pi}}\cos\theta, \qquad Y_{1\pm1} = \mp\sqrt{\frac{3}{8\pi}}\sin\theta\, e^{\pm i\phi}, \\ &Y_{20} = \sqrt{\frac{5}{16\pi}}(3\cos^2\theta - 1), \qquad Y_{2\pm1} = \mp\sqrt{\frac{15}{8\pi}}\sin\theta\cos\theta\, e^{\pm i\phi}, \\ &Y_{2\pm2} = \sqrt{\frac{15}{32\pi}}\sin^2\theta\, e^{\pm 2i\phi} \end{aligned}\right\} \tag{3.35}$$

である.

電子などの素粒子は，軌道角運動量のほかに，空間座標とはべつの自由度による角運動量をもつ．この素粒子の内部自由度に由来する量子力学に特有な角運動量を，**スピン角運動量**，しばしば単に**スピン**と呼ぶ．スピン角運動量 $\boldsymbol{s}$ の大きさは，$\hbar$ を単位として 1/2 である．その z 成分 s_z の値，$+1/2$ と $-1/2$ の 2 点をスピン空間の座標と考える．つまりスピン自由度の空間は，2 点だけの特異な空間である.

スピン角運動量の z 成分が 1/2 である固有関数を α，$-1/2$ の固有関数を β で表わす．α 関数と β 関数は，それぞれ 2 点での値を与える式

$$\left.\begin{aligned} \alpha\left(\frac{\hbar}{2}\right) &= 1, \qquad & \alpha\left(-\frac{\hbar}{2}\right) &= 0, \\ \beta\left(\frac{\hbar}{2}\right) &= 0, \qquad & \beta\left(-\frac{\hbar}{2}\right) &= 1 \end{aligned}\right\} \tag{3.36}$$

によって完全に定義される（**図 3・4**）．スピン角運動量についても，軌道角運動量のときの (3.31)，(3.32) が成り立つので

$$\begin{aligned} \boldsymbol{s}^2\alpha &= \frac{3}{4}\hbar^2\alpha, \qquad & \boldsymbol{s}^2\beta &= \frac{3}{4}\hbar^2\beta, \\ s_z\alpha &= \frac{\hbar}{2}\alpha, \qquad & s_z\beta &= -\frac{\hbar}{2}\beta \end{aligned} \tag{3.37}$$

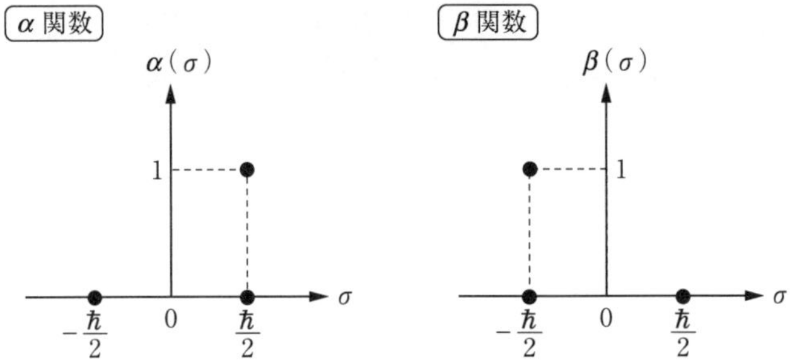

図 3・4 スピン座標とスピン関数

を満たしている．

スピン関数 α, β は，2 成分ベクトルを使って

$$\alpha = \begin{pmatrix} 1 \\ 0 \end{pmatrix}, \qquad \beta = \begin{pmatrix} 0 \\ 1 \end{pmatrix} \tag{3.38}$$

と表わされる．このベクトルの基底は，z 成分が $\hbar/2$ である状態と $-\hbar/2$ の状態である．これを基底とする**パウリ行列** $\boldsymbol{\sigma}$ を

$$\sigma_x = \begin{pmatrix} 0 & 1 \\ 1 & 0 \end{pmatrix}, \quad \sigma_y = \begin{pmatrix} 0 & -i \\ i & 0 \end{pmatrix}, \quad \sigma_z = \begin{pmatrix} 1 & 0 \\ 0 & -1 \end{pmatrix} \tag{3.39}$$

で定義すると，スピンは

$$\boldsymbol{s} = \frac{\hbar}{2}\boldsymbol{\sigma} \tag{3.40}$$

と書ける．

スピンの自由度は空間座標の自由度とは独立であるから，1 つの軌道状態に，スピンの z 成分が異なる 2 つの状態が許される．一般に，1 つのエネルギーに複数の状態（波動関数）が存在するとき，状態は**縮退**しているという．磁場がないときは，α 関数の状態（これをスピンが上向きという）と β 関数の状態（スピン下向き）が縮退している．そのためいろいろな物理量は，スピンを考慮しないときに比べ，2 倍の値になる．(7.16) はその例である．また超伝導の原因となる電子対では，2 つの電子のスピンが逆向きのものを考える（14 章 2 節）．

軌道角運動量もスピン角運動量も，それに付随する磁気モーメントをもつ((12.7)，(12.8))．これが 12 章の磁性の原因となる．角運動量の z 成分に関する縮退は，外から磁場をかけることによって解ける．これをゼーマン効果といい，常磁性の原因となる(12 章 2 節)．軌道角運動量がスピン角運動量と相互作用をすることも，そこでみることになる．

5　原子の電子状態　～物質の電子物性のもと～

固体は，原子が結合してできている．固体物性の理解には，構成要素である原子の電子状態を知る必要がある．原子は原子核と，その周りにある複数の電子からなる．原子内のある電子は，原子核とほかの電子がつくるポテンシャルの場にある．このポテンシャルは，方向によらず距離だけの関数 $V(r)$ であると近似することができる．このときポテンシャルは**球対称**であるという．

球対称ポテンシャルのシュレーディンガー方程式を解いて得られる固有状態は，角運動量 l と z 成分 m で指定される．このように角運動量は量子数として重要である．l を**方位量子数**，m を**磁気量子数**という．l が $0, 1, 2, 3, \cdots$ の状態を，それぞれ s, p, d, f, … 状態と呼ぶ．各 l には z 成分 $m = -l, -l+1, \cdots, l$ の $2l+1$ 個の状態が縮退している．1つの l の値に対して，多くの違ったエネルギーの状態があり，これを n で区別する．n を**主量子数**といい，エネルギーの低い方から順に，$n = l + 1$ から始めて1ずつ増やす．したがって，$l = 0$ に対して 1s, 2s, …，$l = 1$ に対しては 2p, 3p, … がある．

とくに水素原子では，ポテンシャルが $-e^2/4\pi\varepsilon_0 r$ であり，シュレーディンガー方程式を球座標で書くと

$$
\begin{aligned}
&-\frac{\hbar^2}{2m}\left\{\frac{1}{r^2}\frac{\partial}{\partial r}\left(r^2\frac{\partial}{\partial r}\right)+\frac{1}{r^2\sin\theta}\frac{\partial}{\partial\theta}\left(\sin\theta\frac{\partial}{\partial\theta}\right)\right. \\
&\qquad\left.+\frac{1}{r^2\sin^2\theta}\frac{\partial^2}{\partial\phi^2}\right\}\psi(r,\theta,\phi)-\frac{e^2}{4\pi\varepsilon_0 r}\psi(r,\theta,\phi)=E\,\psi(r,\theta,\phi)
\end{aligned}
\tag{3.41}
$$

となる．エネルギーは n だけで決まり，$1/n^2$ に比例した形の

$$
\begin{aligned}
E_n &= -\frac{m}{2\hbar^2}\left(\frac{e^2}{4\pi\varepsilon_0}\right)^2\frac{1}{n^2} \\
&= -\frac{1}{n^2}\times 13.6\ \mathrm{eV}
\end{aligned}
\tag{3.42}
$$

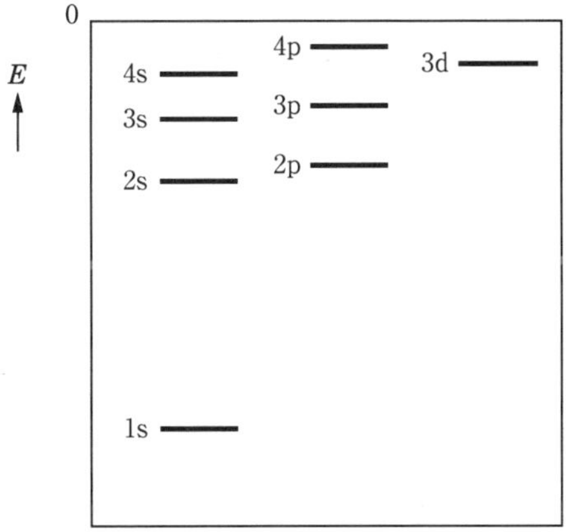

図 3・5　原子内電子のエネルギー準位

となる．同じ n で l が違う状態は縮退している．ところが水素以外の原子では，ある n に対して，l が異なる状態のエネルギーは違っている．一般に原子の電子状態をエネルギーの低い方から並べると，1s, 2s, 2p, 3s, 3p, 4s, 3d, … となることが経験則としていえる．エネルギー準位の定性的な様子を**図 3・5** に示す．

原子内電子の波動関数は，球座標を用いて

$$\psi_{nlm}(\boldsymbol{r}) = R_{nl}(r)\,Y_{lm}(\theta, \phi) \tag{3.43}$$

と表わされる．**波動関数の角度部分**は，ポテンシャルが球対称であればどんな形であっても，つねに角運動量 $\boldsymbol{l}^2$ と l_z の固有関数である球面調和関数 $Y_{lm}(\theta, \phi)$ である．$|Y_{lm}|^2$ は存在確率の角度依存性を与える．その θ 依存性を**図 3・6** に示す．指数の小さいものを考えると，$l = 0$ は球対称な軌道，$l = 1$ のうち，$m = 0$ は z 軸方向に伸びた軌道である．$m = 1$ と -1 の 1 次結合からは，x および y 軸方向に伸びた軌道がつくられる．波動関数がこのような方向性をもつことが，共有結合や分子結合などの方向性をもった結合を可能にする(4 章 4 節)．**波動関数の動径部分**は，r の多項式と e^{-r/na_0} の積となる．$a_0 = 4\pi\varepsilon_0\hbar^2/me^2 = 0.529$ Å はボーア半径である．例として，水素原子の $n = 1, 2, 3$ 軌道を**図 3・7** に示す．

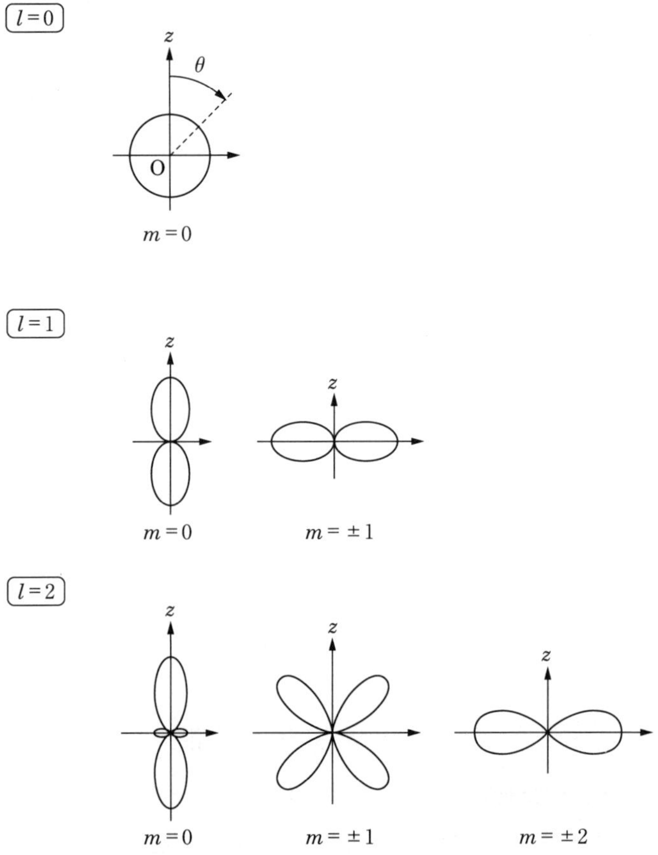

図 3・6 球面調和関数の方向依存性

量子数 n, l, m で指定される原子のエネルギー状態に，エネルギーの低い方から順に電子を占有させると，原子の**電子配置**が得られる．このときスピンも含めて 1 つの状態を指定すると，その状態には 1 個の電子しか占有できない．これを**パウリの排他律**という．したがって 1 つの軌道状態には，スピンが上向きと下向きの 2 個の電子が入る．例えば，$Z = 11$ で 11 個の電子をもつ Na 原子の電子配置は

$$(1s)^2(2s)^2(2p)^6(3s)^1$$

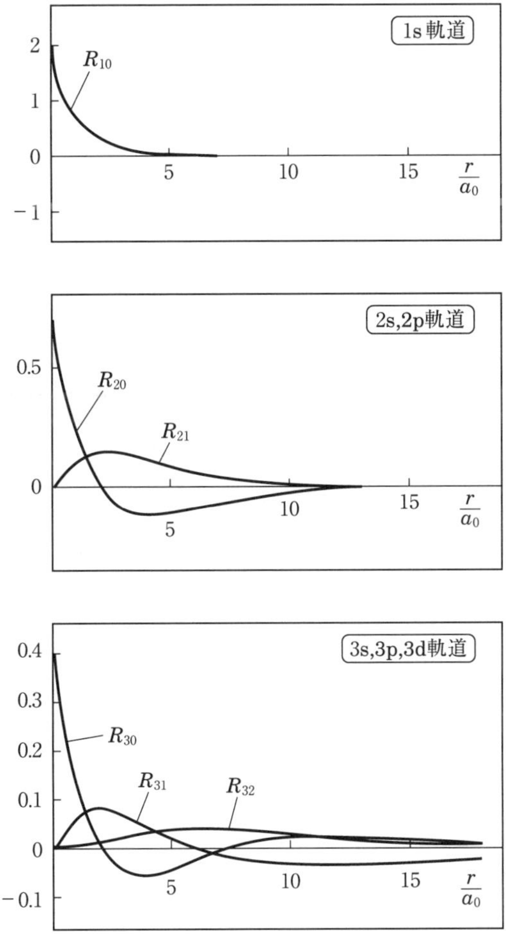

図3·7　水素原子の動径波動関数

である．

6　摂動論　～広範な問題に使える近似法～

摂動論は，シュレーディンガー方程式が厳密に解けない場合に，近似解を得る有力な方法である．摂動論は，この本でも8章のエネルギーバンドや

11章以下の各章で使われる．ここでは定常状態に対する摂動論と，時間的に変化する系の摂動論を説明する．

6・1 定常状態の摂動論

量子力学ではハミルトニアン H で電子の状態が決まる．摂動論では，ハミルトニアンを主要部分 H_0 と付加的な H' に分けて考える．このとき H_0 の固有状態を決めるシュレーディンガー方程式

$$H_0\psi_n{}^{(0)} = E_n{}^{(0)}\psi_n{}^{(0)} \qquad (n=1, 2, \cdots) \tag{3.44}$$

の解がわかっていることを前提とする．つまりエネルギー $E_n{}^{(0)}$ と，波動関数 $\psi_n{}^{(0)}$ をもつ状態 n に，外から摂動ハミルトニアン H' が加わったとき，状態 n のエネルギーと波動関数がどう変わるかを調べる．解くべきシュレーディンガー方程式は

$$(H_0 + H')\psi_n = E_n\psi_n \tag{3.45}$$

である．H_0 に比べて H'（の効果）が小さいときに，摂動論は有効である．摂動によって，状態 n に状態 m ($\neq n$) が混じるので $H = H_0 + H'$ の解を，0次の解 $\psi_n{}^{(0)}$ の重ね合わせによって近似的に表わす．注目する状態を n として

$$\psi_n = \sum_m C_m\psi_m{}^{(0)} \tag{3.46}$$

と表わす．エネルギーと波動関数の係数を，次のように H' のべき展開で表わす．

$$E_n = E_n{}^{(0)} + E_n{}^{(1)} + E_n{}^{(2)} + \cdots \tag{3.47}$$

$$C_m = \delta_{mn} + C_m{}^{(1)} + C_m{}^{(2)} + \cdots \tag{3.48}$$

右肩括弧内の $0, 1, \cdots$ は，摂動ハミルトニアン H' の，0次, 1次, $\cdots$ の量であることを表わしている．これらを表わすのに必要なのは，H' の行列要素

$$H'_{km} = \int \psi_k{}^{(0)*} H' \psi_m{}^{(0)}\, d\boldsymbol{r} \tag{3.49}$$

である．摂動論の結果を公式として与えると，**1次の摂動エネルギー**は

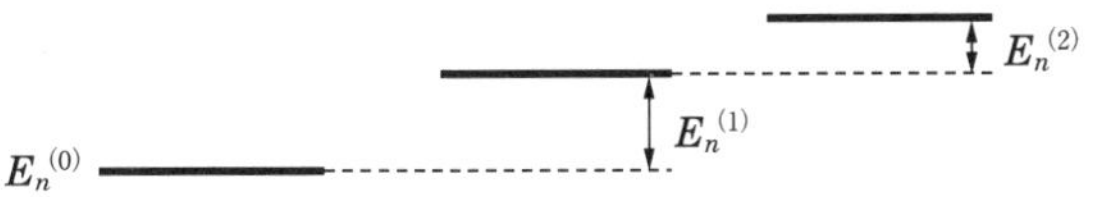

図 3•8 摂動エネルギー

$$E_n^{(1)} = H'_{nn} \tag{3.50}$$

2 次の摂動エネルギーは

$$E_n^{(2)} = \sum_m{}' \frac{|H'_{mn}|^2}{E_n^{(0)} - E_m^{(0)}} \tag{3.51}$$

である(**図 3•8**). $\sum_m{}'$ は, 和が $m = n$ を除くことを意味する. 実際には H' の行列要素 H'_{mn} がゼロでないような状態 m だけが和に寄与する. 波動関数の係数の 1 次補正が

$$C_k^{(1)} = \frac{H'_{kn}}{E_n^{(0)} - E_k^{(0)}} \qquad (k \neq n) \tag{3.52}$$

となるので, 1 次近似の固有関数は

$$\psi_n = \psi_n^{(0)} + \sum_m{}' \frac{H'_{mn}}{E_n^{(0)} - E_m^{(0)}} \psi_m^{(0)} \tag{3.53}$$

で与えられる.

H_0 の固有状態が s 重に縮退しているときは, 1 つのエネルギー固有値 $E_n^{(0)}$ に s 個の波動関数 $\{\psi_{n\lambda}^{(0)}\}$, $\lambda = 1, \cdots, s$ がある. このとき, $\psi_{n\lambda}^{(0)}$ に関する H' の行列要素 $H'_{n\lambda,n\lambda'}$ で決まる s 次の**永年方程式**

$$\begin{vmatrix} H'_{n1,n1} - E_n^{(1)} & H'_{n1,n2} & \cdots & H'_{n1,ns} \\ H'_{n2,n1} & H'_{n2,n2} - E_n^{(1)} & \cdots & H'_{n2,ns} \\ \vdots & \vdots & & \vdots \\ H'_{ns,n1} & H'_{ns,n2} & \cdots & H'_{ns,ns} - E_n^{(1)} \end{vmatrix} = 0 \tag{3.54}$$

を解いて 1 次のエネルギー $E_n^{(1)}$ が s 個決まる. つまり, 縮退しているエネルギー状態の範囲内で摂動論を適用する. 縮退していない状態は, 第 1 近似では効果が小さいとして無視してよい. 摂動をとり入れた結果, 縮退していた状態は異なるエネルギーの状態に分裂する. 永年方程式は

$$|H'_{n\lambda,n\lambda'} - \delta_{\lambda\lambda'} E_n^{(1)}| = 0 \tag{3.55}$$

とコンパクトな形に書くことが多い．

6・2　時間に依存する摂動論

定常状態にある電子に，時間的に変化する電場を加えると，電子は外場からエネルギーをもらって，より高いエネルギー状態に励起される．これが電子による光の吸収である．このような現象を**時間に依存する摂動論**で調べることができる．解くべきシュレーディンガー方程式は

$$i\hbar \frac{\partial \Psi}{\partial t} = (H_0 + H'(t))\Psi \tag{3.56}$$

である．H_0 は定常状態を与えるハミルトニアン，$H'(t)$ が摂動ハミルトニアンである．

H_0 の固有値，固有関数が，それぞれ $E_n^{(0)}$，$\psi_n^{(0)}$ とわかっているとする．(3.56) の解を

$$\Psi = \sum_k C_k(t)\, e^{-iE_k^{(0)}t/\hbar} \psi_k^{(0)} \tag{3.57}$$

の形に展開する．(3.57) を (3.56) に代入すると

$$\frac{dC_m(t)}{dt} = \sum_k \left(-\frac{i}{\hbar}\right) H'_{mk}(t)\, C_k(t)\, e^{i\omega_{mk}t} \tag{3.58}$$

を得る．ここで

$$H'_{mk}(t) = \int \psi_m^{(0)*} H'(t)\, \psi_k^{(0)} d\boldsymbol{r} \tag{3.59}$$

$$\omega_{mk} = \frac{E_m^{(0)} - E_k^{(0)}}{\hbar}$$

である．(3.58)を摂動の1次近似で解く．時刻 $t = 0$ に摂動が始まったとして，そのとき電子は定常状態 n にあるので，(3.58)を解くときの初期条件は

$$C_n(0) = 1, \qquad C_m(0) = 0 \qquad (m \neq n) \tag{3.60}$$

である．

$$C_m(t) = C_m^{(0)}(t) + C_m^{(1)}(t) \tag{3.61}$$

を (3.58) に代入し，1次の項を考えると (以下では始状態が n であることを示すために，C_{mn} と記すことにして)

$$C_{mn}^{(1)}(t) = -\frac{i}{\hbar}\int_0^t H'_{mn}(t')\,e^{i\omega_{mn}t'}dt' \tag{3.62}$$

であり，1次近似の波動関数は

$$\Psi_n^{(1)} = \sum_m C_{mn}^{(1)}(t)\,e^{-iE_m^{(0)}t/\hbar}\psi_m^{(0)} \tag{3.63}$$

となる．$t = 0$ に状態 n にあった系が，時刻 t に状態 m にある確率は $|C_{mn}^{(1)}(t)|^2$ で，これが状態 n から m への**遷移確率**を与える．

振動数 ω の振動電場を原子や結晶に加えたとき，摂動ハミルトニアンは

$$H' = Fe^{-i\omega t} \tag{3.64}$$

と書ける．これを (3.62) に代入すると

$$C_{mn}^{(1)}(t) = \frac{F_{mn}\{1 - e^{i(\omega_{mn}-\omega)t}\}}{\hbar(\omega_{mn} - \omega)} \tag{3.65}$$

となる (F_{mn} は F の行列要素)．$\omega_{mn} - \omega = 0$ を満たす周波数の光が，共鳴的に吸収される．終状態が連続状態として，十分長い時間が経ったときの単位時間当たりの遷移確率は

$$w_{nm} = \frac{2\pi}{\hbar}|F_{mn}|^2\,\delta(E_m^{(0)} - E_n^{(0)} - \hbar\omega) \tag{3.66}$$

で与えられる．(3.66) を**黄金律**という．$\delta(x - a)$ は

$$\int_{-\infty}^{\infty} f(x)\,\delta(x - a)\,dx = f(a) \tag{3.67}$$

という性質をもつとして定義される**デルタ関数**である．デルタ関数は

$$\delta(x - a) = 0 \qquad (x \neq a) \tag{3.68}$$

$$\int_{-\infty}^{\infty} \delta(x)\,dx = 1 \tag{3.69}$$

を満たしている．(3.66)のデルタ関数は，カッコ内がゼロのときだけ値をもつから，遷移の前後でのエネルギー保存則を表わしている．

7 トンネル効果 〜壁を通り抜ける粒子〜

トンネル効果とは，ミクロな粒子がその全エネルギーよりも高いポテンシャル障壁を通り抜けるという，量子力学に特有な現象である．まず，基本的な概念を1次元の例で説明する．**図3•9**に示すポテンシャル $V(x)$ 中を，粒子が右向きに進むとする．粒子の全エネルギーを E とすると，古典力学では粒子の運動は $E > V(x)$ の範囲に限られるから $x > x_1$（領域 II）に侵入できず，ポテンシャル障壁で反射される．ところが量子力学では，波動関数が領域 II に値をもち，さらに領域 III でも値をもつ．その結果，粒子は障壁をある確率で通り抜ける．これがトンネル効果である．

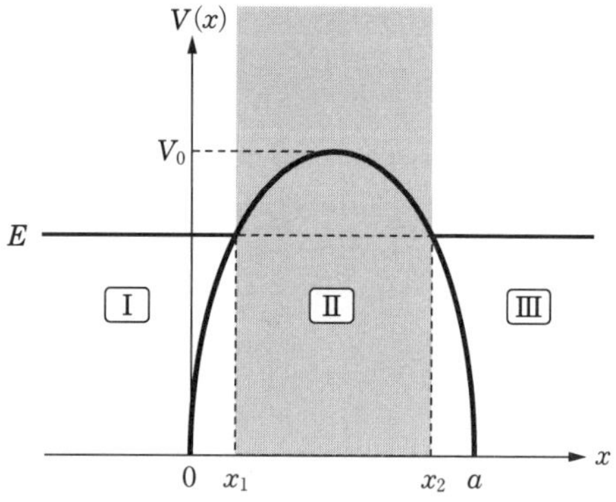

図3•9 トンネル効果

シュレーディンガー方程式を解くことにより，トンネル効果を議論する．ここでも1次元の場合を考える．高さが有限で，幅が無限に大きいポテンシャル

$$V(x) = \begin{cases} 0 & (x < 0) \\ V_0(> 0) & (x > 0) \end{cases} \tag{3.70}$$

があるとする（**図3•10**）．まず障壁より高いエネルギー（$E > V_0$）をもつ粒子を考えると，領域 I でのシュレーディンガー方程式の解は

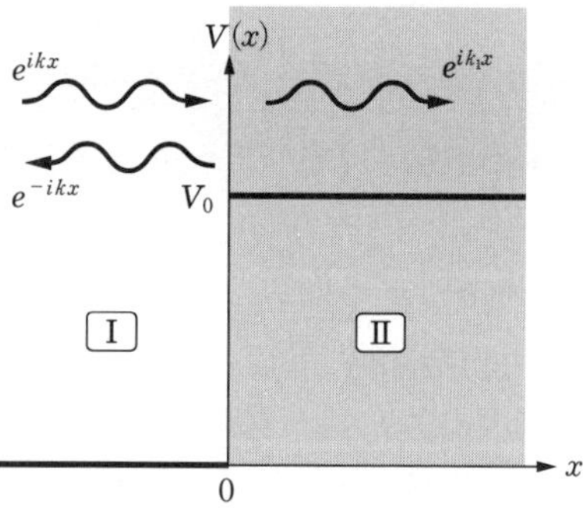

図3•10 無限幅の障壁によるトンネル効果

$$k = \left(\frac{2mE}{\hbar^2}\right)^{1/2}$$

として

$$\psi = Ae^{ikx} + Be^{-ikx} \tag{3.71}$$

である．領域 II での解は

$$k_1 = \left\{\frac{2m(E - V_0)}{\hbar^2}\right\}^{1/2}$$

として

$$\psi = Ce^{ik_1x} \tag{3.72}$$

である．A は，x が負の方向から正の方向へ進む入射波の振幅と解釈できる．B は障壁で反射される波，C は通り抜ける波の振幅である．ポテンシャルの境界 $x = 0$ で，波動関数とその微分が連続という条件から，係数 A，B，C の関係が決まる．計算の詳細は，例えば拙著『量子力学［新訂版］』（サイエンス社）の 6 章 4 節を参照されたい．これから障壁による反射率は

$$R = \left|\frac{B}{A}\right|^2 = \left(\frac{k - k_1}{k + k_1}\right)^2 \tag{3.73}$$

で与えられる．透過率は

$$T = \frac{v_1}{v}\left|\frac{C}{A}\right|^2 = \frac{4kk_1}{(k + k_1)^2} \tag{3.74}$$

となる．ここで $v = \hbar k/m$，$v_1 = \hbar k_1/m$ である．

次に障壁が有限の厚さ d のときに，その高さより低いエネルギー（$E < V_0$）の粒子が入射した場合を考える（**図 3･11**）．古典力学では，このエネルギーの粒子は障壁にはねかえされて，領域 II に侵入できない．ところが量子力学では，シュレーディンガー方程式を解いて得られた波動関数は，領域 III でもゼロではない．したがって，粒子が透過することができる．前の例と同様な計算によって，

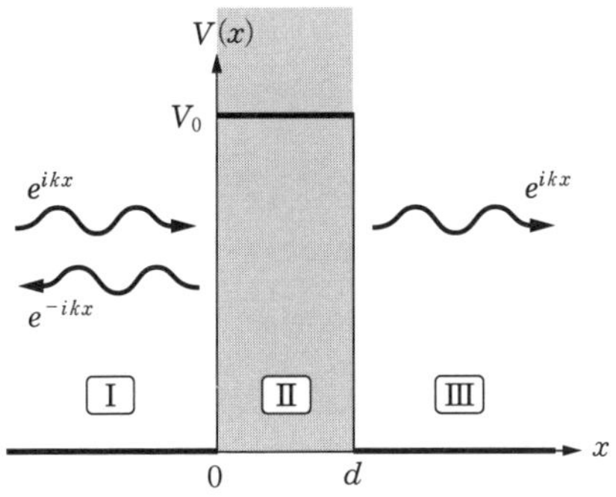

図 3･11 有限幅の障壁によるトンネル効果

透過率は

$$T = \frac{16E(V_0 - E)}{{V_0}^2}\exp(-2\alpha d) \tag{3.75}$$

となることがわかる．ただし

$$\alpha = \left\{\frac{2m(V_0 - E)}{\hbar^2}\right\}^{1/2}$$

である．

演習問題

1．3次元自由粒子のシュレーディンガー方程式

$$-\frac{\hbar^2}{2m}\left(\frac{\partial^2}{\partial x^2} + \frac{\partial^2}{\partial y^2} + \frac{\partial^2}{\partial z^2}\right)\psi(x, y, z) = E\,\psi(x, y, z) \tag{1}$$

の解は，エネルギーが1次元の場合の和

$$E = \frac{\hbar^2}{2m}({k_x}^2 + {k_y}^2 + {k_z}^2)$$

固有関数は1次元の場合の積

$$\psi = C\exp\{i(k_x x + k_y y + k_z z)\}$$

となることを示せ．

2．(3.38)，(3.39) を使って，(3.37) を証明せよ．

3．1次元調和振動子に外場 εx が加わったときのエネルギーを，摂動の1次と2次の近似で計算せよ．ただし，x の調和振動子の固有関数に関する行列要素には

$$(x)_{mn} = \int_{-\infty}^{\infty}\psi_m{}^* x\psi_n\,dx = \begin{cases} \sqrt{\dfrac{n+1}{2}}\dfrac{1}{\alpha} & (m = n+1) \\ \sqrt{\dfrac{n}{2}}\dfrac{1}{\alpha} & (m = n-1) \\ 0 & (m \neq n \pm 1) \end{cases}$$

の関係がある．

4．金属中のフェルミエネルギー E_{F} をもつ電子が真空中に放出する問題

を，高さ W のポテンシャル障壁があるというモデルで考える（W を仕事関数という）．電場 E をかけたときに金属と真空の界面でのポテンシャルは図のようになる．金属から電子が放出される割合を，透過率の式

$$T \simeq \exp\left\{-2\int\sqrt{\frac{2m}{\hbar^2}(W - eEx)}\,dx\right\}$$

を用いて計算せよ．

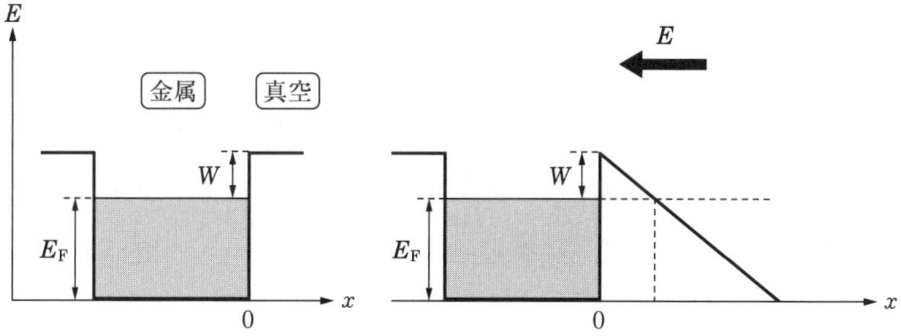

走査トンネル顕微鏡

量子力学に特有な現象であるトンネル効果は，初めは教科書の例題として，また原子核の α 崩壊や半導体の不純物伝導を説明するためのモデルとして用いられた．トンネル電流による物性測定は，1957年に江崎によってゲルマニウムのp－n接合で初めて行われた．1960年代には，ジェーバーが超伝導状態の準粒子を観測し，ジョセフソンがジョセフソン効果を予言して，のちに実証された．

1982年，ビーニヒとローラーによって開発された**走査トンネル顕微鏡**（STM）は，結晶表面の原子を観ることを可能にし，トンネル効果を身近な道具にした．この顕微鏡は，先端が原子スケールの鋭い金属の針である．針を物質の表面に近づけ，電場のもとで表面に沿って走査させると，表面原子の真上では電流が観測される．これは両方の原子の波動関数が近いため，間隙の真空領域がつくるポテンシャル障壁を電子がトンネルして，針から表面に飛び移るからである．下に原子がないところでは電流が流れない．こうして表面の原子配列を観ることができる．さらに，表面原子の電子状態を調べることによって，原子の種類や価数，結合状態を知ることも可能である．

4

固体の結合

固体物質は原子が結合してできている．結合の仕方には，イオン結合，共有結合，金属結合，ファン・デル・ワールス結合，水素結合といったタイプがある．それぞれがどんなメカニズムで起こるのか，その結合でできた物質はどんな性質をもっているのかを説明する．面白いのは，結合のタイプと結晶構造が関係していることで，そのもとをたどると，原子の周期律の族に原因がある．

1　結合とは何か　～原子は近寄るとエネルギーが下がる～

1章では，すべての結晶が結晶構造で分類されることを知った．この分類は幾何学的な，いわば形式による分類である．この章では物質の結合タイプによる分類を説明する．これは結合のメカニズムの違いによる物理的な分類である．

複数の原子が互いに近づいて存在し，系のエネルギーが孤立原子のときより小さくなっているとき，原子は**結合**しているという．あるいは**凝集**しているということもある．

結合は，なぜ起きるのか？　それは物質が，エネルギーが最も低くなるような原子配置をするからである．一般に，原子やイオンは近くに集まった方がエネルギーが下がって得をする．例えば，Na と Cl の原子がバラバラでいるよりは，NaCl 結晶のほうが安定である．凝集によってエネルギーが低くなる原因は，原子間に引力が働くからである．この力を，凝集力という．

結晶のエネルギーは，自由原子のエネルギーより低い．このときエネルギーの大きさは，1原子または1分子当たりの値で比較する．原子が自由なときと結晶のときのエネルギーの差を，**結合エネルギー**という．これは，結晶を構成している原子を，互いに引力が作用しない距離まで遠ざけてバラバラにするのに必要なエネルギーである．

2原子間の相互作用を表わすポテンシャルエネルギー $V(R)$ は，原子間距離 R の関数である．その定性的な形を**図4･1**に示す．$V(R)$ は，ある R_0 で最小値をとる．$R > R_0$ では，R とともにゆっくり増えて，十分大きい R でゼロとなる．$R < R_0$ では，R の減少とともに初めはゆっくり，次第に急速に増えはじめ，R_1 で正となり，さらに非常に大きな値となる．R_1 はイオン芯の半径を与える．

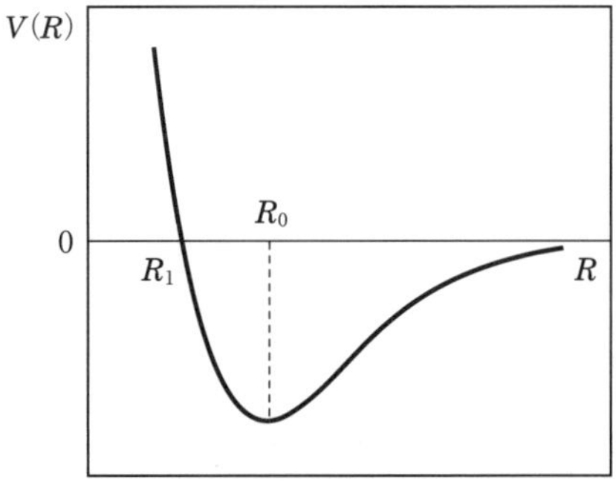

図4･1　原子間ポテンシャル

原子の間の相互作用により働く力を，**原子間力**という．原子間力 $F(R)$ は

$$F(R) = -\frac{dV(R)}{dR} \tag{4.1}$$

で与えられる．原子間力は，$R > R_0$ では原子を近づけようとする引力であり，$R < R_0$ では斥力となる．

以上のべたのは，結晶中の近接している2原子だけをとり上げ，ほかの原子を無視したときの考えである．実際の結晶では，多数の原子が3次元的に配列しているので，2原子間の相互作用は周りにあるほかの原子の影響を受ける．その結果，ポテンシャルは原子間の距離だけでなく，ベクトル量であ

る相対座標 $\boldsymbol{R}$ の関数 $V(\boldsymbol{R})$ であり，方向依存性をもつ．

結合にはいくつかの特徴的なタイプがある．タイプの違いは，結合におけるエネルギー低下のメカニズムの違いである．ある物質がどのタイプの結合をするかは，構成原子，とくにその最外殻電子の数によって決まる．また，結合する相手の原子によっても違う．さらに，結合力と結晶構造には強い関連がある．以下の章ではこれらのことを，イオン結合，共有結合，金属結合，ファン・デル・ワールス結合，水素結合について説明する．結合のメカニズムによっては，古典的なメカニズムで理解されるものもある．しかし金属結合は量子力学的な考えが本質的である．

2　分子結合　～結合の量子力学的な原型～

結合概念の基として，2 原子分子の結合を考える．原子の集合体である分子やさらには固体の電子状態を，**原子軌道の 1 次結合**(LCAO，Linear Combinations of Atomic Orbitals) で近似的に表わすことができる．簡単な水素分子の例で説明する．

水素原子 1，2 の 1s 軌道を，φ_1，φ_2 とする(**図 4・2**)．孤立原子のハミルトニアンを H_0，1s 状態のエネルギーを E_s とすると，シュレーディンガー方程式

$$H_0\varphi_i = E_s\varphi_i \qquad (i = 1, 2) \tag{4.2}$$

が成り立つ．2 原子分子における 1 電子のハミルトニアン H を

$$H = H_0 + V' \tag{4.3}$$

とおく．V' は図 4・2 において，第 2 の原子が存在することによ

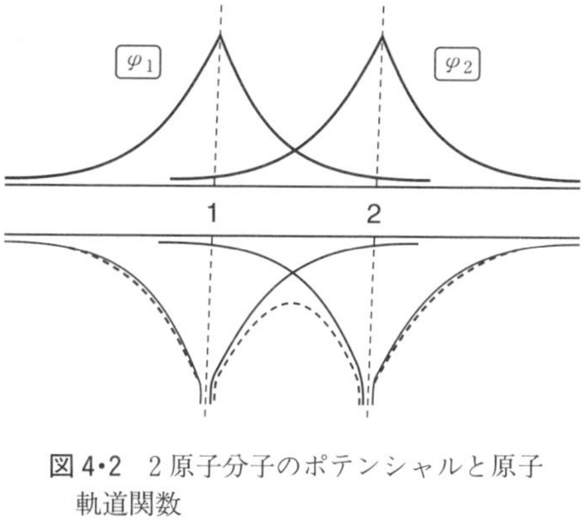

図 4・2　2 原子分子のポテンシャルと原子軌道関数

るポテンシャル(点線と実線の差)で，2つの原子の中間で大きい．水素分子のシュレーディンガー方程式は

$$H\psi = E\psi \tag{4.4}$$

である．分子内の電子は，2つの陽子がつくるクーロン場の中にあって，分子全体に広がっている1電子軌道で表わせると考える．この方法を**分子軌道法**という．分子の1電子状態を，2つの原子軌道 φ_1，φ_2 の1次結合で近似し

$$\psi = C_1\varphi_1 + C_2\varphi_2 \tag{4.5}$$

の形に求める．(4.4) に，(4.3)，(4.5) を代入し，左から $\varphi_1{}^*$ あるいは $\varphi_2{}^*$ を掛けて全空間で積分する．このとき，φ_1 と φ_2 の重なりが小さいとして

$$S_{12} \equiv \int \varphi_1{}^* \varphi_2 \, d\boldsymbol{r} = 0 \tag{4.6}$$

と近似すると

$$\left.\begin{aligned} (E_\mathrm{s}' - E)\,C_1 - V_2C_2 = 0 \\ -V_2C_1 + (E_\mathrm{s}' - E)\,C_2 = 0 \end{aligned}\right\} \tag{4.7}$$

を得る．ここで

$$E_\mathrm{s}' = \int \varphi_i{}^* H \varphi_i \, d\boldsymbol{r} \qquad (i = 1, 2) \tag{4.8}$$

は，V' の寄与があるので，E_s より少し低い．また

$$V_2 = -\int \varphi_1{}^* V' \varphi_2 \, d\boldsymbol{r} \tag{4.9}$$

は，摂動ハミルトニアン V' の原子軌道間の行列要素で，2つの軌道にある電子間の相互作用を与える．(4.7) が解をもつ条件は，係数がつくる行列式がゼロであり

$$\begin{vmatrix} E_\mathrm{s}' - E & -V_2 \\ -V_2 & E_\mathrm{s}' - E \end{vmatrix} = 0 \tag{4.10}$$

となる．これは (3.54) の永年方程式の例である．これを解いて，エネルギー

$$E_\mathrm{b} = E_\mathrm{s}' - V_2 \tag{4.11}$$

と

$$E_a = E_s' + V_2 \tag{4.12}$$

を得る (**図 4·3**). 原子軌道関数の定性的な形は図 4·2 に示すようなものだから, V_2 は正の量である. したがって E_b は, 孤立原子の状態 E_s より低くなり, E_a は高い. 低いエネルギー E_b の状態を, **結合状態** (bonding state), 高いエネルギー E_a の状態を**反結合状態** (anti-bonding state) という. このように, 十分離れた 2 原子では縮退していた状態が分裂する. 水素分子の基底状態は, 結合状態を逆向きのスピンをもつ 2 つの電子が占めたものである. その結果, 孤立原子のときより 1 電子当たり V_2 だけエネルギーが低くなり, 安定な結合が生じた. 以上が, **分子結合**の基本的なメカニズムである.

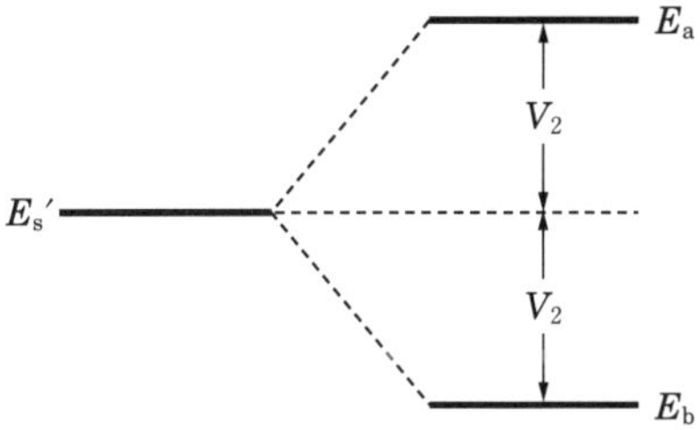

図 4·3　結合, 反結合状態のエネルギー

結合状態のエネルギー E_b に対して固有関数を求めると

$$C_1 = C_2 = \frac{1}{\sqrt{2}} \tag{4.13}$$

となり, E_a に対する固有関数は

$$C_1 = -C_2 = \frac{1}{\sqrt{2}} \tag{4.14}$$

となるので, 波動関数は結合状態と反結合状態に対して, それぞれ

$$\left.\begin{aligned} \psi_b &= \frac{1}{\sqrt{2}}(\varphi_1 + \varphi_2) \\ \psi_a &= \frac{1}{\sqrt{2}}(\varphi_1 - \varphi_2) \end{aligned}\right\} \tag{4.15}$$

となる (**図 4·4**).

2 原子分子のポテンシャルは, 原子 1, 2 の中間領域で 2 つの原子によるポテンシャルが重なって, 孤立原子のときより深くなっている. そこでの振幅 ψ_b は φ_1 と φ_2 の和であるから, 孤立原子のときより大きい(図 4·4). したが

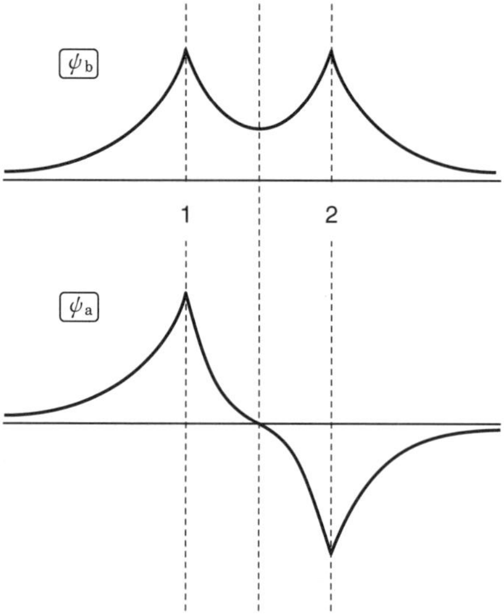

図4・4　結合，反結合状態の波動関数

って電子の存在確率が孤立原子に比べて大きく，結合状態のエネルギーが下がる．逆に，反結合状態の波動関数 ψ_a は φ_1 と φ_2 の差であり，中間領域での振幅が小さいのでエネルギーが上がる．

3　イオン結合　～クーロン力による結合～

イオン化エネルギーが小さい原子と電子親和力が大きい原子の組合わせの物質が，イオン結合をする．典型的なイオン結合の物質である NaCl を例に説明しよう．**イオン結合**は，中性原子の Na と Cl ではなく，Na^+ イオンと Cl^- イオンの間のクーロン引力で生じる．

Na の電子配置は

$$(1s)^2(2s)^2(2p)^6(3s)$$

Cl の電子配置は

$$(1s)^2(2s)^2(2p)^6(3s)^2(3p)^5$$

である．Na の 3s 電子は容易に取り去ることができて，Na^+ イオンになりやすい．逆に，閉殻 $(3p)^6$ に電子が1つ不足している Cl では，空席が1つだけある 3p 軌道に電子を受け入れやすい．

結合に際してのエネルギー収支を，定量的に考える．Na 原子から 3s 電子をとって Na^+ イオンにするには，5.14 eV のエネルギーが必要である．

$$\mathrm{Na} + 5.14\,\mathrm{eV} = \mathrm{Na}^+ + (-\,e) \qquad (4.16)$$

このように，電子を1つ無限の遠方に取り去るのに要するエネルギーを，**イオン化エネルギー**という．中性原子から最初の電子を除くイオン化であるから，厳密には第1イオン化エネルギーという．

表 4·1　イオン化エネルギー（eV）

1族		2族		14族		17族		18族	
Li	5.39	Be	9.32	C	11.26	F	17.42	Ne	21.56
Na	5.14	Mg	7.64	Si	8.15	Cl	13.01	Ar	15.76
K	4.34	Ca	6.11	Ge	7.88	Br	11.84	Kr	14.00

一般に金属原子では，イオン化エネルギーは比較的小さい．数値例を，アルカリ金属（周期律の1族），アルカリ土類金属（2族），14族，ハロゲン（17族），不活性元素（18族）について**表 4·1** に示した．1族から18族へと外殻電子数が増えると，イオン化エネルギーは増加する．また周期律の同じ族では，原子番号が増えるにしたがってイオン化エネルギーは減少する．これは内殻電子数が増えると，最外殻電子の束縛が弱くなることを示している．

Cl に電子が1個加わって Cl^- イオンとなる過程では，3.61 eV のエネルギーが放出される．すなわち

$$(-\,e) + \mathrm{Cl} = \mathrm{Cl}^- + 3.61\,\mathrm{eV} \qquad (4.17)$$

このように中性原子が無限遠にあった電子と結合したときに放出されるエネルギーを，**電子親和力**という．この名前は力を思わせるが，実際にはこれはエネルギーで，原子が，電子を吸収しやすいかどうかを決めている量である．電子親和力が正であれば，電子を受け取った状態のほうが安定であることになる．電子親和力の数値例を**表 4·2** に示す．ハロゲン原子（17族）やカル

表 4·2　電子親和力（eV）

1 族		14 族		16 族		17 族	
Li	0.62	C	1.27	O	1.46	F	3.40
Na	0.55	Si	1.39	S	2.08	Cl	3.61
K	0.5					Br	3.36

コゲン原子（16 族）で電子親和力は比較的大きい．

イオン化エネルギーと電子親和力の元素の族による違いは，結合のタイプが周期律と関係深いことを示す例である．Na と Cl が十分離れているときに，それぞれを Na^+ と Cl^- にするのに必要なエネルギーは

$$5.14 - 3.61 = 1.53\,\mathrm{eV}$$

となる．この値は，イオン化エネルギーが小さい原子と電子親和力が大きい原子の組合わせに対して小さい．とはいえ正の量であるから，ここまでの過程はエネルギー的に損である．しかし，この損は十分小さいといえる．なぜなら，いったんエネルギーの損をしてできた正と負のイオンが，クーロン引力で近づき，イオン間距離が小さくなって，エネルギーが下がるからである．NaCl では，結晶でのイオン間距離 2.82 Å に対するエネルギーの低下は 5.1 eV である．そのため正味には，3.6 eV だけエネルギーが下がり安定化する．さらに近づいて R_0 より小さくなると，2 つのイオンの電子雲に重なりが生じる．

パウリの排他律は 2 個の電子が同じ状態を占めることを禁じる．波動関数が重なって共通部分ができることは，双方の波動関数が似たものになることだから，存在確率が同じようになってしまう．そのときパウリの排他律から，これを禁止する斥力が急激に働くようになって，ある距離でエネルギーは最小となる．3.6 eV という値は，NaCl 分子 1 個当たりの結合エネルギーである．

結晶の場合には，すべてのイオン間のクーロン相互作用をとり入れなければならない．NaCl 構造では，図 1·8 にみるように，正，負イオンが交互に並

んでいる．正イオン（負イオン）の周りになるべく多くの負イオン（正イオン）があるほうがエネルギーは低くなるという理由で，NaCl 構造や CsCl 構造が実現している．その際，最近接の正，負イオン間の引力だけでなく，第 2 近接である同種イオン間の斥力も存在する．クーロン力は $1/r$ の依存性をもっていて遠くにまで及ぶから，もっと離れたイオン間の引力，斥力まで考慮する必要がある．クーロン力は，i 番目のイオンと j 番目のイオンの距離を r_{ij} として

$$U_{ij} = (\pm)\frac{q^2}{4\pi\varepsilon_0 r_{ij}} \tag{4.18}$$

である．$(\pm)$は，i と j が同符号イオンのときは $+$，異符号イオンのときは $-$ である．q はイオンの電荷量である．イオン間の距離が近づいて波動関数に重なりが生じたときの，パウリの排他律による電子間斥力を

$$U_{ij} = \lambda \exp\left(-\frac{r_{ij}}{\rho}\right) \tag{4.19}$$

とモデル的に表わす．この関数形を，**ボルン－マイヤーポテンシャル**という．λ は斥力の大きさ，ρ は斥力が働く距離を表わすパラメーターである．イオン i のもつエネルギーは，(4.18)，(4.19) をすべての相互作用する相手について加えた

$$U_i = \sum_{j \neq i} U_{ij} \tag{4.20}$$

である．U_i は，基準にとる i 番目のイオンの選び方に依らない．

N 個の NaCl 分子からなる全格子エネルギーは

$$U_{\text{tot}} = \frac{1}{2} 2NU_i \tag{4.21}$$

である．最近接イオン間距離 R を用いると，任意の i，j イオン間の距離は

$$r_{ij} = p_{ij}R \tag{4.22}$$

と書ける．斥力は最近接イオン間だけに働くと仮定しているので

$$U_{\text{tot}} = NU_i = N\left\{Z\lambda \exp\left(-\frac{R}{\rho}\right) - \frac{\alpha q^2}{4\pi\varepsilon_0 R}\right\} \tag{4.23}$$

となる．Z は最近接イオンの数である．

$$\alpha = \sum_{ij} \frac{(\pm)}{p_{ij}} \tag{4.24}$$

を**マーデルング定数**という．和は，i-j イオン対に対して行う．マーデルング定数は結晶構造ごとに決まった値をとり，格子定数や構成イオンの種類には依らない．その値は 1 のオーダーで，正確な値は計算によって

$$\alpha = 1.747565 \qquad \text{NaCl 型} (Z = 6)$$

$$\alpha = 1.762675 \qquad \text{CsCl 型} (Z = 8)$$

と決定されている．マーデルング定数の計算法については，J. C. Slater 著『*Quantum Theory of Molecules and Solids, Vol.* 3 : *Insulators, Semiconductors and Metals*』(McGraw-Hill) の 215 頁を参照するとよい．

4　共有結合　～電子雲を集中させて手をつなぐ～

半導体として重要なシリコン (Si)，ゲルマニウム (Ge)や，ダイヤモンド (C) など 14 族元素の結晶は，ダイヤモンド構造である．この構造の結晶は**共有結合**をする．分子結合のときにみたように，原子間距離が小さくなって核同士の斥力が働くようになるまでは，双方の原子に属する軌道の重なりが大きいほど，結合が強くなる．とくに 2 つの原子の軌道関数が空間的に一様に広がっているのでなく，互いに相手原子の方に集中して伸びているときに，重なりは大きい．

炭素原子が共有結合しているダイヤモンド結晶の場合を考える．炭素原子の基底状態の電子配置は，$(2s)^2(2p)^2$ である(**図 4･5** a)．1 電子当たりのエネルギーは $(2E_s + 2E_p)/4$ である．いま 1 個の 2s 電子を 2p 軌道に励起して，

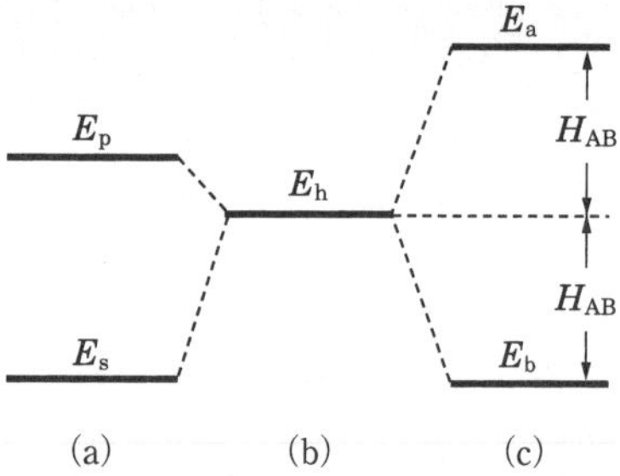

図 4･5　共有結合のエネルギー

$(2s)(2p)^3$ の電子配置にしたとする．このときエネルギーは，$E_h = (E_s + 3E_p)/4$ に増える（図 4･5 b）．次に 4 つの原子軌道関数 ϕ_s，ϕ_{px}，ϕ_{py}，ϕ_{pz} から線形結合で新しい 4 つの軌道

$$\left.\begin{aligned} \phi_1 &= \frac{1}{2}(\phi_s + \phi_{px} + \phi_{py} + \phi_{pz}) \\ \phi_2 &= \frac{1}{2}(\phi_s + \phi_{px} - \phi_{py} - \phi_{pz}) \\ \phi_3 &= \frac{1}{2}(\phi_s - \phi_{px} + \phi_{py} - \phi_{pz}) \\ \phi_4 &= \frac{1}{2}(\phi_s - \phi_{px} - \phi_{py} + \phi_{pz}) \end{aligned}\right\} \tag{4.25}$$

をつくる．これを **sp^3 混成軌道**という．4 つの混成軌道は，それぞれ [1, 1, 1]，[1, − 1, − 1]，[− 1, 1, − 1]，[− 1, − 1, 1] の 4 方向（正四面体の 4 つの頂点の方向）に電子分布が伸びている状態である（**図 4･6**）．

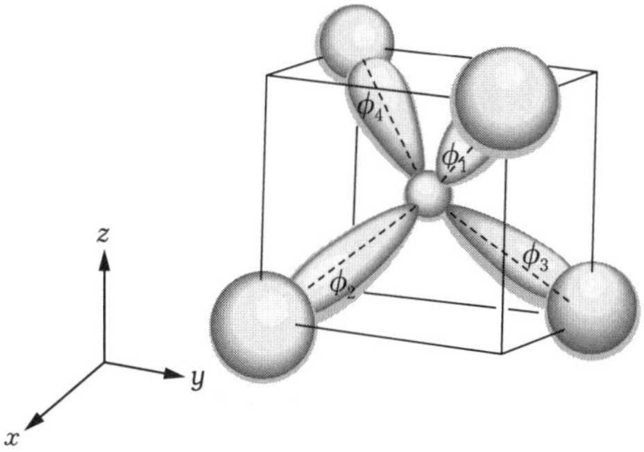

図 4･6　sp^3 混成軌道

ダイヤモンド構造では，C 原子の 4 つの sp^3 混成軌道が，それぞれ周りの 4 つの C 原子から伸びている混成軌道と相互作用して，結合状態と反結合状態ができる（図 4･5 c）．この過程でのエネルギー変化は，ハミルトニアンの混成軌道間の行列要素を H_{AB} とすると，1 電子当たり

$$\frac{E_s + 3E_p}{4} \longrightarrow \frac{E_s + 3E_p}{4} - H_{AB} \tag{4.26}$$

である．これは，原子の基底状態エネルギー $(2E_s + 2E_p)/4$ よりも低くなる．4 つの混成軌道は同等であり，その結果生じた結合状態，反結合状態はそれぞれ 4 重に縮退している．各結合状態には，スピンを考えると 2 個の電子が入れるから，単位胞内の 1 原子がもつ 8 個の電子がすべて結合状態を占め，エ

ネルギーは安定化する．各原子は周りの原子と電子を2個ずつ計8個を共有しているとみることができるから，この結合を共有結合という．

共有結合をする結晶の構造はダイヤモンド構造で，最近接原子の数は4と，最密構造の12に比べ非常に少ない．しかし電子密度が，結合が起こっている場所（最近接原子間の中点）に集中して大きくなっているので，2つの炭素原子の結合エネルギーは7.37 eVと，NaClの6.4 eVよりも大きい．

共有結合の特徴は，方向性が非常に強いことである．共有結合に寄与する電子分布が伸びている[1, 1, 1]方向の結合は，[1, 0, 0]方向の結合よりも強い．しかしダイヤモンド結晶をへき開すると，結合の面密度が小さい[1, 1, 1]面が現われる．これはイオン結合や，あとでのべる金属結合にはみられない特徴である．

イオン結合をしているイオン結晶は，1–17族化合物である．これと14族の中間にある2–16族，13–15族化合物は，イオン結合と共有結合の中間的な結合をしている物質である．

5　金属結合　～イオンと電子のエネルギーバランス～

金属は構成原子の周期律によって，アルカリ金属（1族），アルカリ土類金属（2族），遷移金属（不完全殻をもつ）などに分類される．これらの原子の電子配置は，Naの場合が閉殻 + $(3s)^1$，Caでは閉殻 + $(4s)^2$，Feが閉殻 + $(4s)(3d)^6$である．閉殻の外の電子が価電子である．例えばナトリウムでは，各原子から放出された1個の3s電子が，Na^+イオンがつくる結晶中を自由に動き回っている．金属の特徴は自由電子が多いことで，これが電気伝導（10章1・2節および4節）や光学的性質（11章2・1節）に反映される．

金属に対しては，陽イオンがつくる格子に一様な密度の電子が広がっているモデルを使う．**金属結合**は，結晶中に広がった電子が多くの金属イオンと引力作用をすることで生じる．少し乱暴ないい方をすれば，符号の違う電荷をもつイオンと電子が互いに近くにいるほうが，クーロン力で引き合う相手の数が多くて，エネルギーが下がるのである．そのためには，イオン同士が(もちろん電子をともなって)，格子定数程度の近い距離にあることが必要である．この意味で，金属結合では電子がイオンをのりづけしているという見方もできる．

金属結合をより正確に理解するには，電子の運動エネルギーと，電子-イオンの相互作用エネルギーの2つを考える必要がある．ハイゼンベルクの不確定性原理 (3.20) を使うと，電子が存在する範囲 x が大きいほど運動エネルギーは小さいことが次のようにしていえる．この議論のようにオーダーだけを問題にするときは，位置座標 x とその不確かさ Δx は同じ程度の大きさと考えてよい．p と Δp の大きさについても同様である．したがって運動エネルギーは

$$T \approx \frac{1}{2m}\Delta p^2 \approx \frac{\hbar^2}{2m}\frac{1}{\Delta x^2} \tag{4.27}$$

の程度と考えてよい．ここで不確定性関係，$\Delta p \sim \hbar/\Delta x$ を使った．(4.27) から，電子分布が広がっているほど，つまり r が大きいほど，運動エネルギーは小さくなる．

一方，イオンによるポテンシャルエネルギーは，電子の波動関数が局在せずに複数イオンのポテンシャルを感じるくらいに広がっているほうが，エネルギーは下がる．しかしポテンシャルは $-1/r$ で浅くなるので，波動関数がある範囲以上に広がるとエネルギーは増える．つまり格子定数付近で，r を大きくしたときに，得をする運動エネルギー（正の量）と，損をするポテンシャルエネルギー（負の量）の和が最小になるように，最適なイオン間距離が決まる．両者とも r とともに絶対値は小さくなり，その減少の仕方の微妙なバランスで格子定数が決まっている．

アシュクロフト - マーミン 著『固体物理の基礎 下 (I)』(吉岡書店) 第20章の，さらにくわしい議論によれば，電子ガスの運動エネルギーとポテンシ

ャルエネルギー，交換エネルギーの3者の和を定量的に表わすと

$$u=\frac{30.1}{(r_s/a_0)^2}-\frac{36.8}{r_s/a_0}\quad \text{eV} \tag{4.28}$$

となる．r_sは伝導電子1個当たりの結晶の体積を球で表したときの半径で

$$\frac{V}{N}=\frac{1}{n}=\frac{4\pi r_s{}^3}{3} \tag{4.29}$$

で定義される．uが最小値をとるr_sは

$$\frac{r_s}{a_0}=1.6$$

である．

金属結合は，イオン結合，共有結合に比べてかなり弱い．結合エネルギーがナトリウムで0.068 eV，カリウムでは0.0322 eV，遷移金属の鉄では1.68 eVである．

電荷の空間分布を，各結合のタイプについて比べておこう．イオン結合では，陰イオンは核の電荷より1だけ多い電子が，陽イオンは核より1だけ少ない電子が，いずれも原子核の周りに球対称に局在している．共有結合では，価電子が最近接原子のほうに集中して分布している．また金属結合では，価電子は結晶全体に一様に分布している．

6　ファン・デル・ワールス結合　〜双極子同士の弱い力で〜

閉殻構造の電子配置をもつNe, Ar, Xeなど18族の希ガス原子は，電気的に中性で，原子間にクーロン力は働かない．しかし中性原子や分子の間にも，**ファン・デル・ワールス力**という弱い引力が働き，これによる結合が生じる．

遠くからみて中性である原子であっても，内部をみると原子核の周りを軌道運動している電子分布が，時々刻々変化している．そのため各原子は瞬間瞬間にはある方向に分極している．1つの原子の分極が，原子から距離rの点に$1/r^3$に比例する電場を生じ，それがまた相手の原子に双極子を誘発す

る．こうして2つの双極子間に，$1/r^6$ に比例した弱い引力ポテンシャルを生じる．これによる力がファン・デル・ワールス力である．

原子間距離が小さいところでは，パウリの排他律による斥力がこの引力よりも強く働く．その r 依存性を便宜上 $1/r^{12}$ に選ぶことが多い．2つの定数 ε，σ を用いて

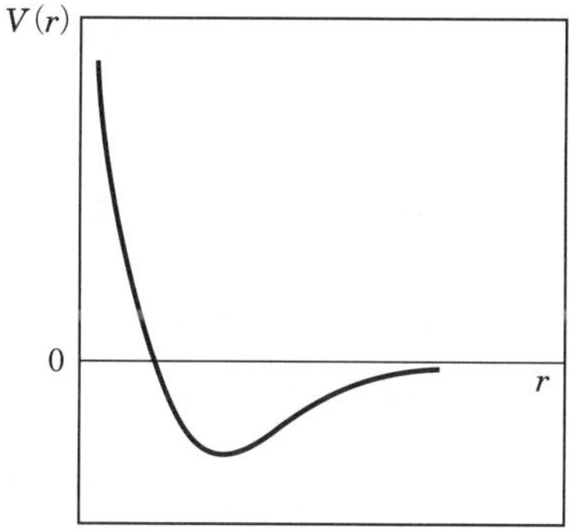

図4・7　レナード・ジョーンズポテンシャル

$$V(r) = 4\varepsilon\left[\left(\frac{\sigma}{r}\right)^{12} - \left(\frac{\sigma}{r}\right)^{6}\right] \tag{4.30}$$

と表わしたものを，**レナード・ジョーンズ ポテンシャル**という(**図4・7**)．レナード・ジョーンズポテンシャルは，ファン・デル・ワールスポテンシャルを定量的にもよく説明する．

ファン・デル・ワールス力による結合は非常に弱く，結合エネルギーは小さい．したがって，この結合の結晶の融点も低い．そのデータを**表4・3**に示す．比較のために，ほかの結合タイプの物質の融点の値を**表4・4**に示す．

原子が結合してできている化学的に安定な分子同士の間にも，ファン・デル・ワールス力が働いて，結晶となる．これを**分子性結晶**と呼んでいる．希ガス結晶の構造は，単原子面心立方格子である．**ファン・デル・ワールス結合**の結晶では，電子分布が孤立原子や分子のときとあまり違わない点が，イオン結

表4・3　希ガス結晶の結合エネルギーと融点

結晶	結合エネルギー (eV)	融点 (K)
Ne	0.02	24
Ar	0.08	84
Kr	0.116	117
Xe	0.17	161

表4・4　種々の結晶の融点

結晶	融点 (K)	結晶	融点 (K)
NaCl	1073	MgO	3073
Cu	1357	Fe	1808
Na	371	K	337
Si	1141	Ge	685.5

合，共有結合，金属結合と違う．これも結合が弱いことと関係がある．

7　水素結合　～強誘電体や生体で重要～

はじめに水分子H_2Oの結合を考える．O原子の電子配置は$(1s)^2(2s)^2(2p)^4$である．2p電子は，例えばp_x，p_y軌道に1個ずつ入り，p_z軌道には上向きと下向きのスピンの2個の電子が入っているとする．1s軌道はエネルギーが深いので，結合には寄与しない．2s軌道と2p軌道ではエネルギーの差が小さいので，両者の混成を考える．このとき簡単のために，2s状態と2p状態のエネルギー差を無視し，正四面体の頂点方向に伸びている（4.25）の形のsp^3混成軌道をつくる．酸素原子の価電子6個のうちの4個が，この軌道を1個ずつ占有する．4つの軌道の2つには水素が結合している．残りの2つの軌道には，酸素原子の残りの価電子が1個ずつ入る．

こうしてできた水分子は全体としては電気的に中性であるが，分子内部を細かくみると，電荷分布に偏りがある．すなわち，水素と結合していないほうの結合手は負に帯電しているため，酸素原子に正味の電荷が偏り，水素原子に正の電荷が生じるから，水分子は電気双極子モーメントをもつ（**図4･8**の矢印）．

水分子が近づくと，両者の双極子間の相互作用により，2つの水分子は結合してエネルギーが下がる．これが**水素結合**のメカニズムである．この結合は，もっと素朴に1つの水分子の負に帯電した酸素原子が，別の水分子の正に帯電した水素原子に引き付けられると理解することもできる．

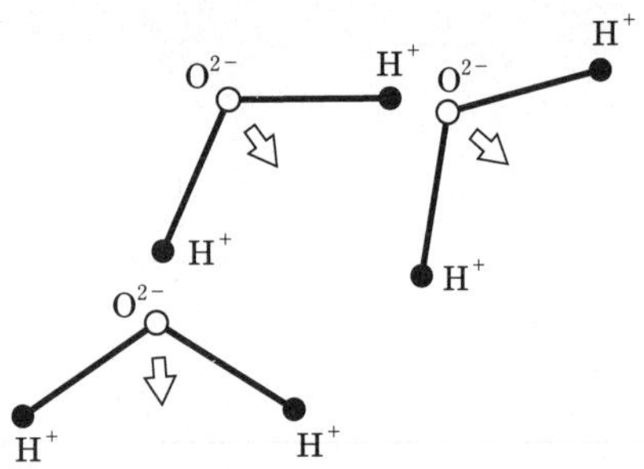

図4･8　水素結合

水素結合は比較的弱い結合で結合

エネルギーは 0.2 eV 程度であるが，物性に与える影響は非常に重要である．固体にも水素結合をしている結晶があり，KH_2PO_3 などの強誘電性にも深く関与している．また DNA の二重らせん構造など，生体において構造を形成する鍵にもなっている．

演習問題

1．2 原子分子の結合の考えを N 個の 1 価原子の結合に応用して，金属結合の説明を試みよ．

2．隣接する原子間の重なりを無視できないとして，同種原子による 2 原子分子の結合エネルギーと波動関数を求めよ．

3．レナード・ジョーンズポテンシャルの形を表わす定数 ε, σ は，ポテンシャルに最小値を与える r_0 と最小値 $V(r_0)$ で決まることをいえ．

5

格子振動

結晶を形づくっている原子は，結晶構造で決まる平衡位置を中心として熱振動をしている．原子は互いに力を及ぼし合っているので，すべての原子の振動が連動し，波の形で結晶中を伝わる．格子振動の波を規定する波数 k と振動数 ω の分散関係 $\omega(k)$ は，電子のエネルギーバンドと並び，物性を決める基本的な量である．調和近似を用いて，まず 1 次元格子の場合に分散関係を導き，次に 3 次元結晶の格子振動を解説する．最後に，格子振動の波を粒子とみるフォノンを導入し，次の章で比熱，熱伝導を論じるのに用いる．

1　1 次元格子の格子振動　～原子の振動はいろいろな k の波～

1・1　単原子格子の固有振動

まず格子振動の基本的な性質を，1 次元で基本構造がない最も単純な格子の場合に導く．質量 M の原子が格子定数 a で N 個並んでいる 1 次元鎖を考

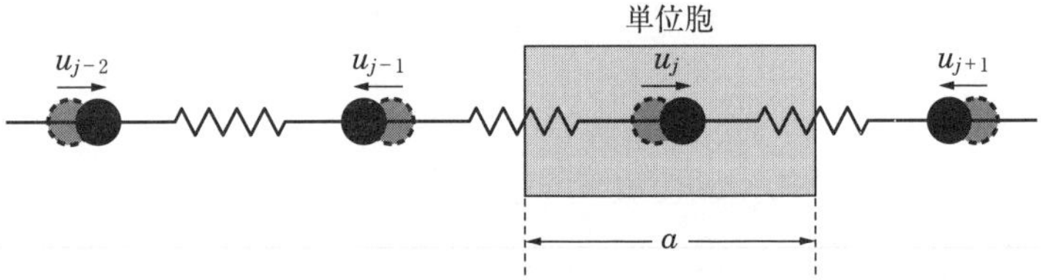

図 5・1　1 次元単原子格子の振動

える．その一部分を**図 5•1** に示す．熱平衡では各原子は格子点に位置している（破線の丸）．格子振動によって各原子が格子点からわずかに変位する（黒丸）．そのとき各原子は，他の原子と相互作用しながら振動する．図 5•1 には，ある瞬間での変位を矢印で示してある．

2 つの原子の間に働く力は，原子の平衡位置からの変位の差に比例すると仮定する．これを**調和近似**という．簡単のために，相互作用は最近接原子（1 次元の場合は両隣りの原子）との間にだけ働くとする．原子間力は距離とともに小さくなると考えてよいから，この近似を使って格子振動の基本的な性質を説明できる．j 番目の原子の変位を u_j とすると，j 番目の原子に働く力は，比例定数 K を用いて

$$F_j = K(u_{j+1} - u_j) + K(u_{j-1} - u_j) \tag{5.1}$$

で与えられる．(5.1) と同じ形の式がすべての j $(= 1 \sim N)$ について成り立つとする．

調和近似では，系のポテンシャルエネルギーは

$$V = \frac{K}{2} \sum_j (u_j - u_{j+1})^2 \tag{5.2}$$

で与えられる．K は原子間力ポテンシャルの変位に関する 2 次の導関数で決まる．u_j に関する運動方程式は，(5.1) から

$$M \frac{d^2 u_j}{dt^2} = -K(2u_j - u_{j-1} - u_{j+1}) \tag{5.3}$$

となる．この式は，自然長 a，ばね定数 K の ばね でつながった質点の振動の問題である．(5.3) の解を，すべての変位が 1 つの角振動数 ω，振幅 A で振動する波

$$u_j = Ae^{ikX_j}e^{-i\omega t} \tag{5.4}$$

の形に求める．X_j は，原子 j の平衡点の座標 ja である．このように，すべての原子が同じ角振動数で振動するモードを，**基準モード**（ノーマルモード）という．基準モードに対して，ω と k に特定の関係が成り立つ．基準モード

を知ることが，格子振動の問題を解くことである．(5.4) は波数が k の進行波であり，波が隣りの原子に進むと位相が ka だけ増えることを示している．

(5.4) を (5.3) に代入すると

$$\omega^2 M = K(2 - e^{ika} - e^{-ika})$$

となるから

$$\omega^2 = \frac{4K}{M}\sin^2\frac{ka}{2}$$

を得る．したがって

$$\omega(k) = \sqrt{\frac{4K}{M}}\left|\sin\frac{ka}{2}\right| \tag{5.5}$$

である．これが，k の関数としての角振動数を与える**分散関係**である．このように，格子振動の問題は k 空間で解くことによって容易に解が求まった．その解き方は，変位を (5.4) の形においたことである．この場合はモデルが単純なので，すべての k に対して分散関係の解析的な表現が得られた．k が定義されている範囲は第1ブリュアン域内の $(-\pi/a, \pi/a)$ である．一般に $\omega(k)$ は k の偶関数であるから，k が正の領域だけを知ればよい (**図5･2**)．

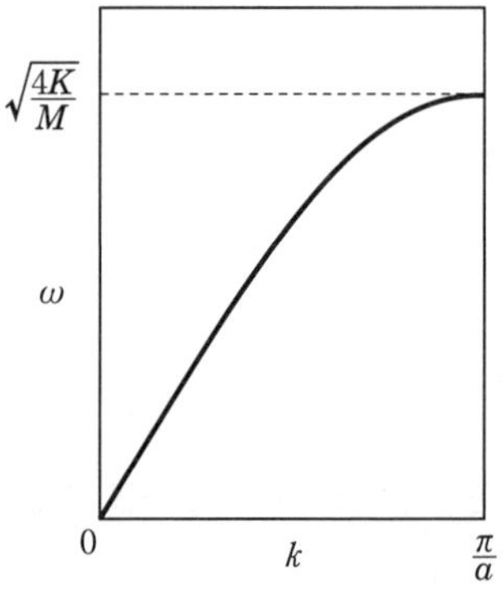

図5･2　1次元単原子格子の角振動数

分散関係 (5.5) は，長波長の極限 ($ka \ll 1$) で

$$\omega \simeq a\sqrt{\frac{K}{M}}\,k \tag{5.6}$$

となり，ω が波数 k に比例する．この性質は，連続媒質中の音波と同じである．そのため，このモードを**音響モード**と呼ぶ．波数が大きくなると分散曲線は直線から下方に曲がり，$k = \pi/a$ で最大値 $\omega_m = \sqrt{4K/M}$ となる．

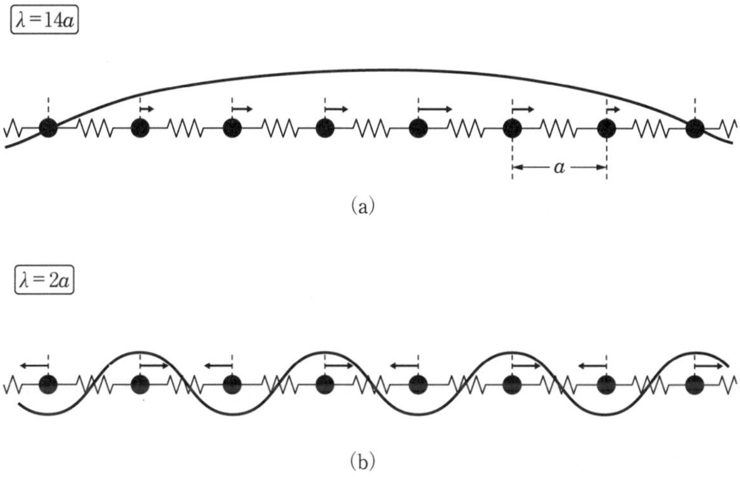

図 5·3　長波長と短波長の原子変位

$\omega_{\rm m}$ は $10^{13}\,{\rm s}^{-1}$ 程度で，赤外光の周波数域にある．分散曲線の測定結果の例として，シリコンの場合を図 5·10 に示す．

分散曲線の結果は，次のように物理的に解釈することができる．そのために，変位の実空間での様子を考える．k が非常に小さく，$\lambda \gg a$ の場合は，各原子は事実上同じ位相で振動する．**図 5·3** a に $\lambda = 14a$ の場合を示す．このとき隣りの原子との変位の差は小さいから，それによる復元力も小さい．したがって ω も小さくなる．その極限である $k = 0$ とは，$\lambda = \infty$ のことであり，鎖は剛体棒として振動し復元力はゼロとなる．こうして $k = 0$ で $\omega = 0$ であることが説明できる．逆の極限である $k = \pi/a$ ($\lambda = 2a$) では，隣り合った原子は逆の位相で振動する（図 5·3 b）．このとき復元力が最大で，したがって角振動数も最大となる．

1・2　周期的境界条件

上の例で分散関係を導くのに，運動方程式 (5.3) がすべての j で成り立つと仮定した．ところが有限の長さの鎖では，両端の原子だけは片側に相互作用する相手がないので，(5.3) が成り立たない．鎖の両端の原子を含めた N 個が，同等に(5.3)で記述できるためには，$j=1$ と $j=N$ の原子をつないでリングにし，N 原子の鎖が周期的に繰り返されていると考えればよい(**図 5•4**)．そのために，2章3・1節で用いた**周期的境界条件**

$$u_{j+N} = u_j \qquad (j = 1 \sim N) \tag{5.7}$$

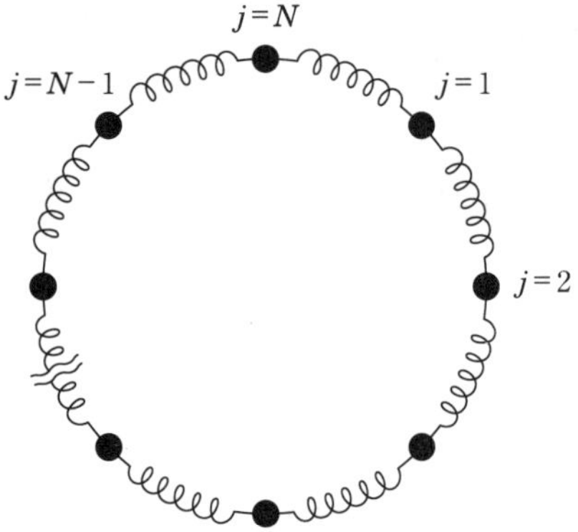

図 5•4 周期的境界条件

を用いる．解 (5.4) に条件 (5.7) を課すと

$$e^{ikNa} = 1 \tag{5.8}$$

となるから，k のとりうる値は

$$k = \frac{2\pi}{a}\frac{m}{N} \qquad \left(m = 0, \pm 1, \cdots, \pm\left(\frac{N}{2} - 1\right), \frac{N}{2}\right) \tag{5.9}$$

である(N を偶数と仮定したが，これは N が十分大きいときは何も限定したことにならない)．

(5.9) は2章3・1節で求めた，第1ブリュアン域内で $\boldsymbol{k}$ が1次元の場合にとりうる値の $(m_i/N_i)\boldsymbol{b}_i$ に一致している．$L = Na$ とすると k の値は $2\pi/L$ の等間隔で分布するから，第1ブリュアン域にある点の数は

$$\frac{2\pi}{a}\left(\frac{2\pi}{L}\right)^{-1} = \frac{L}{a} = N$$

となり，単位胞の数に等しい．

1・3 位相速度と群速度

波動の伝わる速度には，**位相速度**と**群速度**の2種類がある．通常は波といえば，角振動数 ω と波数ベクトル $\boldsymbol{k}$ で規定される単一の波である(**図 5•5** a)．

それが伝わる速度を位相速度といい，v_p と記すと

$$v_p = \frac{\omega}{k} \qquad (5.10)$$

の関係がある．この波は1つの k で指定されるので，空間的には無限に広がって存在している．

一方，種々の波数の波を重ね合わせてつくった**波束**は，空間的に局在する（図5・5 b）．波束が伝わるときの速度が群速度 v_g である．波束の角振動数と波数の平均値がそれぞれ ω と k のとき，群速度は

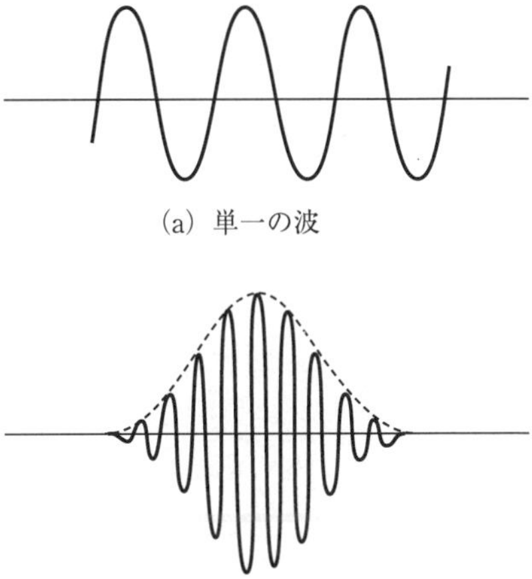

(a) 単一の波

(b) 波束

図5・5　波束

$$v_g = \frac{d\omega}{dk} \qquad (5.11)$$

で与えられる．位相速度と群速度の違いが現われる原因は，角振動数 ω が k に比例せず，したがって位相速度が波数（角振動数）によって違うからである．これを**分散**があるという．群速度は，図5・5 b の波束の包絡線の速度に対応する．波束の概念は，量子力学で物質が粒子と波の二重性をもつと考えるときに重要になる．熱伝導を議論するときは，格子振動の波をフォノンという粒子としてみるので，波束の運動を考える．したがって，熱が伝わるときの速度は群速度である．

1・4　2原子格子の固有振動

モデルを少し複雑にして，2種類の質量 M_1，M_2 の原子が等間隔 a で交互に並んでいる鎖を考える．ばねの強さはどれも同じとする（**図5・6**）．このとき単位胞の長さは $2a$，ブリュアン域の長さは π/a である．j 番目の単位胞

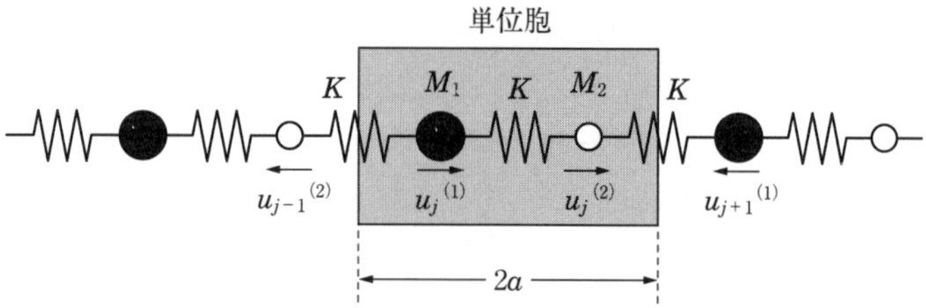

図5・6　1次元2原子格子の振動

内の質量 M_1, M_2 の原子の変位を，$u_j^{(1)}$, $u_j^{(2)}$ とする．この場合の結果は，変位をする原子が単位胞に2つあることを反映して，1つの k に対して2つの角振動数が存在する．

運動方程式は $j = 1 \sim N$ として

$$\left.\begin{aligned} M_1 \frac{d^2 u_j^{(1)}}{dt^2} &= -K(2u_j^{(1)} - u_{j-1}^{(2)} - u_j^{(2)}) \\ M_2 \frac{d^2 u_j^{(2)}}{dt^2} &= -K(2u_j^{(2)} - u_j^{(1)} - u_{j+1}^{(1)}) \end{aligned}\right\} \tag{5.12}$$

である．(5.12) の2式は互いに結合しているので，全体では $2N$ 個の連立方程式である．基準モードを求めるために，(5.12) の解を

$$u_j^{(1)} = A_1 e^{ik2ja} e^{-i\omega t}, \qquad u_j^{(2)} = A_2 e^{ik(2j+1)a} e^{-i\omega t} \tag{5.13}$$

と表わす．A_1, A_2 は2種の原子の変位の振幅である．(5.13) を (5.12) に代入すると

$$\begin{pmatrix} 2K - M_1\omega^2 & -2K\cos ka \\ -2K\cos ka & 2K - M_2\omega^2 \end{pmatrix} \begin{pmatrix} A_1 \\ A_2 \end{pmatrix} = 0 \tag{5.14}$$

と2成分の行列で表わされる．これが解をもつ条件は，係数がつくる行列式がゼロということである．これから2つの基準モードの角振動数が

$$\omega_\pm{}^2(k) = K\left(\frac{1}{M_1} + \frac{1}{M_2}\right) \pm K\sqrt{\left(\frac{1}{M_1} + \frac{1}{M_2}\right)^2 - \frac{4\sin^2 ka}{M_1 M_2}} \tag{5.15}$$

と求まる．各 k の関数として ω の2つの分散関係（それぞれを分枝という）

が存在する（**図 5·7**）．低い角振動数の分枝が音響モードであり，高い角振動数の分枝を**光学モード**と呼ぶ．例えば NaCl のように正負の電荷をもつイオンからなる結晶の場合には，光学モードの振動によって電気双極子を生じ，その振動数が大体 赤外領域にある．そのため赤外光の吸収を起こすというのが，光学モードと呼ばれる理由である．(5.15)により，すべての k に対する ω の厳密解を知ることができた．これも1次元モデルの利点である．

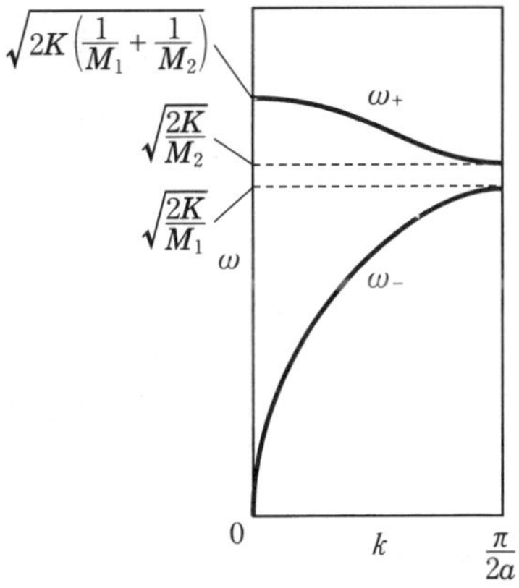

図 5·7　1次元2原子格子の角振動数

音響モードは，単純格子のときと同様に $k=0$ で $\omega=0$ であり，k が増えると ω も k に比例して大きくなる．その関数形は

$$\omega(k) \simeq \sqrt{\frac{2K}{M_1+M_2}}ka \tag{5.16}$$

である．$k=\pi/2a$ で最大値 $\sqrt{2K/M_1}$ となる（$M_1>M_2$ とした）．光学モードは，$k=0$ で

$$\omega = \sqrt{2K\left(\frac{1}{M_1}+\frac{1}{M_2}\right)} \tag{5.17}$$

である．k が大きくなると，ω はゆっくり減少し，ブリュアン域の端 $k=\pi/2a$ で最小値 $\sqrt{2K/M_2}$ となる．

音響モードと光学モードの違いは，前者ではエネルギーがゼロに近い基準モードが存在するのに対して，後者では大きなエネルギーのモードしか存在しないことである．その大きさは 0.1 eV 程度である．そのため，電子が格子振動と相互作用をするときに，1個の格子振動モードとの間にやりとりするエネルギーが，光学モードの場合には非常に大きい．

2つのモードでの原子変位の違いは $k=0$ での固有ベクトル，すなわち単

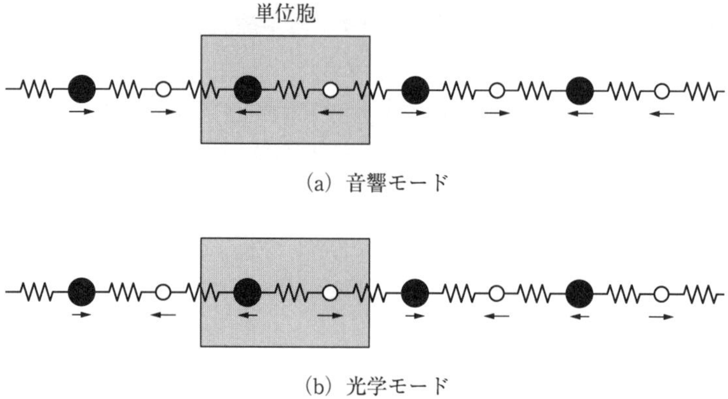

図5•8　音響モードと光学モード

位胞内の2個のイオンの変位を調べるとわかる．音響モードに対して，$\omega = 0$ を (5.14) に代入すると，この式が満たされるのは

$$A_1 = A_2 \tag{5.18}$$

のときである．つまり単位胞内の2つの原子は，同じ大きさの位相がそろった変位で振動する（**図5•8** a)．一方，光学モードについては (5.17) を代入すると

$$\frac{A_2}{A_1} = -\frac{M_1}{M_2} \tag{5.19}$$

となるので，単位胞内の2つの原子の変位は逆向きであり，振幅の大きさは質量の比に依存する（図5•8 b)．

2原子格子のとき，第1ブリュアン域内のモードの数は，各 k ごとに2つのモードがあるので，全部で $2N$ となる．これは格子内の自由度の数に一致している．

図5•7にみるように，周波数が $\sqrt{2K/M_2} < \omega < \sqrt{2K/M_1}$ の範囲には解がない．つまり，格子振動の波が存在しない．こうして第1ブリュアン域の端に周波数のギャップが現われる．ギャップ内で実数の ω を与えるような k は，複素数 $k_1 + ik_2$ である．このとき波は $e^{ik_1x}e^{-k_2x}$ の形となり，空間で減

衰する性質をもつ.

2　3次元の格子振動　～波の伝わる方向が3つある～

2・1　基準モード

現実の結晶では原子が3次元的に配列し，それぞれが平衡位置付近で3次元的に振動する．3次元の場合の基準振動を説明する．基準モードを理論的に決める方法はほかの教科書，例えば，拙著『物質の量子力学』(岩波書店)の10章3節を参照してもらうことにして，結果の定性的な特徴を説明する．これは1次元の結果から容易に理解できるものである．

まず単位胞に1個の原子がある場合を考える．各原子の運動方程式は，(5.3)と似た形になる．ただし問題が3次元なので，(5.4)で原子 j の変位をベクトル $\boldsymbol{u}_j$，波数をベクトル $\boldsymbol{k}$ とし

$$\boldsymbol{u}_j = \boldsymbol{A}e^{i\boldsymbol{k}\cdot\boldsymbol{r}}e^{-i\omega t} \tag{5.20}$$

と書く．$\boldsymbol{k}$ の大きさは波数を，方向は伝播の方向を与える．振幅も方向によって違うのでベクトル $\boldsymbol{A}$ であり，原子変位の大きさと振動の方向を与える．つまり $\boldsymbol{A}$ が，波の分極を決める．$\boldsymbol{A}$ が $\boldsymbol{k}$ (波の進行方向) に平行なモードを**縦波**といい，垂直なモードを**横波**という．

縦波と横波の例として，1原子鎖の振動を考えよう．1･1節で求めたのは，波の進行方向と原子の変位が平行な波であり，これは縦波である (図5･1)．各原子が鎖の方向と垂直方向に変位する振動を考えると，変位は波の進行方向に垂直で，これは横波である．その例を**図5･9**に示す．

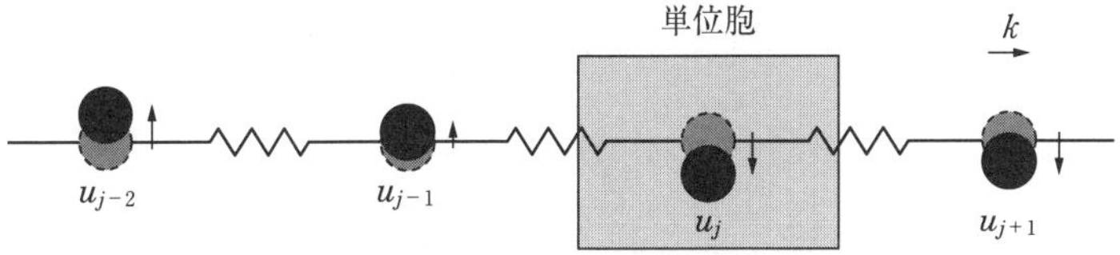

図5･9　横波の振動

3次元の場合には，横波に2つのモードがある．一般に，$\boldsymbol{k}$ が対称性のない方向のときは，純粋な縦波と横波に分離できず，両方が混じった波が伝わることがいえる．(5.20)を運動方程式に代入すると，$\boldsymbol{A}$ の成分 A_x，A_y，A_z に関する3つの連立方程式を得る．これは 3×3 の行列で書け，(5.14)と似た形の ω^2 の3次方程式になる．その解が，3つの分散関係を与える．3つのモードがあるのは，3次元だからである．3つの解は，いずれも $|\boldsymbol{k}| \simeq 0$ で $\omega = 0$ となる音響モードである．音響モードだけが現われたのは，単原子格子を考えているからである．

基本単位胞に複数の原子がある場合には，単位胞内の原子数を r とすると，運動方程式は $3r \times 3r$ の行列となり，$3r$ 個の基準モードが決まる．そのうち3個が音響モード，残りの $3r-3$ 個が光学モードである．

格子振動の分散関係には，$\boldsymbol{k}$ 空間における**反転対称性**

$$\omega(-\boldsymbol{k}) = \omega(\boldsymbol{k}) \tag{5.21}$$

がある．1次元で考えると，k が正であるか負であるかは，右に進む波と左に進む波の違いである．格子は左右対称だから，2つの波の分散関係は同じである．3次元では格子の反転対称性から（5.21）が導かれる．

中性子散乱の測定から決めたシリコンの分散曲線を**図5•10**に示す．Γ点で $\omega = 0$ であるのが音響モード（A），$\omega \neq 0$ であるのが光学モード（O）である．さらに縦波をL，横波をTで区別した．$\boldsymbol{k}$ が［1, 0, 0］や［1, 1, 1］のような対称性のよい方向にあるときは，純粋な縦波と横波に分かれている．フォノンの分散関係は，8章でのべる結晶内電子のエネルギーバンド

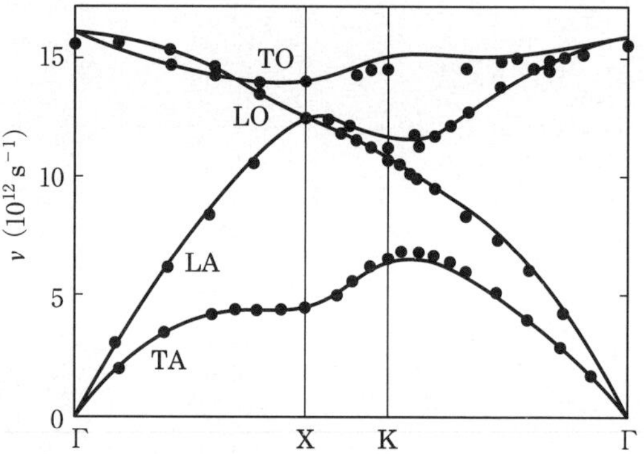

図5•10　シリコンの分散曲線

と同様に，結晶の基本的な性質である．1つ1つの電子がもつエネルギーの値と，1つ1つの振動の波がもつ振動数が，粒子と波の二重性がある量子力学の立場では対応する量になる．

2・2　格子状態密度

角振動数域 $(\omega, \omega + d\omega)$ に存在する基準モードの数が，$D(\omega)\,d\omega$ で与えられるような $D(\omega)$ で**格子状態密度**を定義する．この量は，7章5節でのべる電子の状態密度 $D(E)$ に対応する格子振動の量であり，単に状態密度ということもある．

格子間隔 a で，N 個の原子からなる1次元鎖の振動の格子状態密度を求める．周期的境界条件を課すと，(5.9) でみたように，k の間隔 $\Delta k = 2\pi/L$ ごとに1つのモードがある．つまり，k の単位域に存在するモード数は $L/2\pi$ である．これから $D(\omega)$ は，k に正負の場合があるので2倍して

$$D(\omega)\,d\omega = \frac{L}{\pi}\,dk = \frac{L}{\pi}\frac{d\omega}{d\omega/dk} \tag{5.22}$$

となるから，単位角振動数当たりのモードの数(これが格子状態密度である)は

$$D(\omega) = \frac{L}{\pi}\left(\frac{1}{d\omega/dk}\right) \tag{5.23}$$

で与えられる．分母の $d\omega/dk$ は群速度で，分散関係から決まる．とくに $d\omega/dk = 0$ となる k 点は，状態密度が無限大となる特異点となる．この特異性を**ファン・ホーフ特異性**という．

3次元の状態密度を1次元の場合と同様に考える．k_x, k_y, k_z のとりうる値は

$$k_x, k_y, k_z = 0, \pm\frac{2\pi}{L}, \cdots, \frac{N\pi}{L} \qquad (N\text{は偶数}) \tag{5.24}$$

だから，$\boldsymbol{k}$ 空間の $(2\pi/L)^3$ の体積に対して1つのモードがある．$\boldsymbol{k}$ 空間の単位体積当たりのモードの数は $(L/2\pi)^3 = V/8\pi^3$ となる．k より小さい波数

ベクトルをもつモードの数は，各分枝について

$$N = \frac{V}{8\pi^3}\frac{4\pi}{3}k^3 \tag{5.25}$$

であるから，全体としての状態密度は1つの分枝に対する値を3倍して

$$D(\omega) = \frac{dN}{d\omega} = \frac{Vk^2}{2\pi^2}\frac{dk}{d\omega} \tag{5.26}$$

である．状態密度は，(5.26) で $V = 1$ とした単位体積当たりの量を使うことがある．

3 フォノン ～格子振動の波を粒子とみる～

ミクロな粒子の運動を扱う量子力学では，物体を粒子と波の2つの見方でとらえることができる．角振動数 ω をもつ基準モードを，エネルギー $\hbar\omega$ の粒子とみなしたものを**フォノン**という．量子力学では角振動数 ω の振動子のエネルギーは

$$E = \left(n + \frac{1}{2}\right)\hbar\omega_0 \tag{5.27}$$

となる (3章3節)．n はゼロまたは正の整数で，振動子の n 番目の励起状態を表わすが，これはフォノンで考えると粒子の数が n であることを意味する．

N 個の原子からなる3次元調和結晶の基準モードの格子振動を，その角振動数をもつ $3N$ 個の独立な振動子とみることができる．1つ1つの振動子の角振動数は，$\boldsymbol{k}$ と分枝 s で指定され，$\omega_s(\boldsymbol{k})$ である．そのモードのエネルギーは

$$E = \left(n_{\boldsymbol{k}s} + \frac{1}{2}\right)\hbar\omega_s(\boldsymbol{k}) \tag{5.28}$$

である．$n_{\boldsymbol{k}s}$ は各基準モードの励起に対応して $0, 1, 2, \cdots$ の値をとる．系の全エネルギーは

$$E = \sum_{ks}\left(n_{ks} + \frac{1}{2}\right)\hbar\omega_s(\boldsymbol{k}) \tag{5.29}$$

である.* 格子振動は粒子的な見方をしたほうが便利である．すなわち，$\boldsymbol{k}$, s の基準モードが n_{ks} 番目の励起状態にある，という代わりに，$\boldsymbol{k}, s$ で指定されるフォノンが n_{ks} 個あるといういい方をする．

1次元の例でフォノンの理論を定式化しておく．3章3節でのべたように，調和振動子のハミルトニアンは

$$H = \frac{1}{2m}p^2 + \frac{K}{2}x^2 \tag{5.30}$$

である．x と p には交換関係

$$[x, p] = i\hbar \tag{5.31}$$

が成り立つ．(5.30) の固有値は，(3.25) から

$$E_n = \left(n + \frac{1}{2}\right)\hbar\omega_0 \tag{5.32}$$

である．新しい演算子 a, a^+ を，p と x の1次結合の次式で定義する．

$$a = \frac{1}{\sqrt{2\hbar m\omega_0}}(p - im\omega_0 x) \tag{5.33}$$

$$a^+ = \frac{1}{\sqrt{2\hbar m\omega_0}}(p + im\omega_0 x) \tag{5.34}$$

a と a^+ の交換関係は，(5.31) を使って

$$[a, a^+] = 1 \tag{5.35}$$

となる．(5.33), (5.34) を p と x について解き，(5.30) に代入すると，ハミルトニアンは

$$H = \hbar\omega_0\left(a^+a + \frac{1}{2}\right) \tag{5.36}$$

と書ける．演算子 N を

$$N = a^+a \tag{5.37}$$

* 和は，各分枝の3次元の $\boldsymbol{k}$ について行う．

で定義すると，調和振動子の問題は，N の固有値，固有関数を求める問題になる．固有値が n である固有関数を，ベクトル $|n\rangle$ で表わすと

$$N|n\rangle = n|n\rangle \tag{5.38}$$

であり

$$H|n\rangle = \hbar\omega_0\left(N+\frac{1}{2}\right)|n\rangle = \hbar\omega_0\left(n+\frac{1}{2}\right)|n\rangle \tag{5.39}$$

となる．つまり，固有ベクトル $|n\rangle$ はエネルギーが n 番目の励起状態を表わす．この状態を，$\hbar\omega_0$ のエネルギーをもつ振動子が n 個あると解釈する．このような表わし方を，**粒子数表示**という．演算子 N は，振動子の数 n を固有値とする．また a^+ は振動子を１つ増やす演算子，a は１つ減らす演算子であることが示される．前者を**生成演算子**，後者を**消滅演算子**という．以上のような考え方を，**第２量子化**という．

演習問題

1．１次元単原子格子で，第２近接原子間に働く力も入れて，格子振動の分散関係を求めよ．その結果は，第１近接原子間だけを考えたときと定性的には違わないことがわかる．

2．(5.15) を示せ．

3．(5.16) を示せ．

4．(5.18)，(5.19) を示せ．

5．２原子鎖の光学モードの横波を図に示せ．

6

格子比熱と熱伝導

固体の熱的な性質のうち，格子振動に起因する比熱，熱伝導を説明する．格子比熱は，高温では物質の種類に依らない定数となり，低温では T^3 に比例する．熱伝導は，フォノンが結晶中の高温領域から低温領域へ移動することによるエネルギーの流れによって起こる．熱伝導率の現象論的な表式を導いたのち，熱抵抗は，結晶が不純物を含むことや試料に境界があるといった，不完全性によって生じることを示す．調和近似では格子振動による熱抵抗はゼロであり，非調和項によるフォノン散乱でも，反転過程だけが抵抗をもたらすことを説明する．

1　格子比熱　～フォノンの励起が比熱を決める～

1・1　比熱の表式

物質の比熱には，電子系のエネルギーに起因する電子比熱と，格子振動に由来する格子比熱がある．この章では**格子比熱**を考える．電子比熱は 7 章 5 節で議論する．

格子振動による熱エネルギーは，単位体積当たり

$$u = \frac{1}{V}\sum_{\boldsymbol{k}s}\left(n_{\boldsymbol{k}s} + \frac{1}{2}\right)\hbar\omega_s(\boldsymbol{k}) \tag{6.1}$$

であることを（5.29）で知った．ここで

$$n_{ks} = \frac{1}{e^{\beta\hbar\omega_s(\boldsymbol{k})} - 1} \tag{6.2}$$

は，波数 $\boldsymbol{k}$，分枝 s で指定されるフォノンの平均の数を与える（$\beta = 1/k_\mathrm{B}T$）．(6.1) は統計力学にしたがってエネルギーの平均値

$$u = \frac{(1/V)\sum_i E_i e^{-\beta E_i}}{\sum_i e^{-\beta E_i}} \tag{6.3}$$

を計算して導くことができる．E_i は量子状態 i のエネルギーである．導出には

$$f = \frac{1}{V}\ln\left(\sum_i e^{-\beta E_i}\right) \tag{6.4}$$

を導入して

$$u = -\frac{\partial f}{\partial \beta} \tag{6.5}$$

が成り立つことを用いる（演習問題1）．

一般に比熱は

$$c_\mathrm{V} \equiv \left(\frac{\partial u}{\partial T}\right)_\mathrm{V} \tag{6.6}$$

で定義される．(6.6) は体積一定という条件下での定積比熱であり，固体ではこれを使う．フォノンによる比熱は，任意の温度に対して

$$c_\mathrm{V}{}^\mathrm{ph} = \frac{1}{V}\frac{\partial}{\partial T}\sum_{ks}\frac{\hbar\omega_s(\boldsymbol{k})}{e^{\beta\hbar\omega_s(\boldsymbol{k})} - 1} \tag{6.7}$$

と表わされる．

1・2 高温での比熱

$k_\mathrm{B}T \gg \hbar\omega_s(\boldsymbol{k})$ がすべての振動数で成り立つような高温領域を考える．(6.7) で $x = \beta\hbar\omega_s(\boldsymbol{k})$ とおくと，$x \ll 1$ だから，分母の指数関数を展開できて

$$\frac{1}{e^x - 1} = \frac{1}{x}\left(1 - \frac{x}{2} + \frac{x^2}{12} + \cdots\right) \tag{6.8}$$

となる．展開の第1項だけをとると，状態についての和は単純に $3N$ 倍することになり

$$c_{\mathrm{V}}{}^{\mathrm{ph}} = \frac{3N}{V} k_{\mathrm{B}} = 3nk_{\mathrm{B}} \tag{6.9}$$

となる．つまり，高温比熱は温度に依らない．その上，物質の種類にも依らず，1イオン当たり $3k_{\mathrm{B}}$ という定数である．これを**デュロン－プティの法則**という．数値としては $n = 6.022 \times 10^{23}\,\mathrm{mole}^{-1}$，$k_{\mathrm{B}} = 1.38 \times 10^{-23}\,\mathrm{J \cdot K^{-1}}$ から，$5.96\,\mathrm{cal \cdot mole^{-1} \cdot K^{-1}}$ となる．

(6.9)に対する最低次の補正は，x すなわち $1/T$ の2次の項である．高温での比熱のデュロン－プティ則に対する補正 $\Delta c_{\mathrm{V}}{}^{\mathrm{ph}}$ は

$$\frac{\Delta c_{\mathrm{V}}{}^{\mathrm{ph}}}{c_{\mathrm{V}}{}^{\mathrm{ph}}} = -\frac{\hbar^2}{12(k_{\mathrm{B}}T)^2}\frac{1}{3N}\sum_{ks}\omega_s(\boldsymbol{k})^2 \tag{6.10}$$

で与えられる（演習問題2）．

比熱をもっと一般的に議論するには，(6.7) で状態 $\boldsymbol{k}$ に関する和を，連続変数 $\boldsymbol{k}$ の積分で置き換える．

$$c_{\mathrm{V}}{}^{\mathrm{ph}} = \frac{\partial}{\partial T}\sum_s \int \frac{d\boldsymbol{k}}{(2\pi)^3}\frac{\hbar\omega_s(\boldsymbol{k})}{e^{\beta\hbar\omega_s(\boldsymbol{k})} - 1} \tag{6.11}$$

積分は第1ブリュアン域内で行う．非常に低温では，$\beta\hbar\omega_s(\boldsymbol{k}) \gg 1$ となるようなモードは，被積分関数が指数関数的に減少するので，寄与しない．しかし音響モードでは，十分長い波長を考えると $k \to 0$ で $\omega_s(\boldsymbol{k}) \to 0$ となるので，低温であっても上の条件が満たされず，比熱への寄与がある．

基準モードの分散関係が，ブリュアン域の全域で

$$\omega_s = v_s k \qquad (s = 1 \sim 3) \tag{6.12}$$

と仮定するのが**デバイモデル**である．つまり，音速が分枝ごとに一定とする．さらに簡単のために，音速が分枝にも依らないと仮定して

$$\omega = vk \tag{6.13}$$

とおくと，(6.11) は

$$c_{\mathrm{V}}{}^{\mathrm{ph}} = \frac{\partial}{\partial T}\sum_{s}\int\frac{d\boldsymbol{k}}{(2\pi)^3}\frac{\hbar vk}{e^{\beta\hbar vk}-1}, \qquad d\boldsymbol{k} = k^2\,dk\,d\Omega \quad (6.14)$$

となる．デバイ近似でのフォノンの最大エネルギーを $\hbar\omega_{\mathrm{D}}$ として，**デバイ温度** θ と**デバイ波数** k_{D} を

$$k_{\mathrm{B}}\theta = \hbar\omega_{\mathrm{D}} = \hbar vk_{\mathrm{D}} \quad (6.15)$$

で定義する．k_{D} は，第1ブリュアン域の体積を球で置き換えたときの半径である．第1ブリュアン域には N 個の k 点があり，1つの k に対する $\boldsymbol{k}$ 空間の体積は $(2\pi)^3/V$ であるから

$$(2\pi)^3\frac{N}{V} = \frac{4}{3}\pi k_{\mathrm{D}}{}^3$$

であり

$$n = \frac{N}{V} = \frac{k_{\mathrm{D}}{}^3}{6\pi^2} \quad (6.16)$$

の関係がある．(6.14) で $\beta\hbar vk = x$ とおいて変数変換をすると

$$\begin{aligned} c_{\mathrm{V}}{}^{\mathrm{ph}} &= \frac{\partial}{\partial T}\frac{(k_{\mathrm{B}}T)^4}{(\hbar v)^3}\frac{3}{2\pi^2}\int_0^{\theta/T}\frac{x^3\,dx}{e^x-1} \\ &= 9nk_{\mathrm{B}}\left(\frac{T}{\theta}\right)^3\int_0^{\theta/T}\frac{x^4e^x\,dx}{(e^x-1)^2} \end{aligned} \quad (6.17)$$

を得る．この導出で，モードに関する和は3倍すればよいことを用いた．低温での比熱は，(6.17) の定積分が $\pi^4/15$ であることと (6.15)，(6.16) を使うと

$$c_{\mathrm{V}}{}^{\mathrm{ph}} = \frac{12\pi^4}{5}nk_{\mathrm{B}}\left(\frac{T}{\theta}\right)^3 \quad (6.18)$$

となる．低温での格子比熱の T^3 依存性は直観的に次のように解釈できる．フォノンの波数ベクトル $\boldsymbol{k}$ の空間で，熱的に励起される $\boldsymbol{k}$ 空間の体積のブリュアン域の体積に対する割合は，$(k_{\mathrm{T}}/k_{\mathrm{D}})^3$ の程度と考えてよい（k_{T} は $\hbar vk_{\mathrm{T}} = k_{\mathrm{B}}T$ で決まる）．この体積比を温度に換算すると $(T/\theta)^3$ である．励起されるモードの数は全体で $3n(T/\theta)^3$ あり，各モードが $k_{\mathrm{B}}T$ のエネル

ギーだけ励起される．このエネルギー増分を T で微分すると，低温での格子比熱は

$$c_V{}^{ph} = 12nk_B\left(\frac{T}{\theta}\right)^3 \tag{6.19}$$

となる．比熱の温度変化の定性的な振舞いを**図 6•1** に示す．

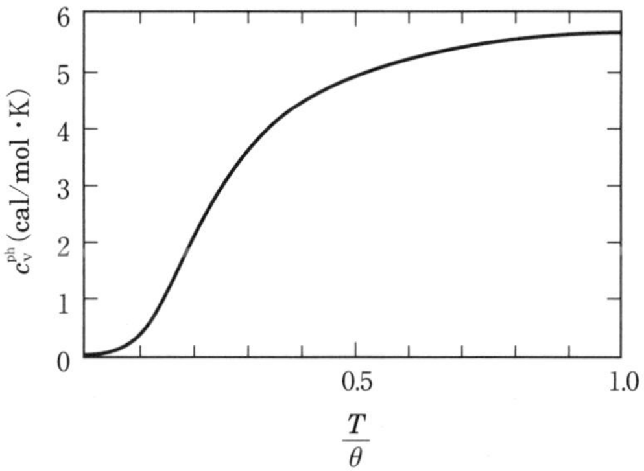

図 6•1　デバイ近似での比熱

デバイモデルが低温で正しい結果を与えるのは，低エネルギーの（つまり $\omega = vk$ が成り立つくらい小さい k の）フォノンだけが励起され，比熱に寄与するからである．このように比熱とは，熱による熱平衡状態からの励起エネルギーを，温度で微分したものである．

デバイモデルの状態密度は，(5.26) と (6.12) から

$$D(\omega) = \begin{cases} V\dfrac{3\omega^2}{2\pi^2 v^3} & (0 < \omega < \omega_D) \\ 0 & (\omega > \omega_D) \end{cases} \tag{6.20}$$

である（**図 6•2**）．

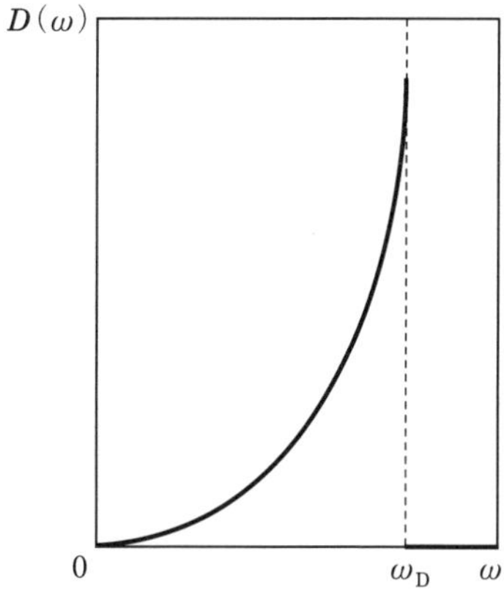

図 6•2　デバイモデルの状態密度

格子振動に対するもう 1 つのモデルに，**アインシュタインモデル**がある．これは，N 個の同種原子からなる結晶の格子振動を，同じ振動数をもつ N 個の振動子の集まりとみるもので，分散関係は

$$\omega = \omega_E \quad (一定) \tag{6.21}$$

である．このモデルは，振動数が $\boldsymbol{k}$ にほとんど依存しない光学モードに対しては

よい近似である．アインシュタインモデルにより比熱を計算すると

$$c_{\mathrm{V}}{}^{\mathrm{ph}} = 3nk_{\mathrm{B}}(\beta\hbar\omega_{\mathrm{E}})^2 \frac{e^{\beta\hbar\omega_{\mathrm{E}}}}{(e^{\beta\hbar\omega_{\mathrm{E}}} - 1)^2} \tag{6.22}$$

となる．これは高温（$T \gg \hbar\omega_{\mathrm{E}}/k_{\mathrm{B}}$）でデュロン - プティの法則を再現する．

2　熱伝導　～調和近似では抵抗ゼロ～

熱伝導とは物質中でのエネルギーの流れである．固体中で熱エネルギーを運ぶものは格子振動と電子であるが，絶縁体結晶では電子の数が少ないので，主として格子振動の波，フォノンによって運ばれる．電子数が多い金属では電子による熱伝導も存在するが，この章では考えないことにする．

2・1　熱伝導率の定義

1次元の例として，棒の内部に温度勾配 dT/dx があるときの熱伝導を考える．ここで，エネルギーの流れは時間的に一定であると仮定する．すなわち，定常的な流れの場合である．単位面積を単位時間に通過するエネルギー流を j として

$$j = -K\frac{dT}{dx} \tag{6.23}$$

で**熱伝導率** K を定義する．熱の流れは，それを生じる力に比例する．いまの場合，力とは温度勾配であり，熱伝導率はその比例係数で定義される．右辺のマイナス符号は，熱流が温度勾配と逆方向であること，すなわち温度が高い方から低い方に熱が流れることを表わしている．

フォノンの集合を粒子からなる気体とみなして，熱伝導率を記述するミクロな過程を考える．気体中では分子と分子の距離が十分離れているから，分子は互いに近づいたときだけ力を及ぼし合い，それ以外の時間は自由に運動していると考えてよい．1つの分子に注目すると，大部分の時間は等速運動

をしていて，ときどきほかの分子と衝突し，瞬間的にエネルギーのやりとりをして，また新たな速度で等速運動を続ける．このような考えが**気体分子運動論**であり，これをフォノンに適用する．このときフォノンの平均自由行路 l を導入する．粒子が何かに衝突してから，次に衝突するまでに動く距離 l は，1つ1つの事象でみると長い場合や短い場合とさまざまである．その多数の事象に関する平均値が，**平均自由行路**である．気体分子運動論によって，熱伝導率は

$$K = \frac{1}{3} c_{\mathrm{V}}^{\mathrm{ph}} v l \tag{6.24}$$

で与えられる（2･2節）．v はフォノンの平均速度である．熱の伝わりやすさが，比熱，フォノン速度，平均自由行路の積で与えられることは，直観的に理解できるだろう．

2・2　熱伝導率の式の導出

式(6.24)を導く．簡単のために格子は，単原子格子を考える．フォノンの分散は $\omega = vk$ とする（デバイモデル）．フォノンの x 方向への流量は，$(1/2)\, n\langle|v_x|\rangle$ となる．n は粒子の密度，$\langle|v_x|\rangle$ は x 方向の速度の絶対値の全粒子での平均値である．温度勾配がなくて，系全体が熱平衡下にあるときは，これと逆向きに同じ大きさの流量が存在し，両者が打ち消し合って，正味の流れはゼロとなっている．これは，10章4節でのべる電場 $E = 0$ のときに電流がゼロになるのと同様の事情である．

x 方向に小さい温度勾配がある場合を考える．熱伝導が起こるには，温度勾配があり，系全体としては熱平衡でないことが必要である．しかし温度勾配がある物体においても，場所ごとに局所的な温度 $T(x)$ が定義でき，そこでのフォノンは熱平衡にあると仮定する．これはフォノンが，各衝突の直後に，衝突前の速度とは無関係に，衝突が起こった場所の局所的な温度で決ま

る速度 v をもち，方向はランダムで ある速度分布をすると仮定することである．したがって，温度が高いところでの衝突ほど，速いフォノンが生じる．

局所的な温度が $T + \varDelta T$ の領域から T の領域に比熱 $c_{\mathrm{V}}{}^{\mathrm{ph}}$ のフォノンが移動すると，単位体積当たり $c_{\mathrm{V}}{}^{\mathrm{ph}}\varDelta T$ だけエネルギーを失う．フォノンが平均自由行路 l を進む間の温度変化は，衝突直後に走り出した場所の温度勾配で決まると仮定すると

$$\varDelta T = \frac{dT}{dx}l \tag{6.25}$$

の関係がある．ここでも，衝突を受けたフォノンが直ちに局所的な熱平衡に達していると考えている．**衝突の緩和時間** τ を

$$l = \tau v_x$$

で導入すると

$$\varDelta T = \frac{dT}{dx}\tau v_x$$

と書ける．正味のエネルギー流は，単位体積当たり

$$\begin{aligned} j &= -\ v_x c_{\mathrm{V}}{}^{\mathrm{ph}}\varDelta T = -\ \langle v_x{}^2\rangle c_{\mathrm{V}}{}^{\mathrm{ph}}\tau\frac{dT}{dx} \\ &= -\ \frac{1}{3}\langle v^2\rangle c_{\mathrm{V}}{}^{\mathrm{ph}}\tau\frac{dT}{dx} \end{aligned} \tag{6.26}$$

となる．$\langle\cdots\rangle$ は括弧内の量の平均値を意味する．最後の変形で

$$\langle v_x{}^2\rangle = \langle v_y{}^2\rangle = \langle v_z{}^2\rangle = \frac{\langle v^2\rangle}{3}$$

の関係を用いた．結局

$$j = -\ \frac{1}{3}c_{\mathrm{V}}{}^{\mathrm{ph}}vl\frac{dT}{dx}$$

となり（6.24）が示せた．

（6.23）に対する3次元の式は，熱流ベクトル $\boldsymbol{j}$ と温度勾配ベクトル ∇T を用いて

$$\boldsymbol{j} = -\ K\nabla T \tag{6.27}$$

となる.

2・3 熱抵抗のメカニズム

これまで，格子振動を調和近似で考えてきた．完全な調和結晶では，フォノンの基準モードが固有状態であり，定まったエネルギーをもつ．そのため，不確定性関係（3.21）から各フォノンは無限大の寿命をもっていて，$\boldsymbol{k}$ のフォノンが消えてべつのフォノンが生れたりすることはない．したがって各フォノンの流れは妨げられることがなく，熱抵抗はゼロである．この事情は，完全結晶のイオンポテンシャルのもとでは，電子が定常状態にあって電気抵抗がゼロであるのと同じである(10 章 1·3 節)．現実の結晶が，有限の値の熱抵抗をもっている原因は，結晶に不完全性があるからである．結晶から取り除くことができない不純物や同位元素，格子振動の非調和効果，さらには結晶の大きさが有限であるための表面の存在，などはいずれも不完全性であり，熱抵抗の原因となる．電気抵抗が，結晶の周期性からの乱れによって起こるのと同じである．これらのうち，非調和効果による熱抵抗を次節でのべる．

2・4 非調和効果

格子振動の原因となっているのは原子間力ポテンシャルである．これを平衡位置付近で変位について展開したとき，2 次の項だけを考慮するのが，これまで用いてきた調和近似である．実際には，変位の 3 次，4 次の項が小さいけれども存在する．3 次以上の項をまとめて**非調和項**という．非調和項の効果によって，調和近似の基準モードはもはや無限の寿命をもつ固有状態ではなくなる．

調和近似のハミルトニアンを H_0, 非調和項のハミルトニアンを H' とすると，変位が小さいとき，展開の低次の項に比べて高次の項のほうが小さいから，H' は H_0 に対する摂動として扱うことができる．このとき，H' によって

H_0の基準モードである $\boldsymbol{k}$ のフォノンが消えて，$\boldsymbol{k}'$ のフォノンが生じる過程がある（**図6・3** ではフォノンを波線で表わし，波数 $\boldsymbol{k}$ で指定した）．これを $\boldsymbol{k}$ が何かに散乱されて $\boldsymbol{k}'$ に変化したとみることができる．5章3節でみたように，変位 x はフォノンの生成，消滅演算子の1次結合で表わされるから，H' のうち，変位の3次の項には，**図6・4** の2つの過程がある．

図6・3　フォノンの散乱

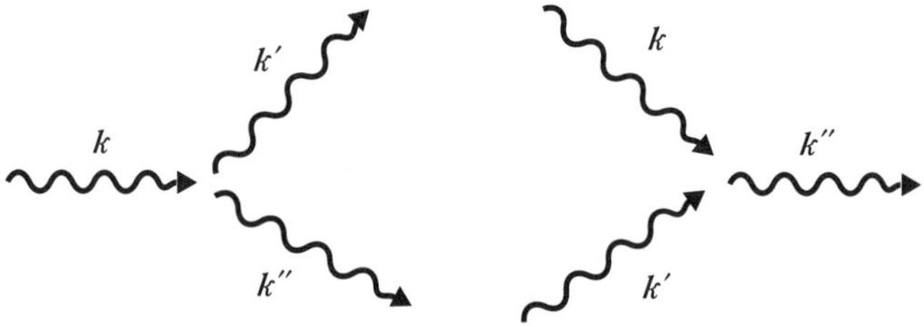

(a)　　　　　　　　(b)

図6・4　3フォノン過程

(a)　$\boldsymbol{k}$ のフォノンが消えて，2つのフォノン $\boldsymbol{k}'$，$\boldsymbol{k}''$ ができる過程

(b)　2つのフォノン $\boldsymbol{k}$，$\boldsymbol{k}'$ が1つのフォノン $\boldsymbol{k}''$ になる過程

である．3つのフォノンが消える，あるいは3つが生じる過程も原理的には可能だが，散乱の前後でのエネルギー保存則を満たさない．

フォノンの分布関数 (6.2) から，ある温度 T では，$\hbar\omega_s \leq k_B T$ を満たすようなエネルギーのフォノンだけが，かなりの数存在している．3次の項による過程 (a) を考えると，運動量保存則に対応して

$$\boldsymbol{k} = \boldsymbol{k}' + \boldsymbol{k}'' + \boldsymbol{G} \tag{6.28}$$

が成り立つ．このように，波数ベクトル $\boldsymbol{k}$ をもつ1個のフォノンは，フォノン，電子，光子などと相互作用するとき，運動量が $\hbar\boldsymbol{k}$ であるように振舞う．$\hbar\boldsymbol{k}$ は結晶運動量と呼ばれるもので，9章4節で定義される．(6.28)で右辺の $\boldsymbol{G}$ は任意の逆格子ベクトルで，結晶の周期性から許される．$\boldsymbol{G} = 0$ の散乱過

程を**正規過程**，$G \neq 0$ の散乱過程を**反転過程**という．2つの過程は，熱抵抗に対する寄与が本質的に違うことを次に説明する．

重要なことは，3つのフォノンによる非調和効果であっても，正規過程の散乱は熱抵抗を生じないことである．なぜならば (6.28) で $\boldsymbol{G} = 0$ としたとき，散乱によって個々のフォノンの結晶運動量は変化するが，系全体の結晶運動量の和

$$\sum_{ks} \boldsymbol{k} n_s(\boldsymbol{k}) \tag{6.29}$$

は，その散乱が正規過程である限り不変だからである．そのため全フォノンの流れは減衰することがなく，抵抗はゼロとなる．非調和項が熱抵抗を生じるのは，反転過程によって結晶運動量が減るからである．このとき，$\boldsymbol{k}$ は逆格子ベクトルだけ変化する．

反転過程に関与するフォノンの波数は，k_D 程度の大きさであることが必要である．なぜならば，**図 6･5** a に示すように 3 つの $\boldsymbol{k}$ が小さいと，3 つのフォノンが関与する散乱において正規過程しか起こらない．反転過程は，図 6･5 b のように例えば $\boldsymbol{k}'$ がブリュアン域のサイズ程度に大きく，$\boldsymbol{k}' + \boldsymbol{k}''$ がブリュアン域からはみでるときに起きる．これは，そのフォノンエネルギーが $\hbar\omega_D$ 程度ということである．

低温，$T \leq \theta$ の場合を考えると

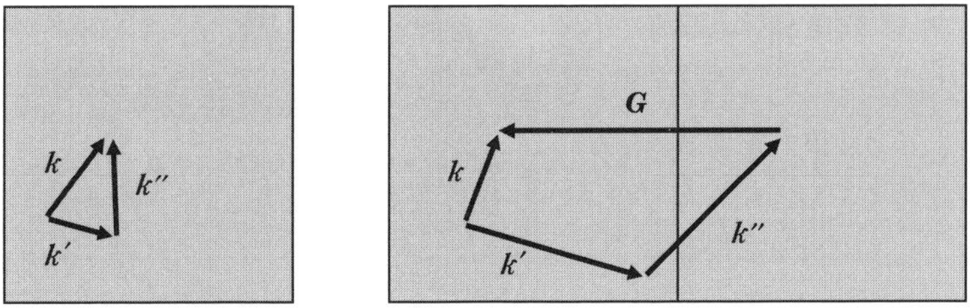

(a) 正規過程　　(b) 反転過程

図 6･5　正規過程と反転過程

$$n_s(\boldsymbol{k}) = \frac{1}{e^{\hbar\omega_s/k_BT}-1} \simeq \frac{1}{e^{\theta/T}-1} \approx e^{-\theta/T} \tag{6.30}$$

だから，反転過程に関与するフォノンの数は，温度が下がると指数関数的に減る．反転過程に対する緩和時間は，デバイ温度より十分低い温度で

$$\tau \approx e^{\theta/T} \tag{6.31}$$

と表わせる．その結果，反転過程による熱伝導率は，温度が上がるとともに指数関数的に減少する．

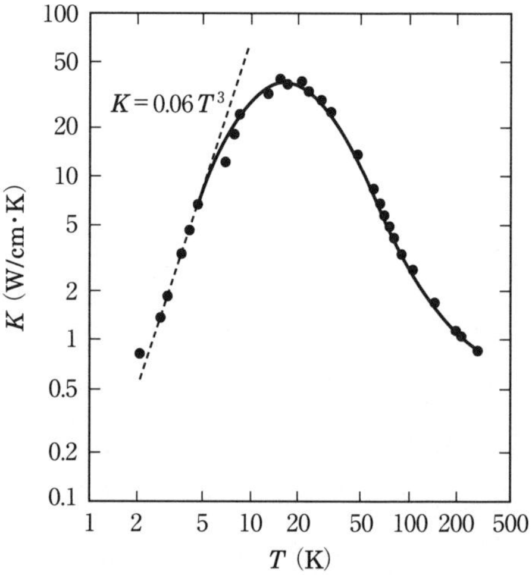

図6•6　ゲルマニウムの熱伝導率

低温では反転過程による抵抗はゼロになり，熱伝導率は非常に大きくなる．しかし結晶が有限の大きさであるために，それ以上には平均自由行路が大きくなれない．そのとき l は結晶のサイズ程度で，一定値である．したがって熱伝導率の温度依存性には，比熱の T^3 がそのまま現われる．以上のことから，ゲルマニウムの熱伝導率の温度変化は**図6•6**に示すようになる．

結晶が完全でない，すなわち不純物や格子欠陥を含むときは，低温での平均自由行路はそれによる散乱で決まる．また，質量が異なる同位元素の割合が増えることは，不純物が増えることと同じ効果をもち，やはり抵抗が増える．これを**同位元素効果**という．

結晶格子を構成する原子はその平衡位置を中心として格子振動をしている．結晶中の電子は，エネルギーバンドにある．この2つの状態・運動は互いに無関係ではない．結晶中を運動する電子が結晶格子を変形させたり，逆に結晶格子の変形が電子の運動を変化させたりする現象を，電子－格子相互

作用という（151 頁のコラム参照）．電子と格子振動の相互作用は，電気抵抗の原因の1つである．また，超伝導を起こす原因でもある．

演習問題

1．フォノンのエネルギーの表式（6.1）を用い，（6.3）を導け．

2．高温での比熱のデュロン‐プティ則に対する補正 Δc_V^{ph} は，（6.10）で与えられることを示せ．

3．点 x_0 での熱流は，x_0 にいろいろな方向から入ってくるフォノンによって運ばれる．フォノンは平均として l だけ離れた場所で最後に衝突し，そこでの局所的温度で決まるエネルギーを運ぶ．この考えで熱流密度を計算し，（6.24）を導け．

4．3つのフォノンが生成される過程では，エネルギー保存則が成立しないことを説明せよ．

熱伝導と熱平衡

6章2節で熱伝導を議論したとき，熱流(フォノンの流れ)の様子が時間的に一定（定常状態）という仮定を使った．それがどのようにして実現するかを考えてみる．

まず，流れが存在している定常状態では，系全体は熱平衡にない．しかし空間の狭い領域を考えると，そこでは熱平衡で場所ごとに温度が定義される必要がある．そのためには，フォノンの局所的な熱平衡分布をつくる過程が必要である．熱平衡は，フォノンが周りのフォノンと衝突してエネルギーをやり取りすることによって実現している．

こうして棒の両端の温度を定義できることになる．左端を T_1，右端を T_2 とすると（$T_1 > T_2$），T_1 領域のフォノンは平均速度 $\bar{v}$ より速いものが右端より多く，T_2 領域のフォノンは平均より遅いものが左端より多い．したがって，$v > \bar{v}$ のフォノンは右に行くほうが多く，$v < \bar{v}$ のフォノンは左に行くほうが多い．このため，正味に右向きのフォノンの流れが生じる．左端を高い温度に，右端を低い温度に保つことは，左端にフォノンを吐き出すソースがあり，右端には吸い込み口があることであり，その結果 定常流が実現する．

7

自由電子論

結晶中にイオンポテンシャルがないとする自由電子の考えは，実際の結晶の電子状態や物性の問題に有力な近似となる．したがって，まず自由電子のシュレーディンガー方程式を解いて，エネルギー状態を求める．電子はフェルミ統計にしたがうので，1つの状態に1個しか入ることができない．このことから N 電子系を考えたときに，電子がもつ最大のエネルギーとしてフェルミエネルギーが定義される．以下の章で扱う多くの物性では，電子がフェルミ統計にしたがうことが，本質的な働きをする．例として，この章では電子比熱を計算する．

1　自由電子モデル　～金属中の古典的な電子～

電子は，電気伝導，磁性，光学的性質など固体のミクロな物性を担う主役である．自由電子とは，何も外力の作用を受けていない電子，すなわちポテンシャルがゼロである電子のことである．固体中の電子は，イオンによる周期ポテンシャル内にあるが，第ゼロ近似としての自由電子近似は，金属など固体の物性を理解するのに非常に有効である．この章で自由電子論を展開するのは，そのためである．

金属が共通してもっている特徴に，電気や熱の良導体であること，光沢をもつこと，強度が大きいことなどがある．これをドルーデは，金属中を自由に動きまわる電子があるというモデルによって説明した．ドルーデモデルでは，金属の各原子から結晶中に放出された価電子が，イオンがつくる正電荷の媒質内を運動すると考える．そのとき，電子は平均的に時間 τ ごとに障害物に衝突するとして，気体分子運動論を使う．また，電子間にはクーロン斥力は働かないと仮定する．このような比較的自由に動ける電子が多数あることが，金属の特徴である．

実際の物質で，自由電子モデルがよく成り立つものに，アルカリ金属がある．例えば，ナトリウム原子の電子配置は

$$(1\mathrm{s})^2(2\mathrm{s})^2(2\mathrm{p})^6(3\mathrm{s})$$

である．結晶になると，原子核とそれに強く束縛された 10 個の内殻電子が Na^+ イオンを構成し，一番外側にゆるく束縛されていた 1 個の 3s 電子がイオンから離れて結晶全体を動きまわる．ナトリウム結晶は，4 章 5 節でのべた金属結合をしている．

量子力学ができる以前に提出されたドルーデ理論は，比熱（6 章），電気伝導率・ホール係数（10 章），低周波での光吸収（11 章）などを説明できた．しかし，電子のしたがうフェルミ統計分布や結晶内電子のエネルギーバンドが本質的な現象は，説明できなかった．

2 箱の中の電子状態 ～最も簡単な量子状態～

まず量子力学を使って，**自由電子のエネルギー状態**を求める．その結果は 6 節の比熱の議論や，ポテンシャルがある結晶の場合の出発点として用いられる．1 辺 L の立方体の箱（体積 $V = L^3$）に閉じ込められた N 個の自由電子からなる系のエネルギー状態を考える．それには，独立電子近似によって 1 電子のシュレーディンガー方程式を解いて，エネルギーと波動関数を求める．次にパウリの排他律にしたがって，エネルギーの低い準位から順に N 個の電子を占有させればよい．

3次元自由電子のシュレーディンガー方程式

$$-\frac{\hbar^2}{2m}\Delta\psi = E\psi \tag{7.1}$$

は，3章の演習問題1で解いた．波動関数とエネルギー固有値は，規格化定数を $1/\sqrt{V}$ として次式で与えられる．

$$\psi_k(\boldsymbol{r}) = \frac{1}{\sqrt{V}}e^{i(k_x x + k_y y + k_z z)} = \frac{1}{\sqrt{V}}e^{i\boldsymbol{k}\cdot\boldsymbol{r}} \tag{7.2}$$

$$E(\boldsymbol{k}) = \frac{\hbar^2}{2m}({k_x}^2 + {k_y}^2 + {k_z}^2) = \frac{\hbar^2}{2m}k^2 \tag{7.3}$$

電子が体積 V の立方体に閉じ込められているという状況は，箱の表面で波動関数がゼロであるという境界条件を課して実現できる．しかしこの条件を使うと，波動関数は sin，cos 型の定常波となり，電荷やエネルギーの移動を記述するのに不便である．それを避けるために，波動関数を進行波 $e^{i\boldsymbol{k}\cdot\boldsymbol{r}}$ の形に表わして周期的境界条件を課す．これは立方体の各面から入ってくる電子は，反対側の面の対応する点から出ていき，箱の中の粒子数が変わらないことを意味している．立方体の場合の**周期的境界条件**は次のようになる．

$$\left.\begin{aligned}\psi_k(x+L, y, z) &= \psi_k(x, y, z)\\ \psi_k(x, y+L, z) &= \psi_k(x, y, z)\\ \psi_k(x, y, z+L) &= \psi_k(x, y, z)\end{aligned}\right\} \tag{7.4}$$

(7.2) の波動関数に対して，(7.4) は

$$e^{ik_xL} = e^{ik_yL} = e^{ik_zL} = 1 \tag{7.5}$$

となる．これから

$$k_x = \frac{2\pi}{L}n_x, \quad k_y = \frac{2\pi}{L}n_y, \quad k_z = \frac{2\pi}{L}n_z \qquad (n_x, n_y, n_z \text{ は整数}) \tag{7.6}$$

と決まる．量子数である (k_x, k_y, k_z) の1組，いいかえると (n_x, n_y, n_z) の1組が決まると，1つの状態（エネルギーと波動関数の組）が決まる．

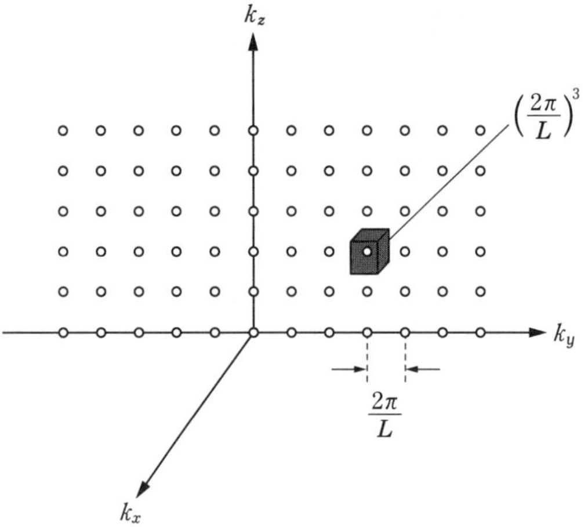

図7•1　1つの状態がもつ **k** 空間の体積

量子数の個数は自由度の数と同じで，1次元の問題では1つ，3次元では3つである．k_x, k_y, k_z の隣接する点はそれぞれ $2\pi/L$ だけ離れているから，1つの状態が **k** 空間において占める体積は $(2\pi/L)^3$ となる(**図7•1**)．したがって，**k** 空間の体積 Ω に含まれる状態の数は

$$\frac{\Omega}{(2\pi/L)^3}=\frac{\Omega V}{8\pi^3} \tag{7.7}$$

であり，**k** 空間の単位体積中にある状態数は $V/8\pi^3$ となる．

3　フェルミ統計　～1つの状態を占める電子は1個～

マクロなサイズの金属には，アボガドロ定数（およそ 10^{23} 個）程度の電子がある．これら多数の電子を考えるとき，フェルミ統計にしたがう粒子（フェルミオン）であることが，電子の関与する物性において，とくに際立った効果をもたらす．まずフェルミオンとは何かを説明する．

フェルミオンとは，スピンの量子数も含めた1組の量子数で指定された1つのエネルギー状態を1つの粒子しか占有できない粒子のことである．これは，パウリの排他律によって平行スピン間に反発力が働き，互いに遠ざけ合うからである．パウリの排他律は，量子力学で複数の同種粒子からなる系の波動関数が，2つの粒子の交換に対して符号を変える（反対称という）という要請から導かれる．この条件を N 粒子系の場合に式で表わすと，空間座標 $\boldsymbol{r}_i$ とスピン座標 σ_i をまとめて q_i と記したとき，任意の i，j に対して

$$\psi(q_1, \cdots, q_i, q_j, \cdots, q_N) = -\psi(q_1, \cdots, q_j, q_i, \cdots, q_N) \tag{7.8}$$

である．**フェルミオン**とは，このような性質をもつ波動関数で表わされる粒子であり，**フェルミ統計**にしたがうという．他方，2つの粒子の交換に関して波動関数が不変である（対称という）粒子を**ボソン**といい，**ボース統計**にしたがうという．ボソンの波動関数は，粒子の交換に対して

$$\psi(q_1, \cdots, q_i, q_j, \cdots, q_N) = \psi(q_1, \cdots, q_j, q_i, \cdots, q_N) \tag{7.9}$$

を満たす．1つの状態を占有するフェルミオンの数は0か1であるのに対し，ボソンは1つの状態を何個でも占めることができる（**図7•2**）．

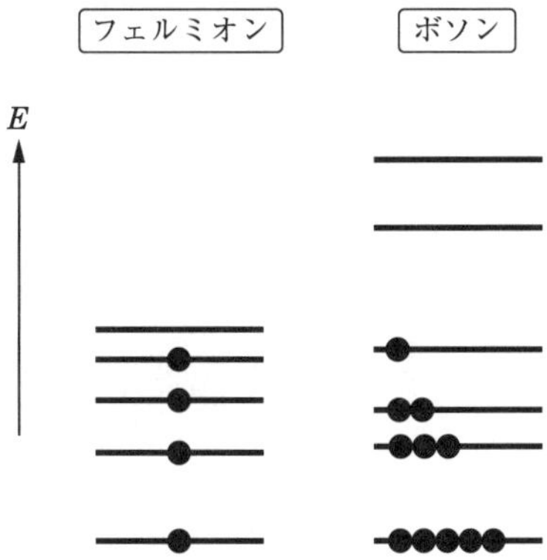

図7•2　フェルミ統計とボース統計

電子間に相互作用がない自由電子系では，(7.6) で与えた $\boldsymbol{k}$ 点の1つ1つが，異なる電子状態に対応する．N 電子系の基底状態は，パウリの排他律によって，1電子の固有状態をエネルギーの低い方から順に電子を1個ずつ N 個つめたものである．このとき1つの電子状態を，スピンの上向き，下向きの2種の電子が占める．基底状態で電子が占有している1電子状態の中で最高のエネルギーを**フェルミエネルギー**といい，E_{F} と書く．

$$E_{\mathrm{F}} = \frac{\hbar^2 k_{\mathrm{F}}{}^2}{2m} \tag{7.10}$$

で決まる k_{F} を**フェルミ波数**という．

4 基底状態の全エネルギー ～フェルミエネルギーの導入～

自由電子の基底状態は，(7.6) で決まる $\boldsymbol{k}$ 空間の点に電子をつめて実現する．1電子のエネルギーは k^2 に比例し，N が非常に大きいので，電子が占有する $\boldsymbol{k}$ の領域は球と考えることができる．こうして，球の内部を電子が占有して外部には電子がないという，$\boldsymbol{k}$ 空間の球が定義される．これを**フェルミ球**といい，球の半径がフェルミ波数である．フェルミ球の表面を**フェルミ面**という．**図7･3**に3次元の場合を示す．このとき球の表面のエネルギーがフェルミエネルギーである．

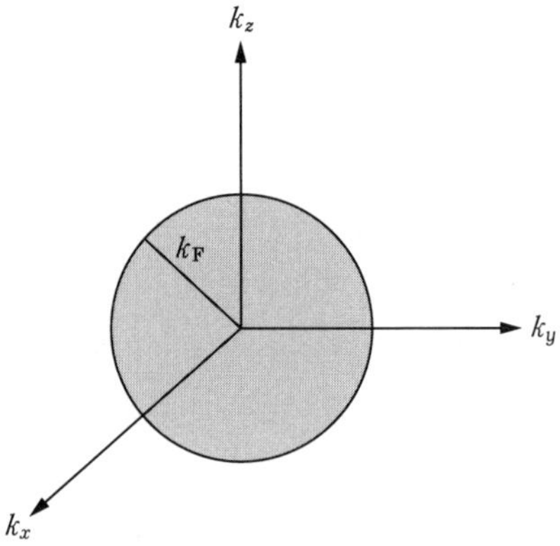

図7･3 フェルミ球

こうして導入された k_{F}, E_{F} と電子密度の関係を調べる．フェルミ球内に許される $\boldsymbol{k}$ 点の数は

$$\frac{V}{8\pi^3}\frac{4\pi}{3}k_{\mathrm{F}}{}^3 = V\frac{k_{\mathrm{F}}{}^3}{6\pi^2} \tag{7.11}$$

である．N 個の電子を収容する球の半径 k_{F} は

$$N = 2V\frac{k_{\mathrm{F}}{}^3}{6\pi^2} = V\frac{k_{\mathrm{F}}{}^3}{3\pi^2} \tag{7.12}$$

で決まる．ここで2は，スピンに上向きと下向きの自由度があるからである．単位体積当たりの電子数（電子密度）は

$$n = \frac{N}{V} = \frac{k_{\mathrm{F}}{}^3}{3\pi^2} \tag{7.13}$$

となる．フェルミ波数は

$$k_{\mathrm{F}} = (3\pi^2 n)^{1/3} \tag{7.14}$$

フェルミエネルギーは

$$E_{\mathrm{F}} = \frac{\hbar^2}{2m}(3\pi^2 n)^{2/3} \tag{7.15}$$

で与えられる．このようにフェルミエネルギーの大きさは，電子密度 n で決まる．N/V を $3\times10^{28}\,\mathrm{m}^{-3}$ にとり，$m = 9.1\times10^{-31}\,\mathrm{kg}$ を使うと，フェルミエネルギーの代表的な大きさとして $E_{\mathrm{F}} \approx 4\,\mathrm{eV}$ を得る．また $k_{\mathrm{F}} \approx 1\,\mathrm{\mathring{A}}^{-1}$ である．

N 電子系の基底状態の全エネルギーは，電子が占有しているすべての状態の1電子エネルギーを加えた

$$E = 2\sum_{k<k_{\mathrm{F}}} \frac{\hbar^2}{2m}k^2 \tag{7.16}$$

である．1つの $\boldsymbol{k}$ に対する $\boldsymbol{k}$ 空間の体積 $\varDelta\boldsymbol{k}$ は $8\pi^3/V$ だから，$\boldsymbol{k}$ の関数 $F(\boldsymbol{k})$ の $\boldsymbol{k}$ 空間での和は

$$\sum_{\boldsymbol{k}} F(\boldsymbol{k}) = \frac{V}{8\pi^3}\sum_{\boldsymbol{k}} F(\boldsymbol{k})\varDelta\boldsymbol{k} \tag{7.17}$$

と書ける．$\varDelta\boldsymbol{k}\to 0\,(V\to\infty)$ の極限を考えると，右辺の和は積分 $\int F(\boldsymbol{k})\,d\boldsymbol{k}$ で置き換えられて

$$\lim_{V\to\infty}\frac{1}{V}\sum_{\boldsymbol{k}} F(\boldsymbol{k}) = \frac{1}{8\pi^3}\int F(\boldsymbol{k})\,d\boldsymbol{k} \tag{7.18}$$

となる．(7.16) にこれを使うと

$$\frac{E}{V} = \frac{1}{4\pi^3}\int \frac{\hbar^2 k^2}{2m}\,d\boldsymbol{k} = \frac{1}{\pi^2}\frac{\hbar^2 k_{\mathrm{F}}{}^5}{10m} \tag{7.19}$$

である．基底状態での1電子当たりの平均のエネルギーは，(7.12)を用いて

$$\frac{E}{N} = \frac{3}{10}\frac{\hbar^2 k_{\mathrm{F}}{}^2}{m} = \frac{3}{5}E_{\mathrm{F}} \tag{7.20}$$

となる．金属中の電子は，(n_x, n_y, n_z) で指定される各準位を，エネルギーの低い方から占有している．それゆえ，$T=0$ でも，かなりの大きさのエネルギーをもつことになる．1電子当たりのエネルギーの値が $3E_{\mathrm{F}}/5$ である．平均値が $E_{\mathrm{F}}/2$ より大きい理由は，状態数（正確には (7.25) で定義する状態密度）が E の大きい方が多く，エネルギーの低い状態に比べて，高い状態の重

みが大きいからである．

フェルミ温度 T_F を

$$k_B T_F \equiv E_F \tag{7.21}$$

で定義する．前に見積もった $E_F \approx 4\,\mathrm{eV}$ を使うと，$T_F \simeq 4 \times 10^4\,\mathrm{K}$ であり，室温に比べて非常に高い．フェルミ温度は

$$T_F = \frac{58.2}{(r_s/a_0)^2} \times 10^4\,\mathrm{K} \tag{7.22}$$

と書ける．r_s は1電子当たりの結晶の体積に等しい球の半径として，(4.29) で定義された量で，通常の金属では (7.22) の分母は10程度である．例えばナトリウムでは $r_s = 2.08\,\text{Å}$, $r_s/a_0 = 3.93$ であるから，フェルミ温度は 37700 K となる．

5 状態密度とフェルミ分布 ～座席の数とそのつまり具合い～

1辺 L の立方体中の電子を考える．2節でみたように $\boldsymbol{k}$ 空間の体積要素 $(2\pi/L)^3$ 当たりに1個の $\boldsymbol{k}$ 点がある．したがって，エネルギー E 以下の状態数を $N(E)$ とすると，これは半径 k の球の体積を $\boldsymbol{k}$ 空間の体積要素で割り，スピンの自由度を考えて2倍した

$$N(E) = 2\frac{4\pi k^3/3}{(2\pi/L)^3} = \frac{V}{3\pi^2}k^3 \tag{7.23}$$

になる．これをエネルギーで表わすと

$$N(E) = \frac{V}{3\pi^2}\left(\frac{2m}{\hbar^2}\right)^{3/2}E^{3/2} \tag{7.24}$$

である．

エネルギーが E と $E + dE$ の間の値をもつ状態数を $D(E)\,dE$ が与えるとして，**状態密度** $D(E)$ を定義すると

$$D(E) \equiv \frac{dN(E)}{dE} = \begin{cases} \dfrac{V}{2\pi^2\hbar^3}(2m)^{3/2}\sqrt{E} & (E > 0) \\ 0 & (E < 0) \end{cases} \tag{7.25}$$

である．状態密度は，単位エネルギー領域当たりの状態の数を与えるもので，そのエネルギー依存性を**図 7•4** に示す．$E = 0$ での立ち上がりの曲率は，質量で決まる．

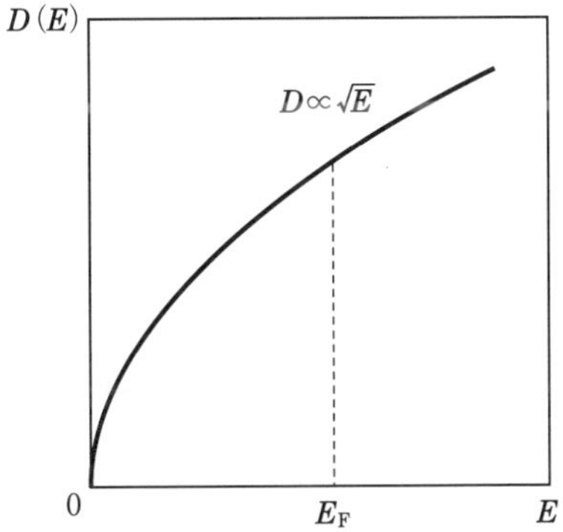

図 7•4　状態密度

基底状態は，系のエネルギーが最小の状態であり，0 K だけで実現する．電子はフェルミ統計にしたがうから，一般に $T \neq 0$ で，エネルギー E の状態が占有される確率は，**フェルミ分布関数**

$$f(E) = \frac{1}{e^{(E-\mu)/k_B T} + 1} \tag{7.26}$$

で与えられる．これが電子のエネルギー分布を与え，0 から 1 の間の値をとる．μ は化学ポテンシャルであり，分布関数を全エネルギー域で積分したものが電子の総数 N になるという条件

$$N = \int_0^\infty f(E)\,D(E)\,dE \tag{7.27}$$

から決まる．とくに $T = 0$ では，分布関数は

$$f(E) = \begin{cases} 1 & (E < \mu) \\ 0 & (E > \mu) \end{cases} \tag{7.28}$$

の階段関数になる（**図 7•5**）．このとき μ 以下のすべての準位は満たされ，μ 以上の準位は空である．フェルミエネルギーの定義から，0 K での化学ポテンシャルはフェルミエネルギーに等しくなり

$$\mu = E_F \tag{7.29}$$

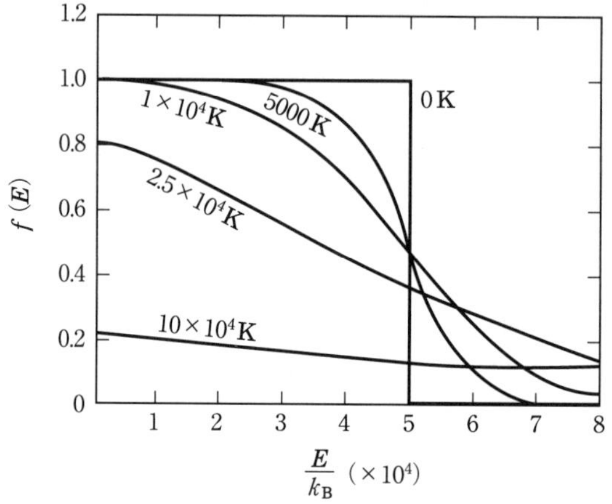

図7・5 フェルミ分布関数の温度変化

である．したがって (7.27) は

$$N = \int_0^{\mu} D(E)\,dE = \int_0^{E_F} D(E)\,dE \tag{7.30}$$

となる．$T \ll T_F$ の低温では，分布関数 f は $\mu \simeq E_F$ を中心として1から0に滑らかに変化する．そのとき $k_B T$ 程度の幅の領域で，$T=0$ の f からの差が大きい．$T > T_F$ の場合も含めて分布関数を図7・5に示す．

$T \ll T_F$ の場合を電子がフェルミ縮退をしているといい，いろいろな物理量がフェルミエネルギー近くの $k_B T$ 程度の電子・正孔励起によって記述される．室温では $T \ll T_F$ だから，金属中の電子ガスは縮退している．いいかえると，熱的に励起されている電子はごく少数である．

6 電子比熱 〜フェルミエネルギー近くの電子が寄与〜

電子比熱を，まず自由電子を古典的に扱う**ドルーデモデル**で計算してみよう．熱力学によれば，温度 T で熱平衡にある自由粒子の平均エネルギーは $(3/2)k_B T$ である．したがって，電子密度が n のときのエネルギーは

$$u = \frac{3}{2} n k_B T \tag{7.31}$$

となるから，電子比熱は

$$c_V{}^e = \frac{\partial u}{\partial T} = \frac{3}{2} n k_B \tag{7.32}$$

と定数である．これに格子比熱を，高温でのデュロン - プティの法則を使って加えると

$$c_V = c_V{}^{ph} + c_V{}^e = 3nk_B + \frac{3}{2} n k_B \tag{7.33}$$

となる．ところが実験値は $3nk_B$ に非常に近く，電子比熱の寄与が非常に小さいことを示している．この不一致は，電子がエネルギー準位をフェルミの分布関数 (7.26) にしたがって占有していると考えると，次のようにして説明できる．

電子比熱は，温度 T で電子分布が階段関数 (7.28) から (7.26) に変わったときの全電子エネルギーの増加を，温度で微分したものである．定性的には，$k_B T$ 程度のエネルギー幅でのみ励起が起こるので，励起される電子の全電子に対する割合は，およそ T/T_F である．1 電子当たりのエネルギー増加は $k_B T$ 程度であるから，全系での増加は

$$u \simeq \frac{n k_B T^2}{T_F} \tag{7.34}$$

となって，比熱は

$$c_V{}^e = \frac{2 n k_B T}{T_F} \tag{7.35}$$

と温度に比例する．$T = 300$ K, $E_F \approx 5$ eV とすると T/T_F は 1/200 となり，電子比熱を格子比熱に対して無視できる．こうして，ドルーデモデルで説明できなかった問題点が，量子力学的な準位とフェルミ統計により解決できた．この事実は，電子のフェルミ統計が本質的な働きをする物性の例である．

フェルミ分布関数を使って，$T \neq 0$ でのエネルギーと電子密度を計算すると，T^2 までの近似で

$$u = \int_0^{\mu} E\,D(E)\,dE + \frac{\pi^2}{6}(k_B T)^2\{\mu D'(\mu) + D(\mu)\} \quad (7.36)$$

$$n = \int_0^{\mu} D(E)\,dE + \frac{\pi^2}{6}(k_B T)^2 D'(\mu) \quad (7.37)$$

を得る．ここでは (7.25) で $V=1$ とした単位体積当たりの状態密度を用いた．これから化学ポテンシャル μ の温度依存性は

$$\mu = E_F - \frac{\pi^2}{6}(k_B T)^2 \frac{D'(E_F)}{D(E_F)} \quad (7.38)$$

となることがいえる．この 3 式の導出は演習問題 5 とする．比熱は

$$c_V{}^e = \frac{\partial u}{\partial T} = \frac{\pi^2}{3} k_B{}^2 T\,D(E_F) \quad (7.39)$$

となる．この結果は自由電子の状態密度

$$D(E_F) = \frac{3}{2}\frac{n}{E_F}$$

を使うと $nk_B T/T_F$ の程度になり，(7.35) と一致する．くわしくは演習問題 5 の解答を参照するとよい．

演習問題

1. 金属中の電子を，密度 $n = N/V = 6.4 \times 10^{28}\,\mathrm{m}^{-3}$ の自由電子と考える．このときフェルミ速度 v_F の大きさがおよそ $10^6\,\mathrm{m \cdot s^{-1}}$ となることを示せ．ただし，$\hbar = 1.0 \times 10^{-34}\,\mathrm{J \cdot s}$，$m = 9 \times 10^{-31}\,\mathrm{kg}$ とする．

2. 0 K では，状態密度を 0 から E_F までエネルギーで積分したものが粒子の総数を与える．これからフェルミエネルギーを求め，(7.15) と一致することを示せ．

3. 状態密度を 2 次元と 1 次元の場合に求め，エネルギー依存性を図示せよ．

4. 金属のフェルミエネルギーの代表的な値は 5 eV 程度，フェルミ波数の値は約 $1\,\mathrm{Å}^{-1}$ であることをいえ．

5. (7.36)，(7.37)，(7.38) を導出せよ．

8

エネルギーバンド

電子は固体物性の主役であり，エネルギーバンドはその舞台である．この章では，まずバンドの一般的性質をのべてから，ポテンシャルがゼロという仮想的な結晶のバンド構造を求める．次に，結晶ポテンシャルを摂動としてとり入れる．その結果エネルギーギャップが生じ，金属と絶縁体の区別が可能になる．ほとんど自由な近似をさらにすすめると，物質のバンド構造を理論的に計算できる．その有力な方法が擬ポテンシャル法である．これと逆の立場の，強く束縛された電子の近似も解説する．物質のさまざまな物性を理解するのに，バンド構造は基本情報となる．

1　エネルギーバンドの一般論　～ブロッホの定理が基本～

1・1　エネルギーバンドとは

自由電子のエネルギーが $\boldsymbol{k}$ の関数として連続な値をとることは，(7.3) で知った．結晶の周期ポテンシャル中にある電子のエネルギーも，やはり $\boldsymbol{k}$ に対して連続な値をとる．しかし自由電子と大きく違う点は，状態が許されないエネルギー領域があるために，エネルギーが帯状に分離することである．これを**エネルギーバンド**と呼ぶ．また，単にバンドということも多い．状態が禁止されているエネルギー領域を**バンドギャップ**という．したがって，広いエネルギー範囲でみると，バンドはいくつかのギャップで分離されている．

図8·1に，状態が存在するエネルギー域を薄いアミで，その中で電子が占有している部分を濃いアミで示した．結晶内電子のエネルギーを第1ブリュアン域内で $\boldsymbol{k}$ の関数として記述するのがバンド構造で，これが固体のさまざまな電子物性を理解する一番もとになる．

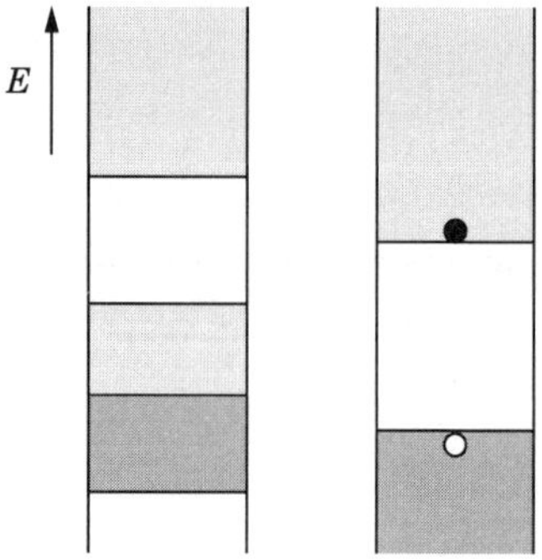

(a) 金属　(b) 絶縁体

図8·1　金属と絶縁体のエネルギーバンド

結晶内の全電子を，パウリの排他律にしたがって，バンドのエネルギーの低い状態から順につめたのが，全電子系のエネルギーが最小の基底状態である．そのとき，部分的に満たされたバンドがあるのが金属である（図8·1 a）．絶縁体や半導体では，あるバンドまで完全に満たされていて，ギャップをはさんでそれより高いエネルギーのバンドには電子が占めていない（図8·1 b）．この区別は，バンドモデルの最も基本的な成果である．バンドモデルによって正孔の概念が導入される(9章3節)．図8·1 b に示すように，半導体では熱的な励起によって，伝導帯に電子（黒丸）が，また価電子帯に正孔（白丸）が少数存在する．

バンド電子は，自由電子の質量 m とは違う有効質量 m^* で運動する．有効質量については5節と9章2·2節で説明するが，電気伝導，状態密度，フェルミ面，光吸収，磁性など多くの物性に現われる．以上のべたことを基礎から学ぶのが，この章の目的である．まずこの節では，バンドがもつ一般的な性質を解説する．

1·2　1電子のシュレーディンガー方程式

エネルギーバンドを量子力学的に定式化する．結晶は，複数の電子をもつ原子が凝集してできたものである．結晶中の電子状態は，10^{23} 個程度という莫大な数の粒子の多体問題である．その電子状態を，1電子近似で考える．

すなわち，それぞれの電子が占めている軌道を定義できる，と仮定する．もともと多体問題であるものを，このように**1電子問題**へ簡単化することによって，シュレーディンガー方程式を解くことが可能になる．

結晶中の1電子の状態は，シュレーディンガー方程式

$$\left\{-\frac{\hbar^2}{2m}\Delta + V(\boldsymbol{r})\right\}\psi(\boldsymbol{r}) = E\,\psi(\boldsymbol{r}) \tag{8.1}$$

によって決まる．$\psi(\boldsymbol{r})$ は電子の波動関数，E はエネルギーである．$V(\boldsymbol{r})$ は電子に働くポテンシャルで，**結晶ポテンシャル**と呼ぶ．

格子ベクトルだけ異なる2つの点では，周囲の状況が同じである．したがって結晶ポテンシャルは，格子の並進対称性と同じ周期をもつ周期関数で

$$V(\boldsymbol{r}+\boldsymbol{R}_n) = V(\boldsymbol{r}) \tag{8.2}$$

が成り立つ．$\boldsymbol{R}_n$ は任意の格子ベクトルで

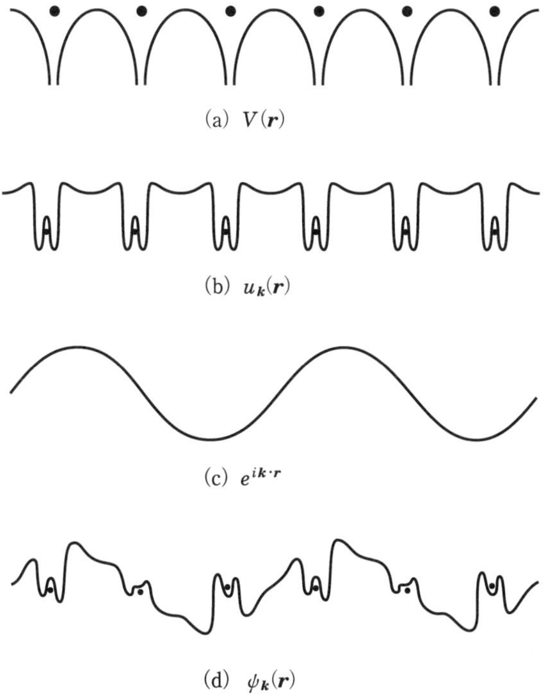

図8・2　周期ポテンシャルと波動関数

$$\boldsymbol{R}_n = n_1\boldsymbol{a}_1 + n_2\boldsymbol{a}_2 + n_3\boldsymbol{a}_3$$

である．周期的な結晶ポテンシャルを，1次元の場合に**図8･2 a**に示す．黒丸はイオンの平衡位置を表わす．

結晶ポテンシャルは，2つの部分から構成される．規則的に配列したイオンが生じるポテンシャルと，電子同士の間のクーロン斥力に由来するものである．イオンによるポテンシャルだけを考えると，結晶ポテンシャルは

$$V(\boldsymbol{r}) = \sum_n v(\boldsymbol{r} - \boldsymbol{R}_n) \tag{8.3}$$

と書ける．$v(\boldsymbol{r} - \boldsymbol{R}_n)$ は，格子点 $\boldsymbol{R}_n$ にある1個のイオンがつくるポテンシャルである．実際には，電子－電子相互作用があるために多体問題となるが，相互作用の主要な部分を実効的な**1体ポテンシャル**で置き換え，独立電子近似を用いる．その結果，電子の状態は周期的な1電子ポテンシャル問題となる．

$V(\boldsymbol{r})$ の具体的な形を決めることはきわめて難しい．しかしその形を知らなくても，結晶の周期性 (8.2) からバンドの一般的な性質を結論できる．電子間相互作用をもっと厳密にとり入れることは，本書では12章の磁性や15章の多体問題で初めて行うことになる．

1・3 ブロッホの定理

周期ポテンシャル $V(\boldsymbol{r})$ に対する (8.1) の解は

$$\psi_{\boldsymbol{k}}(\boldsymbol{r}) = e^{i\boldsymbol{k}\cdot\boldsymbol{r}}u_{\boldsymbol{k}}(\boldsymbol{r}) \tag{8.4}$$

の形に書け，このとき $u_{\boldsymbol{k}}(\boldsymbol{r})$ は格子と同じ周期をもつ，というのが**ブロッホの定理**である．したがって $u_{\boldsymbol{k}}(\boldsymbol{r})$ は

$$u_{\boldsymbol{k}}(\boldsymbol{r} + \boldsymbol{R}_n) = u_{\boldsymbol{k}}(\boldsymbol{r}) \tag{8.5}$$

を満たしている（図8･2 b）．結晶の周期性の結果であるブロッホの定理は，固体物理の最も基本となるもので，多くの事実がこの定理から導かれる．ブロッホの定理を満たす結晶内の電子状態をブロッホ状態，その電子をブロ

ッホ電子という．(8.4) の形をしている電子の波動関数を，**ブロッホ関数**という．

ブロッホ関数は，自由電子の運動を表わす平面波 $e^{i\boldsymbol{k}\cdot\boldsymbol{r}}$(図 8·2 c) と，単位胞ごとに周期的な関数 $u_{\boldsymbol{k}}(\boldsymbol{r})$ の積である．ブロッホの定理は

$$\psi_{\boldsymbol{k}}(\boldsymbol{r}+\boldsymbol{R}_n)=e^{i\boldsymbol{k}\cdot\boldsymbol{R}_n}\psi_{\boldsymbol{k}}(\boldsymbol{r}) \tag{8.6}$$

が成り立つことと同値である．

(8.6)は，座標が格子ベクトル $\boldsymbol{R}_n$ だけ移動したとき，波動関数の位相の変化を $\boldsymbol{k}\cdot\boldsymbol{R}_n$ で与えるような波数ベクトル $\boldsymbol{k}$ が存在することを意味している．つまり，単位胞より大きな空間範囲での波動関数の変化を与えるのが，平面波部分である．2 章で導入した波数 $\boldsymbol{k}$ が，このような形で電子状態を指定する**量子数**となる．フォノンのときにみたように，$\hbar\boldsymbol{k}$ は粒子の運動量に対応する量である (厳密には 9 章 4 節で説明する結晶運動量である)．1 つの単位胞内での波動関数の変化は，周期関数 $u_{\boldsymbol{k}}(\boldsymbol{r})$ によって支配される．すなわちブロッホ関数は，各イオンの近くで，原子の波動関数に似ていて，結晶全体というスケールでの変化をみると波数 $\boldsymbol{k}$ の平面波の性質をもっている．図 8·2 d にその様子を示す．ブロッホ関数において，$e^{i\boldsymbol{k}\cdot\boldsymbol{r}}$ を包絡関数という．

これまでのべたことは，ポテンシャルが周期的であれば，その具体的な形に依らずいえる．

固有値問題 (8.1) が解けたとして，その結果を $E(\boldsymbol{k})$ とする．エネルギーを $\boldsymbol{k}$ に対してプロットすると，連続的なエネルギー状態が得られる．これが**エネルギーバンド**である．バンドは $\boldsymbol{k}$ の大きさと方向によって違う．$\boldsymbol{k}$ の違う方向に対してバンドの形が異なる例は，2 節の図 8·4 で示される．

2　空格子のバンド　～まずはポテンシャルがないとして～

エネルギーバンドを理論的に考えるのに，2 つの立場がある．1 つは 7 章で説明した自由電子から出発して，原子がつくる結晶ポテンシャルの効果をと

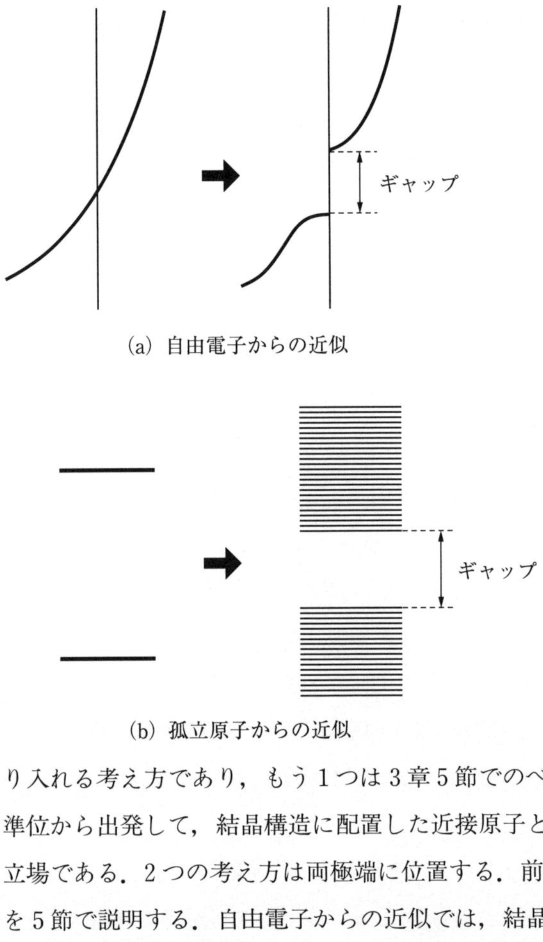

図 8･3　自由電子からの近似と孤立原子からの近似でのギャップ

り入れる考え方であり，もう1つは3章5節でのべた孤立原子のエネルギー準位から出発して，結晶構造に配置した近接原子との相互作用をとり入れる立場である．2つの考え方は両極端に位置する．前者を2節～4節で，後者を5節で説明する．自由電子からの近似では，結晶ポテンシャルが，ブリュアン域境界でエネルギーバンドにギャップを生じる（**図 8･3** a）．一方，孤立原子からの近似では，隣接する原子との相互作用によって原子の離散的なエネルギー準位が幅を広げ，原子準位の間隙が狭められた結果がギャップとして残る（図 8･3 b）．

結晶ポテンシャルの強さは無限小であるが，結晶構造はあるとするモデルを考える．このような格子を**空格子**という．ポテンシャルがなくて周期性だけが残っているという，一見矛盾した仮想的なモデルであるが，これが自由電子近似でエネルギーバンドを考えるときの第ゼロ近似となる．

面心立方格子の場合を例として，空格子のバンドを求める．まさに $\boldsymbol{k}$ 空間の出番である．面心立方格子のブリュアン域は，正八面体で x，y，z 軸上の6つのコーナーを切り落とした形である．図2·3に示したように，ブリュアン域内の対称性のよい点には，Γ，Δ，X，Λ，L などの名前がついている．空格子中の1電子のシュレーディンガー方程式は，(7.1) の

$$-\frac{\hbar^2}{2m}\Delta\psi = E\psi \tag{8.7}$$

であり，エネルギーと波動関数はそれぞれ

$$E(\boldsymbol{k}) = \frac{\hbar^2}{2m}|\boldsymbol{k} + \boldsymbol{G}_m|^2 \tag{8.8}$$

$$\psi_k = e^{i\boldsymbol{k}\cdot\boldsymbol{r}}e^{i\boldsymbol{G}_m\cdot\boldsymbol{r}} \tag{8.9}$$

であることは，代入してみればすぐにわかる．これは $\boldsymbol{k}$，$\boldsymbol{G}_m$ で決まる任意の逆格子空間の点に対する解である．

まずブリュアン域の中心 $\boldsymbol{k} = (0, 0, 0)$ で，エネルギーと波動関数を求める．面心立方格子の逆格子ベクトルを，$|\boldsymbol{G}_m|$ の小さい順にあげると，$2\pi/a$ を単位として，$[0, 0, 0], [1, 1, 1], [2, 0, 0], \cdots$ であり，これはすべて還元ブリュアン域形式では中心にある．3つの $\boldsymbol{G}_m$ に対するエネルギーは，

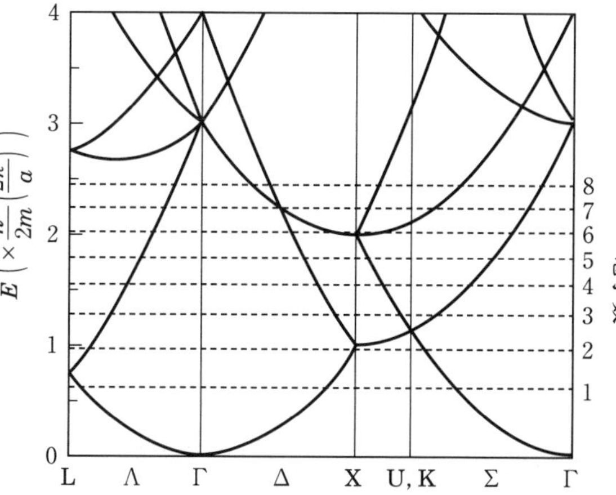

図8·4　空格子のバンド（面心立方格子）

$(\hbar^2/2m)(2\pi/a)^2$ を単位として，それぞれ 0，3，4 となる(**図 8・4**)．$[1,1,1]$ には，3 成分それぞれに正負の場合があるので，合計 8 個の $\boldsymbol{G}_m$ がある．これらは周期ゾーン形式で考えたブリュアン域で，正六角面を共有して隣接する 8 つのブリュアン域の中心である．$E=3$ の状態は 8 重に縮退している．同様に，$[2,0,0]$ には，2 が x，y，z 成分の 3 通りのうえに正，負があるので，$E=4$ の状態は 6 重である．

波動関数は，$\boldsymbol{G}_m$ を波数とする平面波で，$e^{i\boldsymbol{G}_m\cdot\boldsymbol{r}}$ の形をしている．これを略して，$[m_1,m_2,m_3]$ と表わす（以下 $2\pi/a$ を単位として表わす）．すなわち，$E=0$ の状態に対する波動関数は，$\boldsymbol{G}_m=[0,0,0]$ の平面波である．$E=3$ に対する波動関数は，$\boldsymbol{G}_m=[1,1,1]$，$[1,1,-1]$，$[1,-1,1]$，$[-1,1,1]$，$[1,-1,-1]$，$[-1,1,-1]$，$[-1,-1,1]$，$[-1,-1,-1]$ の 8 つである．

次に，ブリュアン域の中心から対称軸 Δ 方向に $\boldsymbol{k}$ が変化したときのエネルギーを求める．Δ 軸上の $\boldsymbol{k}$ は

$$\boldsymbol{k}=\frac{2\pi}{a}[\xi,0,0] \qquad (0<\xi<1)$$

エネルギーは $(\hbar^2/2m)(2\pi/a)^2$ を単位として

$$E_\Delta=\{(\xi+m_1)^2+m_2{}^2+m_3{}^2\} \tag{8.10}$$

で与えられる．$[0,0,0]$ から始まる状態は

$$E_\Delta=\xi^2$$

である．8 個の $[1,1,1]$ のうち，$[1,\pm 1,\pm 1]$ から始まる状態では

$$E_\Delta=(\xi+1)^2+2 \qquad (4\text{ 重})$$

$[-1,\pm 1,\pm 1]$ からは

$$E_\Delta=(\xi-1)^2+2 \qquad (4\text{ 重})$$

となる（図 8・4）．以上を E 軸に射影すると，$E=0\sim 6$ にバンドがある．

還元ゾーン形式でみると，1 つの $\boldsymbol{k}$ に対してエネルギー固有値が $\boldsymbol{G}_m$ の数だけある．異なるバンドを区別するために n で指定し，$E_n(\boldsymbol{k})$ と記すこと

がある．

同様にして，もっと大きな $[m_1, m_2, m_3]$ に対するエネルギーも知ることができる．その他の $\boldsymbol{k}$ の方向を含めて，空格子のエネルギーバンドが図 8･4 に示してある．このように，2 次元，3 次元の場合には，$\boldsymbol{k}$ の方向によって異なる $E_n(\boldsymbol{k})$ がある．図 8･4 に示した点線は，基本単位胞当たりの電子数が 1, 2, … のときのフェルミエネルギーである．

バンドを完全に記述するには，第 1 ブリュアン域のすべての点でエネルギー $E_n(\boldsymbol{k})$ を示す必要がある．しかし実際には，まず対称性のよい方向をいくつか代表に選んで，そのエネルギー曲線からギャップの有無など全体の様子を推しはかる．さらに，必要に応じてブリュアン域を細かいメッシュに分割して，各点でのエネルギーを計算する．

3　ほとんど自由な電子のバンド　～結晶ポテンシャルの効果～

前節で求めた自由電子の状態に，結晶ポテンシャルを摂動としてとり入れるのが，ほとんど自由な電子の近似である．すなわち，結晶ポテンシャルの効果が小さいとして，自由電子の状態がどう変化するかを調べるのである（3 章 6 節）．これは実際の結晶に対して用いられる有力な方法である．結晶ポテンシャルがあると，それまでギャップがなかった自由電子のバンドにギャップができる．ポテンシャルが強い場合には，ギャップが大きくなって，連続状態のエネルギー範囲が狭くなる．それにともない，$E \propto k^2$ の関係が成り立つ領域が減る．

3・1　一般論　─ 1 次元の場合 ─

1 次元の場合を例として，シュレーディンガー方程式からエネルギー固有値と波動関数を決める式を導く．N 個のイオンが等間隔 a で並んでいる長さ $L(=Na)$ の鎖に，5 章の格子振動の場合と同じく，周期的境界条件を課して結晶のモデルとする．まず波動関数を，自由電子の解である平面波で展開する．

$$\psi(x) = \frac{1}{\sqrt{L}} \sum_k C_k e^{ikx} \tag{8.11}$$

(8.11) を (8.1) に代入し，$L^{-1/2}e^{-ikx}$ を掛けて，x について積分する．和をとる変数 k を k' に書き換え，無摂動エネルギー

$$E(k') = \frac{\hbar^2 k'^2}{2m}$$

を用いると

$$\sum_{k'} E(k') C_{k'} \frac{1}{L}\int_0^L e^{i(k'-k)x}\,dx + \sum_{k'} C_{k'} \frac{1}{L}\int_0^L V(x)\,e^{i(k'-k)x}\,dx = \sum_{k'} EC_{k'} \frac{1}{L}\int_0^L e^{i(k'-k)x}\,dx \tag{8.12}$$

を得る．ここで平面波の波動関数の規格直交関係（証明は演習問題1）

$$\frac{1}{L}\int_0^L e^{i(k'-k)x}\,dx = \begin{cases} 1 & (k = k') \\ 0 & (k \neq k') \end{cases} \tag{8.13}$$

を使うと，左辺第1項は $E(k)\,C_k$ となり，左辺第2項には，ポテンシャルの行列要素

$$V_{kk'} = \int_0^L \psi_k{}^* V(x)\,\psi_{k'}\,dx \tag{8.14}$$

が現われる．右辺は EC_k となる．結晶ポテンシャル(8.3)は，1次元の場合に

$$V(x) = \sum_{n=0}^{N-1} v(x - R_n), \qquad R_n = na \tag{8.15}$$

であるから，(8.14) の積分は

$$\frac{1}{L}\int_0^L \sum_{n=0}^{N-1} v(x-R_n)\,e^{i(k'-k)x}\,dx = \frac{1}{L}\sum_{n=0}^{N-1} e^{i(k'-k)R_n}\int_{-\infty}^{\infty} v(x')\,e^{i(k'-k)x'}\,dx'$$

と変形される．$v(x')$ は1個のイオンがつくるポテンシャルで，$x' = 0$ のごく近くだけで値をもつから，積分範囲を $(-\infty, \infty)$ としても値は変わらな

い．また積分値は n に依存しない．指数関数の，格子点に関する和の公式

$$\sum_{n=0}^{N-1} e^{i(k'-k)R_n} = \sum_{n=0}^{N-1} e^{i(k'-k)an} = \begin{cases} N & (k'-k=G_m) \\ 0 & (k'-k \neq G_m) \end{cases} \tag{8.16}$$

が逆格子 $G_m = (2\pi/a)m$ に対して成り立つ．(8.16) を使うと，(8.12) の左辺第 2 項は $k' = k + G_m$ だけが残り

$$\{E(k) - E\}C_k + \sum_m V_{G_m} C_{k+G_m} = 0 \tag{8.17}$$

となる．ただし

$$V_{G_m} = \frac{1}{a}\int_0^a v(x)\, e^{-iG_m x}\, dx \tag{8.18}$$

は，**ポテンシャルのフーリエ G_m 成分**である（$V_{G_m} = V_{-G_m}$ を用いた）．

こうして，シュレーディンガー方程式 (8.1) から，波動関数を自由電子の固有関数で展開したときの係数 C_{k+G_m} に関する連立方程式 (8.17) が導かれた．(8.17)は，ポテンシャルによって k が逆格子 G_m だけ違う平面波が混じることを示している．これは還元ゾーン形式では同じ k 点の波動関数である．(8.17)で C_k の解が存在するという条件から，エネルギー E がいろいろな k に対して，とり入れた G_m の数だけ決まる．その E を (8.17) に代入した C_k に関する連立方程式を解いて，それぞれのE に対する C_k が，したがって固有関数が (8.11) の形に決まる．

(8.17)を用いて，バンドを計算してみよう．k で指定される状態に縮退がないとき，自由電子の波動関数は，(8.11) で単一の平面波であり，その C_k だけがゼロでない．したがって (8.17) で摂動の 0 次の式は，$\{E(k) - E\}C_k = 0$ となり，エネルギーは $E = E(k)$ である．摂動の 1 次の項を考えると，第 2 項は V を含むので，0 次の C_k すなわち $G_m = 0$ の項だけが残る．(8.17)で $k \to k + G_m$ とした式を書き直し，第 1 項で E に 0 次の値 $E(k)$ を使うと，状態 k と結合する状態 $k + G_m$ の係数 C_{k+G_m} が

$$C_{k+G_m} \simeq \frac{V_{-G_m}}{E(k) - E(k+G_m)} C_k \tag{8.19}$$

と決まる．これを (8.17) に代入すると

$$\left[E(k) + V_0 + \sum_{m \neq 0} \frac{|V_{G_m}|^2}{E(k) - E(k+G_m)} - E \right] C_k = 0$$

となる．$C_k \neq 0$ であるから

$$E = E(k) + V_0 + \sum_{m \neq 0} \frac{|V_{G_m}|^2}{E(k) - E(k+G_m)} \tag{8.20}$$

を得る．これは摂動論の公式 (3.50)，(3.51) と一致している．(8.20) の右辺第2項はポテンシャルの定数部分によるエネルギーの変化，第3項は，逆格子だけ違う状態との相互作用による2次摂動の効果である．この結果は，定量的には自由電子のエネルギー $E(k)$ と大きくは違わない．波動関数は，(8.19) から (3.53) と同じ形

$$\psi_k = \frac{C_k}{\sqrt{L}} \left[e^{ikx} + \sum_{m \neq 0} \frac{V_{-G_m}}{E(k) - E(k+G_m)} e^{i(k+G_m)x} \right] \tag{8.21}$$

となる．

3・2 バンドギャップ

弱いポテンシャルの下で (8.20)，(8.21) を導くのに，1つの C_k だけがゼロでないと仮定した．この仮定が成立しない重要な場合が，k と $k+G$ をもつ自由電子のエネルギーが縮退している場合である．このとき C_k と C_{k+G} の項は同等に考えなくてはならない．縮退の条件

$$E(k) = E(k+G) \tag{8.22}$$

とは，$k^2 = (k+G)^2$ であるから $2kG + G^2 = 0$，すなわち $k = -G/2$ で縮退がある．これはブリュアン域の境界である．このとき，(8.19)の分母が非常に小さくなって C_{k+G} が大きくなるので，縮退がない場合の摂動論は破綻し，C_k と C_{k+G} の2つは同程度に重要となる．(8.17) で C_k と C_{k+G} に関する式を書くと

$$\left.\begin{aligned}\{E(k)+V_0-E\}C_k+V_GC_{k+G}=0\\ V_{-G}C_k+\{E(k+G)+V_0-E\}C_{k+G}=0\end{aligned}\right\}\qquad(8.23)$$

である．この連立方程式が解をもつ条件として，3 章 6 節の永年方程式

$$\begin{vmatrix}E(k)+V_0-E & V_G\\ V_{-G} & E(k+G)+V_0-E\end{vmatrix}=0\qquad(8.24)$$

を得る．これを解くと 2 つの固有値は

$$E_\pm=V_0+\frac{1}{2}\{E(k)+E(k+G)\}\pm\sqrt{\frac{\{E(k)-E(k+G)\}^2}{4}+|V_G|^2}\qquad(8.25)$$

となる．(8.25) は，ブリュアン域の境界 $k=-G/2$ で

$$E=E\left(\frac{G}{2}\right)+V_0\pm|V_G|\qquad(8.26)$$

となって，$2|V_G|$ の大きさの**ギャップ**が開く (**図 8･5**)．

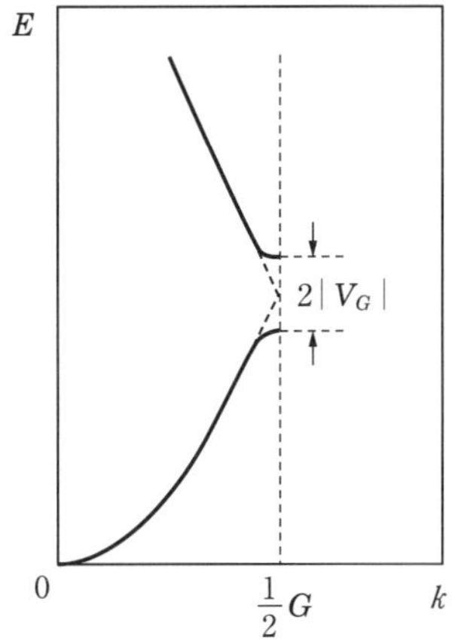

図 8･5　バンドギャップ

ギャップができるのは，縮退していたときよりエネルギーが低い状態ができることにより，系のエネルギーが下がるからである．これは原子の状態が分子に結合したとき，結合，反結合状態に分裂するのと同じ理由である．これまでの議論は，k と $k+G$ の状態が縮退していない場合にも使える．そのとき $|E(k)-E(k+G)|\gg|V_G|$ と考えると，(8.25) の 2 つの解は自由電子のエネルギー $E(k)$ と $E(k+G)$ に近い．

弱い結晶ポテンシャルがあるときのバンドを (8.20) と (8.25) を使って求め，**図 8･6** に示す．第 1 ブリュアン域のバンドは，境界以外では (8.20) を使えるので，自由電子の場合とあまり違わない．例えば $k=0$ の状態と相

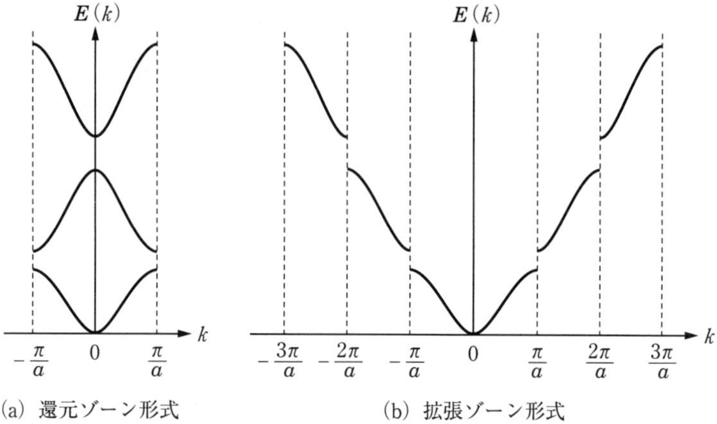

図8・6 弱いポテンシャルがあるときのバンド

互作用で結びつくもののうち，エネルギーが一番近いのは $k = \pm 2\pi/a$ の状態である．このとき $E(0) - E(\pm 2\pi/a)$ は $V_{G=2\pi/a}$ に比べて大きいから，$k = 0$ でのエネルギーの変化は小さい．これに対し $k = \pi/a$ と $k = -\pi/a$ の状態は縮退しているので，その近くでは(8.25)を使う．ここに $2|V_{G=2\pi/a}|$ のギャップが生じる．以下同様にして，$k = \pm 2\pi/a, \pm 3\pi/a, \cdots$ でもギャップができる．還元ゾーン形式を使った場合の様子を図8・6aに，拡張ゾーン形式の場合を図8・6bに示す．

3・3 一般論 —3次元の場合—

これまでの議論を3次元の場合に一般化し，それによってバンド構造の基本式を示す．それには，1次元の理論での変数 k，x を3次元ベクトル $\boldsymbol{k}$，$\boldsymbol{r}$ にすればよい．(8.11)，(8.13)，(8.16) に対応する3次元の場合の式は

$$\psi(\boldsymbol{r}) = \frac{1}{\sqrt{V}} \sum_{\boldsymbol{k}} C_{\boldsymbol{k}} e^{i\boldsymbol{k}\cdot\boldsymbol{r}} \tag{8.27}$$

$$\frac{1}{V}\int e^{i(\boldsymbol{k}'-\boldsymbol{k})\cdot\boldsymbol{r}}\,d\boldsymbol{r} = \begin{cases} 1 & (\boldsymbol{k} = \boldsymbol{k}') \\ 0 & (\boldsymbol{k} \neq \boldsymbol{k}') \end{cases} \tag{8.28}$$

$$\sum_{n_x,n_y,n_z} e^{i(\boldsymbol{k}'-\boldsymbol{k})\cdot\boldsymbol{R}_n} = \begin{cases} N_xN_yN_z & (\boldsymbol{k}'-\boldsymbol{k}=\boldsymbol{G}_m) \\ 0 & (\boldsymbol{k}'-\boldsymbol{k}\neq\boldsymbol{G}_m) \end{cases} \tag{8.29}$$

である．ポテンシャルに関しては

$$\frac{1}{V}\int V(\boldsymbol{r})\,e^{i(\boldsymbol{k}'-\boldsymbol{k})\cdot\boldsymbol{r}}\,d\boldsymbol{r} = \begin{cases} V_{\boldsymbol{G}_m} & (\boldsymbol{k}'-\boldsymbol{k}=\boldsymbol{G}_m) \\ 0 & (\boldsymbol{k}'-\boldsymbol{k}\neq\boldsymbol{G}_m) \end{cases} \tag{8.30}$$

を使うと，(8.18) に対応して

$$V_{\boldsymbol{G}_m} = \frac{1}{v_{\text{cell}}}\int v(\boldsymbol{r})\,e^{-i\boldsymbol{G}_m\cdot\boldsymbol{r}}\,d\boldsymbol{r} \tag{8.31}$$

となる．v_{cell} は単位胞の体積で，積分はその中で行う．自由電子のバンドに対するポテンシャルの効果は，1 次元の場合と同様である．

波動関数を

$$\psi_{\boldsymbol{k}}(\boldsymbol{r}) = \sum_m C_{\boldsymbol{k}+\boldsymbol{G}_m} e^{i(\boldsymbol{k}+\boldsymbol{G}_m)\cdot\boldsymbol{r}} \tag{8.32}$$

の形に展開して，(8.1) に代入し変形すると，1 次元の場合の (8.17) に対応する式

$$\left\{\frac{\hbar^2}{2m}(\boldsymbol{k}+\boldsymbol{G}_m)^2 - E\right\}C_{\boldsymbol{k}+\boldsymbol{G}_m} + \sum_{m'} V_{\boldsymbol{G}_{m'}-\boldsymbol{G}_m} C_{\boldsymbol{k}+\boldsymbol{G}_{m'}} = 0 \tag{8.33}$$

が得られる．ある $\boldsymbol{k}$ の状態は，逆格子ベクトルだけ違う状態と結びついている．エネルギーバンド $E(\boldsymbol{k})$ は，いろいろな $\boldsymbol{k}$ に対して，係数のつくる行列式がゼロという条件から決まる．ギャップは

$$E(\boldsymbol{k}) = E(\boldsymbol{k}+\boldsymbol{G}_m) \quad\longrightarrow\quad \boldsymbol{k}^2 = (\boldsymbol{k}+\boldsymbol{G}_m)^2$$

を満たす $\boldsymbol{G}_m$ が存在するような $\boldsymbol{k}$ で生じる．この条件は，自由電子に対して

$$\boldsymbol{k}\cdot\left(-\frac{\boldsymbol{G}_m}{2}\right) = \left(-\frac{\boldsymbol{G}_m}{2}\right)^2 \tag{8.34}$$

となる．

ほとんど自由な電子の近似で，結晶ポテンシャルを入れたときのバンドと，自由電子の場合との定性的な違いは，ブリュアン域の境界にギャップが生じ

ること，境界以外で縮退していた対称性の異なる状態は，対称性ごとに分かれること，交差していた状態が対称性が同じ場合は反発して交わらなくなることである．

実際の物質のバンドをこの方法で計算するときには，(8.33)で十分多くの $\boldsymbol{G}_m$ をとり入れて行う必要がある．そしてその個数に等しい次元数の永年方程式を解くことになるが，計算はコンピューターを使えば容易に実行できる．

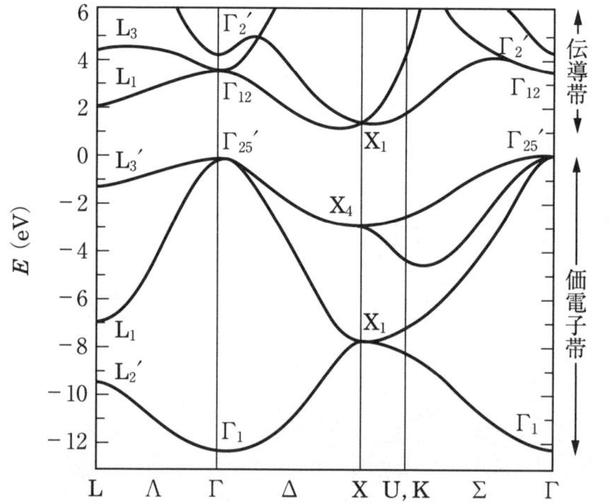

図8•7　シリコンのバンド構造

例として，シリコンのバンド構造を示す(**図8•7**)．これはスピン－軌道相互作用を考えていない場合の結果である．図からわかるように，電子は[1, 0, 0]および[1/2, 1/2, 1/2]の伝導帯の底近くにあり，正孔は[0, 0, 0]の価電子帯の頂上近くにある．エネルギーの極小値をもつギャップは間接$(\Gamma \to \mathrm{X})$，直接$(\Gamma \to \Gamma)$の両方がある．

バンドの $\boldsymbol{k}$ 空間での**対称性**が3つ存在する．

(1)　$E_n(\boldsymbol{k} + \boldsymbol{G}_m) = E_n(\boldsymbol{k})$　　(8.35)

(2)　$E_n(-\boldsymbol{k}) = E_n(\boldsymbol{k})$　　(8.36)

(3)　$E_n(\boldsymbol{k})$ は結晶と同じ回転対称性をもつ

(1)は $E_n(\boldsymbol{k})$ が逆格子ベクトルの周期関数ということである．例えば正方格子の第2ブリュアン域の各4つの部分は，第1ブリュアン域の4分の1のそれぞれに移される（図2・5）．これが反復ゾーン形式から還元ゾーン形式への移行である．(2) は結晶に反転対称性がある場合に成り立つ．

バンドが $E_n(\boldsymbol{k})$ のとき，**状態密度**は

$$D(E) = \sum_{\boldsymbol{k}} \delta(E - E_n(\boldsymbol{k})) \tag{8.37}$$

で与えられる．この式は，$\boldsymbol{k}$ 空間でバンドエネルギーが E になる点を数え上げることを意味し，状態密度を解析的また数値的に計算するのに使われる．

4　擬ポテンシャル法　～結果は正しい便利な贋物（がんぶつ）～

金属や半導体中の価電子は結晶中に広がって分布し，波動関数の変化は緩やかである．しかし原子核の近くでは，局在した内殻電子の波動関数と直交するように，価電子の波動関数も振動している．その様子を (8.11) の形で精度よく表わすには，多数の平面波が必要になる．それにともなう計算の面倒を避けるために，原子核と内殻電子を合わせたイオン殻を考えて，強い引力ポテンシャルを振動による運動エネルギーが打ち消すとして，弱いポテンシャルで置き換える．この仮想的なポテンシャルを，**擬ポテンシャル**という．擬ポテンシャルは，価電子のエネルギーを正しく再現するように選ぶ．バンド計算の**擬ポテンシャル法**は，バンド構造や物性を非常によい精度で説明できる．次にこの方法を定式化する．

価電子状態 $\psi(\boldsymbol{r})$ を，滑らかな擬波動関数 $\varphi(\boldsymbol{r})$ で表わせると仮定する．ただし，$\psi(\boldsymbol{r})$ をすべての内殻状態 $u_c(\boldsymbol{r})$ に直交するように

$$\psi(\boldsymbol{r}) = \varphi(\boldsymbol{r}) - \sum_c \alpha_c u_c(\boldsymbol{r}) \tag{8.38}$$

$$\alpha_c = \int u_c{}^*(\boldsymbol{r}')\varphi(\boldsymbol{r}')\,d\boldsymbol{r}' \tag{8.39}$$

の形に選ぶ．ここで内殻状態間の直交関係

$$\int u_{c'}{}^*(\boldsymbol{r}')\,u_c(\boldsymbol{r}')\,d\boldsymbol{r}' = \delta_{cc'} \tag{8.40}$$

が成り立っている．シュレーディンガー方程式

$$H\psi = E\psi \tag{8.41}$$

$$H = -\frac{\hbar^2}{2m}\Delta + V(\boldsymbol{r}) \tag{8.42}$$

から，擬波動関数の満たす式は

$$-\frac{\hbar^2}{2m}\Delta\varphi(\boldsymbol{r}) + W(\boldsymbol{r})\varphi(\boldsymbol{r}) = E\,\varphi(\boldsymbol{r}) \tag{8.43}$$

となる．ここで擬ポテンシャル $W(\boldsymbol{r})$ を

$$W(\boldsymbol{r})\varphi(\boldsymbol{r}) = V(\boldsymbol{r})\varphi(\boldsymbol{r}) + \sum_c (E - E_c)\alpha_c u_c(\boldsymbol{r}) \tag{8.44}$$

で定義した．E_c は内殻準位のエネルギーである．この式の E が，価電子の正確なエネルギー固有値，(8.41) の E と同じであるということが重要である．問題にしている価電子のエネルギーは $E > E_c$ であるから，(8.44)の右辺の第2項は正の寄与をする量である．この結果，第1項の引力ポテンシャルをある程度打ち消して，擬ポテンシャルは弱いものとなる．なぜなら，直交化のために加えた (8.38) の第2項がコア付近で振動する成分をもち，その運動エネルギーがポテンシャルを打ち消すように働くからである．

Si^{4+} イオンの $l = 0$ 状態に対する真のポテンシャルと擬ポテンシャルの比較を**図8•8a**に，その波動関数を図8•8bに示す．イオン芯の領域で擬ポテンシャルはかなり弱くなり，芯の外では両者は $-4e^2/4\pi\varepsilon_0 r$ で一致している．

最近では，擬ポテンシャル法はバンド計算の最も有力な方法として用いられ，なるべく弱い擬ポテンシャルを用いるように工夫が重ねられ，いろいろなタイプの擬ポテンシャルが開発されて高精度の電子状態の計算に応用されている．専門的な参考書としては，藤原毅夫 著『固体電子構造 — 物質設計の基礎 —』（朝倉書店）をすすめる．

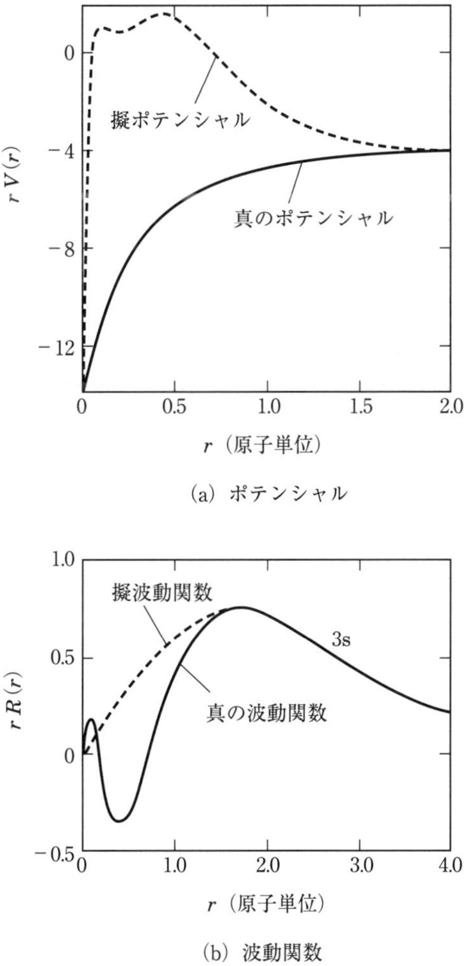

図 8・8　擬ポテンシャルと擬波動関数

5　強く束縛された電子の近似　〜原子の性質に結びつける〜

5・1　N 原子分子の考え方

孤立している原子から出発して，分子，固体と原子数が増すにつれて，エネルギー準位がどう変化するかを考えてみよう．この考え方は，バンドの性

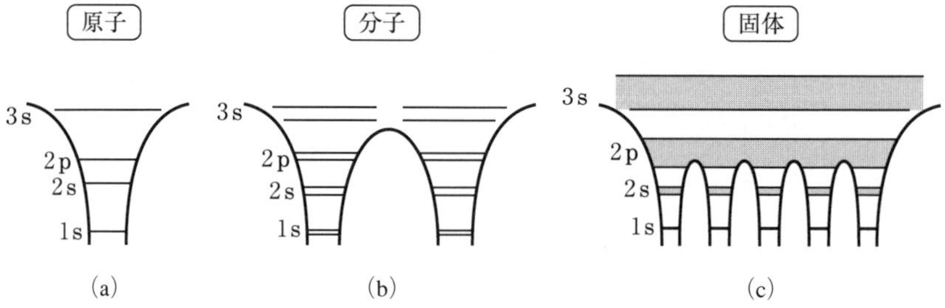

図8・9 原子，分子から固体へ

質を原子準位に結びつけて定性的に理解するのに役立つ．

例として，ナトリウム結晶をとり上げる．Na原子には，1s，2s，2p（以上を内殻準位という），3sの準位があり（**図8・9** a），1s準位に2個，2s準位に2個，2p準位に6個，3s準位に1個の電子が占有している．3s電子は容易にイオン化される価電子であり，これが原子核と内殻電子がつくるイオンポテンシャルの中にあると考える．十分離れていて相互作用がない2原子系では，1s，2s，2p，3s準位はいずれも縮退度が2倍になる．原子間距離が小さくなり，Naの2原子分子になると，4章2節で示したように，原子間の相互作用によってその縮退が結合状態と反結合状態に分裂する．その結果1s，2s，2p，3s状態に由来する4つの2重項が生じる（図8・9 b）．原子間相互作用が小さいときは，各準位のエネルギー差に比べて結合による分裂は小さい．エネルギーが高い3s準位は，内殻準位よりも分裂が大きい．その理由は，波動関数の広がりが大きく，重なりが大きいために原子間の相互作用が内殻電子に比べて強いからである．

原子の数がN個の場合を考えると，原子間距離が大きいときはN重に縮退した準位がある．原子間距離が次第に小さくなって隣接する原子間の重なりが生じ，原子が結合してN原子分子になると，各原子準位ごとにN個の分裂した準位の一団が現われる（図8・9 c）．このときエネルギー幅の大きさは，隣り合う原子の電子間相互作用で決まる．結晶の場合，$N \approx 10^{23}$と莫大なので，ある程度のエネルギー幅にこれだけの数の準位が分布しており，1つ1つの準位の間隔は非常に小さい．例えばバンド幅を5eVとすると，3次元結晶での準位間隔は10^{-7}eV程度となり，準位は実際上連続的とみてよい．

5・2　LCAO法

ブロッホ電子の波動関数は，イオンの近くでは原子軌道関数に似た形で，その様子はほとんど自由な電子の近似では表現しにくい．そこで有用なのが，原子に**強く束縛された電子の近似**で，波動関数を原子軌道の1次結合で表わす**LCAO法**である（4章2節）．エネルギーバンドを計算する際，電子の波動関数をN個の原子軌道の和で

$$\psi(\boldsymbol{r}) = \sum_i C_i \varphi(\boldsymbol{r} - \boldsymbol{R}_i) \tag{8.45}$$

と表わす．φは各原子位置$\boldsymbol{R}_i$を原点とする原子軌道の波動関数である．(8.45)の形のままではブロッホの定理（8.6）を満たさない．満たすためには$C_i \propto e^{i\boldsymbol{k}\cdot\boldsymbol{R}_i}$が必要なので，(8.45)は

$$\psi_{\boldsymbol{k}}(\boldsymbol{r}) = \frac{1}{\sqrt{N}} \sum_i e^{i\boldsymbol{k}\cdot\boldsymbol{R}_i} \varphi(\boldsymbol{r} - \boldsymbol{R}_i) \tag{8.46}$$

となる．

結晶を構成する原子のごく近くでは，結晶全体のハミルトニアンHが孤立原子のハミルトニアンH_0に近いとして，その差を$\Delta V(\boldsymbol{r})$とおく．

$$H = H_0 + \Delta V(\boldsymbol{r}) \tag{8.47}$$

$\Delta V(\boldsymbol{r})$は，自分以外の原子によるポテンシャルの重ね合わせの効果である．原子のシュレーディンガー方程式

$$H_0 \varphi_\alpha = \varepsilon_\alpha \varphi_\alpha \tag{8.48}$$

で，束縛状態αの波動関数φ_αは，その原子の周りに局在している．またエネルギーε_αはほかの準位から十分離れているとする．簡単のために単位胞に1原子として，縮退がないs状態を考える．以上の仮定のもとで，結晶内電子の波動関数は

$$\psi_{\boldsymbol{k}}(\boldsymbol{r}) = C\sum_n e^{i\boldsymbol{k}\cdot\boldsymbol{R}_n}\varphi_\alpha(\boldsymbol{r}-\boldsymbol{R}_n) \tag{8.49}$$

と書ける．ハミルトニアンの期待値は

$$\begin{aligned} E(\boldsymbol{k}) &= \int \psi_{\boldsymbol{k}}^*(\boldsymbol{r})\,H\,\psi_{\boldsymbol{k}}(\boldsymbol{r})\,d\boldsymbol{r} \\ &= |C|^2\sum_{n,m} e^{-i\boldsymbol{k}\cdot(\boldsymbol{R}_m-\boldsymbol{R}_n)}\int \varphi_\alpha^*(\boldsymbol{r}-\boldsymbol{R}_m)\,H\,\varphi_\alpha(\boldsymbol{r}-\boldsymbol{R}_n)\,d\boldsymbol{r} \\ &= |C|^2 N\sum_n \int \varphi_\alpha^*(\boldsymbol{r})\,H\,\varphi_\alpha(\boldsymbol{r}-\boldsymbol{R}_n)\,e^{i\boldsymbol{k}\cdot\boldsymbol{R}_n}\,d\boldsymbol{r} \end{aligned} \tag{8.50}$$

となる．N は結晶中の原子の数である．異なる原子を中心とする波動関数の重なりが小さいとして

$$\int \varphi_\alpha^*(\boldsymbol{r})\,\varphi_\alpha(\boldsymbol{r}-\boldsymbol{R}_n)\,d\boldsymbol{r} = 0 \tag{8.51}$$

を仮定すると，エネルギーはベクトル $\boldsymbol{k}$ の関数として

$$E(\boldsymbol{k}) = \varepsilon_\alpha - \delta\varepsilon_\alpha - \sum_{n\neq 0} t(\boldsymbol{R}_n)\,e^{i\boldsymbol{k}\cdot\boldsymbol{R}_n} \tag{8.52}$$

となる．ただし

$$\delta\varepsilon_\alpha = -\int \Delta V(\boldsymbol{r})\,|\varphi_\alpha(\boldsymbol{r})|^2\,d\boldsymbol{r} \tag{8.53}$$

$$t(\boldsymbol{R}_n) = -\int \varphi_\alpha^*(\boldsymbol{r})\,\Delta V(\boldsymbol{r})\,\varphi_\alpha(\boldsymbol{r}-\boldsymbol{R}_n)\,d\boldsymbol{r} \tag{8.54}$$

$\delta\varepsilon_\alpha$ は，状態 α のエネルギーの，孤立原子の値との差である．これは $\boldsymbol{k}$ に依らない．$t(\boldsymbol{R}_n)$ は，$\boldsymbol{R}_n$ だけ離れた原子を中心とする原子軌道間に重なりがあるとき，値をもつ．その大きさは，孤立原子のポテンシャルからのずれに依存する．

$t(\boldsymbol{R}_n)$ を**飛び移り積分**と呼ぶ．波動関数が十分局在している場合は，飛び移り積分は最近接原子間のものだけを考えればよい．s 状態では波動関数を実数に選べることを使うと，(8.52) は

$$E(\boldsymbol{k}) = \varepsilon_\alpha - \delta\varepsilon_\alpha - \sum_{n.n.} t(\boldsymbol{R}_n)\cos\boldsymbol{k}\cdot\boldsymbol{R}_n \tag{8.55}$$

となる．和の $n.n.$ は，最近接 (nearest neighbor) 原子についてだけとるこ

とを意味する．格子定数が a である単純立方格子の場合に（8.55）を表わすと（エネルギーのゼロを適当にとって）

$$E(\boldsymbol{k}) = -2t\,(\cos k_x a + \cos k_y a + \cos k_z a) \tag{8.56}$$

面心立方格子の場合には

$$E(\boldsymbol{k}) = -4t\left(\cos\frac{k_x a}{2}\cos\frac{k_y a}{2} + \cos\frac{k_y a}{2}\cos\frac{k_z a}{2} + \cos\frac{k_z a}{2}\cos\frac{k_x a}{2}\right) \tag{8.57}$$

となる．面心立方格子の結果をブリュアン域の対称軸について**図 8・10** に示す．これは図 8・4 の自由電子の場合の一番低いエネルギーバンドと，定性的に似た形である．

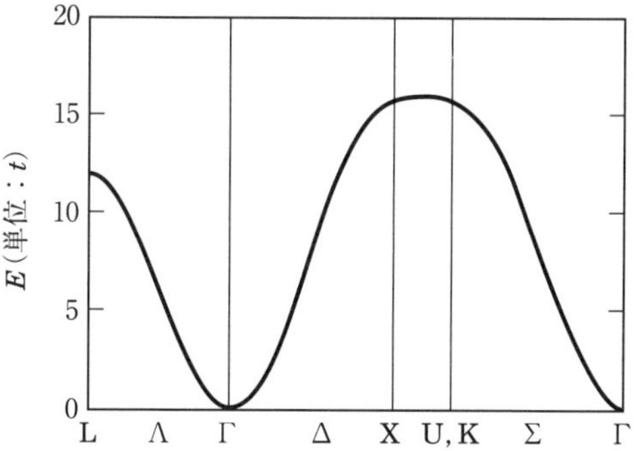

図 8・10　強く束縛された近似の面心立方格子のバンド

（8.57）の $\boldsymbol{k}=0$ の近くでの展開式を，[1, 0, 0] 方向で求めると

$$E \approx -4t\left\{\left(1-\frac{\kappa^2 a^2}{8}\right)+1+\left(1-\frac{\kappa^2 a^2}{8}\right)\right\} = -12t + ta^2\kappa^2 \tag{8.58}$$

となる．結晶中での電子の有効質量を（9.6）で定義するが，それを使うと [1, 0, 0] 方向の有効質量は

$$m^* = \frac{\hbar^2}{2a^2 t} \tag{8.59}$$

となる．有効質量は，飛び移り積分に逆比例して小さくなる．（8.57）でみたように，バンドの幅は t に比例するから，バンド幅が広いときに質量は小さ

く，狭いときに大きい．

(8.51) が成り立たず，波動関数に重なりがある場合には

$$s(\boldsymbol{R}_n) = \int \psi_\alpha{}^*(\boldsymbol{r})\,\psi_\alpha(\boldsymbol{r} - \boldsymbol{R}_n)\,d\boldsymbol{r} \qquad (8.60)$$

で**重なり積分**を定義すると

$$\int \psi_k{}^* \psi_k\, d\boldsymbol{r} = |C|^2 \Big(1 + \sum_{n \neq 0} s(\boldsymbol{R}_n)\, e^{i\boldsymbol{k}\cdot\boldsymbol{R}_n}\Big) \qquad (8.61)$$

となる．このときバンドのエネルギーは

$$E(\boldsymbol{k}) = \varepsilon_\alpha - \left\{\delta\varepsilon_\alpha + \sum_{n \neq 0} t(\boldsymbol{R}_n)\, e^{i\boldsymbol{k}\cdot\boldsymbol{R}_n}\right\}\left\{1 + \sum_{n \neq 0} s(\boldsymbol{R}_n)\, e^{i\boldsymbol{k}\cdot\boldsymbol{R}_n}\right\}^{-1} \qquad (8.62)$$

で与えられる．

これまでの議論は，単位胞に原子が1個で，軌道も1種という最も簡単な結晶の場合である．実際に対象とする固体結晶では，原子や軌道が複数個ある場合が多い．その場合には，それぞれの原子軌道ごとにブロッホ和(8.49)をつくり，それによるハミルトニアンの行列を対角化すればよい．

強く束縛された電子の近似は，精度がよい結果を得るのに擬ポテンシャル法よりも手間がかかる．それでも単位胞内に多数の原子があるような複雑な結晶構造の物質には有力な方法である．また原子に局在したd電子, f電子などが関係する現象をモデル的に記述するときに威力を発揮する．近年，物性物理の中心課題として盛んに研究が進められている電子相関が強い系の問題はその典型である．

演習問題

1．1次元平面波の規格直交関係 (8.13) を証明せよ．

2．(8.33) を導け．

3．(8.43) を導け．

4．(8.46) がブロッホの定理を満たすことを証明せよ．

5.　強く束縛された電子の近似により，面心立方格子で $\boldsymbol{k} = 0$ での $[1,1,1]$ 方向の有効質量を求めよ．

6.　バンドモデルで格子定数を大きくしていくと，電気伝導率が減少する理由をのべよ．

7.　1次元の場合に強く束縛された近似で，エネルギーバンドを求めよ．

バンド計算と安定構造

私が大学院を出た1960年代前半は，半導体や金属のバンド計算が先駆者たちによって盛んに行われていた．$\boldsymbol{k}$ 空間のいくつかの点でエネルギーを知り，光学スペクトルを解釈するという計算は，すぐに種々の物質に適用され，大衆化した．使われていたポテンシャルは，まだ単純なものだった．

間もなく，計算結果の波動関数から，電子間相互作用のポテンシャルをつくり，それが用いたポテンシャルに一致するまで計算を繰り返すという，自己無撞着な計算でないと相手にされなくなった．

その後，結晶の全エネルギーの計算がされるようになった．その際，ブリュアン域内の点を細かくとってバンド計算を行う．この段階でも，結晶構造は実験で決まったものを使って，電子系のエネルギーを計算していた．次に，格子定数を変えて全エネルギーを計算して，格子定数を理論的に決めたり，異なる結晶構造での全エネルギーの比較から，実際の構造がエネルギー最低であることを示すことも行われるようになった．

しかし原子と電子を同等に扱って計算するようになったのは，第一原理分子動力学法（226頁のコラム）が開発されてからである．

9

バンド理論の応用

バンド理論の結果として，金属と絶縁体の分類が，単位胞内にある価電子数の偶奇とバンドの重なりの有無で決まること示す．電子の運動を量子力学で扱うには，ブロッホ状態にある電子の運動を $\boldsymbol{k}$ 空間で記述する必要がある．その運動は $\boldsymbol{k}$ の時間変化で決定され，それを決めるのが加速定理と呼ばれる運動方程式である．ブロッホ状態を占めている電子や，電子が抜けた正孔の質量は，有効質量である．金属の物性を支配するのはフェルミエネルギー付近の電子で，その振舞はフェルミ面によって決まる．

1　金属と絶縁体の分類　～価電子の数が奇数か偶数か～

物質はバンド構造によって，金属と絶縁体に区別される．そのことが，固体の電子物性を理解するときの出発点である．

2章3節で，第1ブリュアン域内で $\boldsymbol{k}$ 点のとりうる数は，結晶の単位胞の総数 N に等しいことを知った．各 $\boldsymbol{k}$ 点の状態には，スピン上向きと下向きの2つの電子を収容できるから，還元ゾーン形式の1つのバンドが収容できる電子数は $2N$ である．結晶中の価電子の数は，単位胞内の原子がもつ全価電子数の N 倍である．したがって価電子1個について，バンドは半分まで占有される．価電子数が奇数ならば，バンドに価電子をつめていったとき，バンドの半分までつまり，**金属**となる．**図9･1** a は価電子が3個の場合の例で

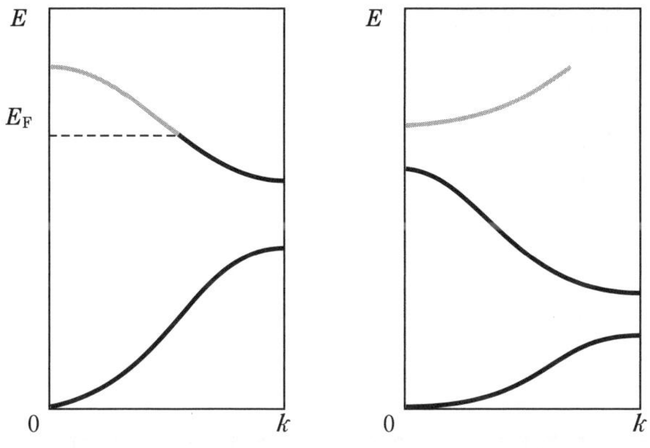

(a) 金属　(b) 絶縁体

図 9･1　金属と絶縁体の $E-\boldsymbol{k}$ 関係

ある．横軸は全ての $\boldsymbol{k}$ 方向を 1 つの変数で代表させて表わしている．価電子数が偶数のときは，あるバンドまで一杯につまり，ギャップをはさんで上に空のバンドがあって**絶縁体**となる（図 9･1 b）．その際，ギャップが小さいのが**半導体**である．ここまでは，バンドに重なりがない場合の議論である．

バンドに重なりがあると，単位胞内にある原子の価電子の総数が偶数であっても金属になる．例えば正方格子で，[1, 0] 方向と [1, 1] 方向でエネルギーの低い方から 2 枚のバンドを考える．X 点の伝導帯の底が，K 点の価電子帯の頂上より低いとする（**図 9･2** a）．このとき 2 つのバンドは，エネルギー

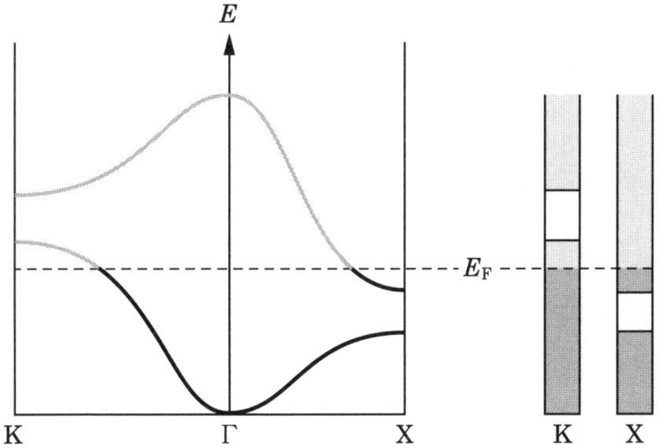

(a)　(b)

図 9･2　バンドの重なり

でみたときに重なりがある．ブリュアン域境界のX点，K点にはギャップがあるが，両方向のバンドをエネルギー軸に射影したものにはギャップは存在しない（図9·2b）．そのためエネルギーの低い状態から電子をつめていったとき，両方のバンドが部分的に占有されている．これは金属である．

この状況は結晶ポテンシャルが弱くて，X点，K点でのギャップが小さいときに起こる．このように，金属と絶縁体の違いは，バンド構造とそれを占有する価電子の数によって生じる．これは個々のバンドの形に依らない一般的な結論である．

例としてナトリウム結晶を考える．Na原子の基底状態の電子配置は

$$(1s)^2(2s)^2(2p)^6(3s)$$

であり，2p軌道よりエネルギーの低い電子は内殻準位で電子が満ちている．Na^+がつくるポテンシャル中のバンドに，価電子が収容される状況を考える．このとき単位胞当たり1個の3s電子が，価電子の1枚目のバンドの半分までつまっているので金属となる．リチウム，カリウムなどほかのアルカリ金属や，銅，金などの貴金属でも同じである．2族のアルカリ土類のカルシウムでは価電子の配置は$(3s)^2$で価電子数は2であるが，3sバンドと3pバンドに重なりがあるために金属となる．バリウムでも同じである．

価電子の電子配置が$(ns)^2(np)^2$である14族のダイヤモンド，シリコン，ゲルマニウムの結晶が絶縁体や半導体になるのは，次のようにして説明される．結晶構造はダイヤモンド構造で，単位胞に2原子があるので，価電子数は8個である．一方，バンドは4番目の価電子帯とその上の伝導帯の間にギャップがあるので，価電子帯は満ち，伝導帯は空である．

エネルギーバンドは3次元$\boldsymbol{k}$空間で考えるので，無数に多くの方向の$\boldsymbol{k}$に対して値をもつ．しかしそのすべてを図に示すことはできないので，便宜上，対称性がよい2，3の方向で代表させるのが普通である．図9.2aに，[1,0]，[1,1]方向について示したように，任意の方向のエネルギーは各々1つの曲線で与えられる．いろいろな方向でのエネルギーを1つのk軸に対

してプロットすると，**図9•3a**のように考えた方向の数だけの密な曲線群ができる．これらをエネルギー軸に射影したのが図9•3bであり，図8•1で金属，半導体のバンドモデルを表わすのに用いたものである．

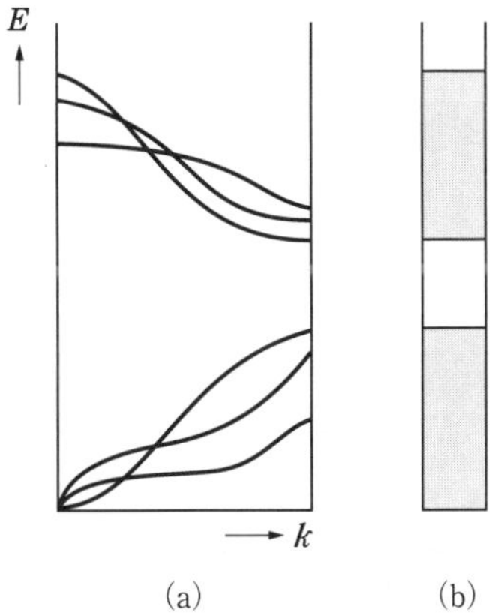

図9•3　E－$\boldsymbol{k}$ 関係とそのバンド

金属の特徴は，外部電場をかけたときに電流が流れることである．これをバンド構造から直観的に説明する．図9•1aのようにバンドの途中までを電子が占有していると，そこから無限小のエネルギーだけ高いところに，空のエネルギー状態がある．そのため電子は電場の摂動によって容易に空の状態に次々と遷移し，物質中を動くことができる．くわしくは10章4節で説明する．

2　電子の k 空間での運動　～バンドでは質量が変わる～

2・1　電子の動力学

ドルーデモデルでは，電子を古典的な粒子として扱う．10章の電気伝導の議論でも，最初はこの扱いをする．しかし実際には，結晶内電子の定常状態は一定の波数 $\boldsymbol{k}$ をもつブロッホ状態である．電気伝導を量子力学的に理解するには，電場をかけたときに電子が $\boldsymbol{k}$ 空間でどのように運動するかを知る必要がある（10章4節）．

量子力学では，状態の量子数 $\boldsymbol{k}$ によって運動量 $\boldsymbol{p}$ が $\hbar\boldsymbol{k}$ と決まる．自由電子の場合には，速度は

$$\boldsymbol{v} = \frac{\hbar\boldsymbol{k}}{m} \tag{9.1}$$

である．すなわち，大きさは波数 $\boldsymbol{k}$ に比例し，方向は $\boldsymbol{k}$ と同じである．これ

に対して，ブロッホ電子は波動関数 ψ_{nk} で表わされる結晶全体に広がった状態にあり，その速度は格子振動のときの（5.11）と同様に波束の群速度で与えられ，バンド n のエネルギー $E_n(\boldsymbol{k})$ と次の関係がある．

$$\boldsymbol{v}_n(\boldsymbol{k}) = \nabla_k \omega_n(\boldsymbol{k}) = \frac{1}{\hbar}\nabla_k E_n(\boldsymbol{k}) \tag{9.2}$$

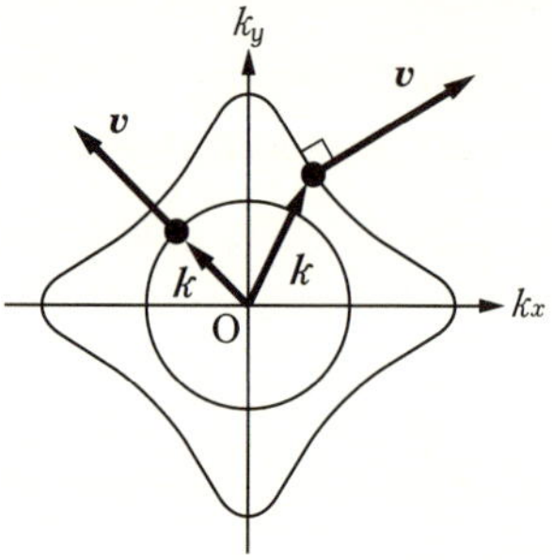

図9・4　$\boldsymbol{k}$ 空間での速度

速度に対する結晶ポテンシャルの効果は，エネルギー $E_n(\boldsymbol{k})$ にすべてとり入れられている．すなわち，電子の速度はエネルギーの $\boldsymbol{k}$ 空間での勾配ベクトルで与えられる．ベクトル解析によれば，勾配ベクトルはエネルギー曲面の最大傾斜方向を向いているので，エネルギー面に垂直である．（ベクトル解析については，松下 貢 著『物理数学』（裳華房）を参照するとよい）．つまり $\boldsymbol{k}$ 空間の点での $\boldsymbol{v}_n(\boldsymbol{k})$ は，そこでの等エネルギー曲面に垂直である．**図9・4** に示すように，ブリュアン域の中心近くでは $\boldsymbol{v}_n(\boldsymbol{k})$ と $\boldsymbol{k}$ が平行であるが，中心から離れると等エネルギー面が球からずれるため，速度と波数は平行でなくなる．

3次元の場合に

$$\boldsymbol{v}_n(-\boldsymbol{k}) = -\boldsymbol{v}_n(\boldsymbol{k}) \tag{9.3}$$

が成り立つ．証明は，（9.2）から

$$\boldsymbol{v}_n(-\boldsymbol{k}) = \frac{1}{\hbar}\nabla_{-k} E_n(-\boldsymbol{k})$$

となるので，バンドの $\boldsymbol{k}$ 空間での反転対称性（8.36）を使うと

$$\boldsymbol{v}_n(-\boldsymbol{k}) = \frac{1}{\hbar}\nabla_{-k} E_n(\boldsymbol{k}) = -\frac{1}{\hbar}\nabla_k E_n(\boldsymbol{k})$$

となることで示せる．

電場 $\boldsymbol{E}$ が加わると，電子は

$$\boldsymbol{F} = -e\boldsymbol{E}$$

の力を受け，時間 δt の間に $\boldsymbol{v}_n(\boldsymbol{k})\delta t$ だけ動くから，電場から $\boldsymbol{F}\cdot\boldsymbol{v}_n(\boldsymbol{k})\delta t$ だけの仕事をされる．この間に $\boldsymbol{k}$ は $\boldsymbol{k}+\delta\boldsymbol{k}$ に変化したとすると，電子のエネルギーの変化は

$$\delta E_n(\boldsymbol{k}) = \nabla_k E_n(\boldsymbol{k})\cdot\delta\boldsymbol{k} = \hbar\boldsymbol{v}_n(\boldsymbol{k})\cdot\delta\boldsymbol{k}$$

に等しいから

$$\delta\boldsymbol{k} = \frac{\boldsymbol{F}\,\delta t}{\hbar} \tag{9.4}$$

が成り立つ．これは外力 $\boldsymbol{F}$ が電子の状態を $\delta\boldsymbol{k}$ だけ変化させることを意味している．(9.4) は

$$\frac{d\boldsymbol{k}}{dt} = -\frac{e}{\hbar}\boldsymbol{E} \tag{9.5}$$

と書き直してもよい．(9.5) は一定の電場の中では，電子の $\boldsymbol{k}$ が一定の割合で増加することを示しており，**加速定理**と呼ばれる．いいかえると，周期ポテンシャルは $E(\boldsymbol{k})$ の形を通して質量を変化させるが，それ以外に何ら運動を妨げることはしない．イオンの配列が規則的である限り，電子が散乱されることはないのである．金属中電子の平均自由行路の大きさが格子定数に比べて非常に大きいことが，これで説明できる．散乱は，周期性が乱れていることによって生じる．平均自由行路は格子定数でなくて，不純物の濃度で決まる．

2・2　有効質量

自由電子のエネルギーは，(7.3) でみたように

$$E(\boldsymbol{k}) = \frac{\hbar^2}{2m}k^2$$

で与えられる．一方，結晶中の電子のエネルギーを，$\boldsymbol{k}=0$ の近くで

$$E(\boldsymbol{k}) = \frac{\hbar^2}{2m^*}k^2 \tag{9.6}$$

と表わすような，電子の**有効質量** m^* を導入することができる．

(9.2) と (9.5) から，ブロッホ電子の加速度は

$$\frac{d\boldsymbol{v}(\boldsymbol{k})}{dt} = \frac{d\boldsymbol{k}}{dt}\cdot\nabla_k\left(\frac{1}{\hbar}\nabla_k E(\boldsymbol{k})\right) = \frac{1}{\hbar^2}\boldsymbol{F}\cdot\nabla_k(\nabla_k E(\boldsymbol{k})) \qquad (9.7)$$

と表わせる．これを成分ごとに表わすと

$$\frac{dv_i(\boldsymbol{k})}{dt} = \frac{1}{\hbar^2}\sum_j \frac{\partial^2 E(\boldsymbol{k})}{\partial k_i \partial k_j} F_j \qquad (i, j = x, y, z) \qquad (9.8)$$

である．有効質量の逆数を，(i, j) 成分をもつ量

$$\left(\frac{1}{m^*}\right)_{ij} = \frac{1}{\hbar^2}\frac{\partial^2 E(\boldsymbol{k})}{\partial k_i \partial k_j} \qquad (9.9)$$

で定義すると，(9.8) は

$$\frac{dv_i(\boldsymbol{k})}{dt} = \sum_j \left(\frac{1}{m^*}\right)_{ij} F_j \qquad (9.10)$$

と書ける．E - $\boldsymbol{k}$ 関係の曲率が大きいときに有効質量 m^* は軽く，小さいときに重い．

ブリュアン域の境界にできたギャップ近くでの有効質量を求めてみる．$\boldsymbol{k}$ がブリュアン域の表面にあるときの，ギャップをはさむ2つのバンドは

$$E_\pm(\boldsymbol{k}) = \frac{1}{2}\{E^{(0)}(\boldsymbol{k}) + E^{(0)}(\boldsymbol{k} - \boldsymbol{G})\} \pm \left[\frac{1}{4}\{E^{(0)}(\boldsymbol{k}) - E^{(0)}(\boldsymbol{k} - \boldsymbol{G})\}^2 + |V_G|^2\right]^{1/2} \qquad (9.11)$$

である．$\boldsymbol{k} = \boldsymbol{G}/2 - \boldsymbol{\kappa}$ とおき，$\boldsymbol{G}$ に平行な $\boldsymbol{\kappa}$ の成分を $\kappa_{/\!/}$，垂直な成分を $\kappa_\perp$ とすると，(9.11) は

$$E_\pm(\boldsymbol{k}) = E^{(0)}\left(\frac{\boldsymbol{G}}{2}\right) + \frac{\hbar^2}{2m}({\kappa_{/\!/}}^2 + {\kappa_\perp}^2) \pm \left\{\frac{2\hbar^2 E^{(0)}(\boldsymbol{G}/2)}{m}{\kappa_{/\!/}}^2 + |V_G|^2\right\}^{1/2} \qquad (9.12)$$

となる．$\kappa_{/\!/}$ が小さいとして根号を展開して，ブリュアン域表面に垂直な方向の有効質量を求めると

$$m_{/\!/}{}^{*(\pm)} = m\left(1 \pm \frac{2E^{(0)}(\boldsymbol{G}/2)}{|V_G|}\right)^{-1} \tag{9.13}$$

となる．ここで正符号はギャップの上側のバンド，負符号はギャップの下側のバンドの有効質量を与える．

3　正孔　～電子の孔は正電荷の粒子である～

電子で完全に満ちている価電子帯から，$\boldsymbol{k}=\boldsymbol{k}_{\mathrm{e}}$ にある電子1個だけが抜けた状態を考える．このような状況は，価電子帯の電子が励起されて伝導帯の自由電子となるか，アクセプターを負にイオン化することによって生じる(13章3節)．電子が抜けた孔を一種の粒子とみて，**正孔**または**ホール**という．全系のエネルギーが最小である熱平衡では，正孔は，価電子帯のエネルギーが一番高い状態に存在する．

外場をかけたときの正孔の運動を考えてみよう．実際に存在しているのは電子であるが，価電子帯にある多数の電子の運動を考える代わりに，電子が抜けた孔1個の運動を考えるほうが容易である．

満ちたバンドの全電子の波数ベクトルの和はゼロ，

$$\sum_{i:\,\mathrm{all}} \boldsymbol{k}_i = 0$$

である．したがって $\boldsymbol{k}_{\mathrm{e}}$ の軌道から電子が抜けているとき，系の全波数は $-\boldsymbol{k}_{\mathrm{e}}$ で，これが価電子帯に1個ある**正孔の波数**ということになる．すなわち

$$\boldsymbol{k}_{\mathrm{h}} = -\boldsymbol{k}_{\mathrm{e}} \tag{9.14}$$

である．**図9•5**に示すように，抜けた電子がもっていた波数の符号を変えたものが，正孔の波数である．

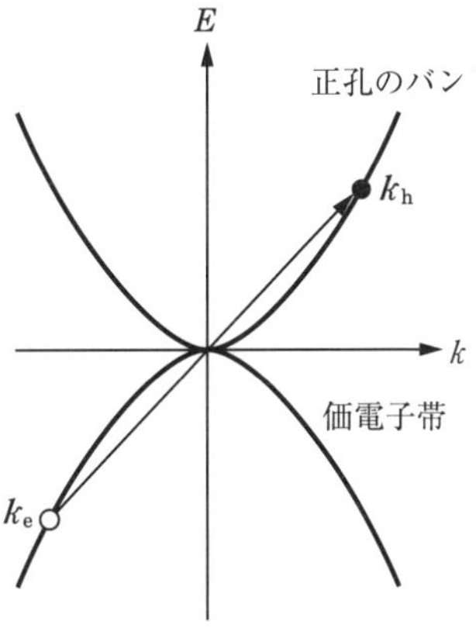

図9•5　正孔のバンド

$\boldsymbol{k}_{\mathrm{e}}$ の電子が抜けたときの系のエネルギ

ーは，バンドが完全に満ちているときに比べて $E(\boldsymbol{k}_{\mathrm{e}})$ だけ少ない．したがって**正孔のエネルギー**は，$\boldsymbol{k}_{\mathrm{e}}$ の電子のエネルギーの符号を変えた $-E(\boldsymbol{k}_{\mathrm{e}})$ である．以上のことから，正孔のエネルギーと波数の関係を，抜けた電子のエネルギーと波数の関係で表わすと，

$$E_{\mathrm{h}}(\boldsymbol{k}_{\mathrm{h}}) = -E_{\mathrm{e}}(\boldsymbol{k}_{\mathrm{e}}) \tag{9.15}$$

となる．正孔は価電子帯の頂上にあるときに，エネルギーは最低である．

(9.14) と (9.15) から決まる正孔のバンドを図9･5に示す．正孔のバンドは，電子の価電子帯を E - k 面の原点に対して反転したものである．

(9.9) で定義した有効質量 m^* は，正孔のバンドに関しては電子に関するものと逆符号である．したがって

$$m_{\mathrm{h}}^*(\boldsymbol{k}_{\mathrm{h}}) = -m_{\mathrm{e}}^*(\boldsymbol{k}_{\mathrm{e}}) \tag{9.16}$$

で正孔の質量を定義すると，これは正の値になるので考えやすい．

(9.2) に (9.14) と (9.15) を使うと

$$\boldsymbol{v}_{\mathrm{h}}(\boldsymbol{k}_{\mathrm{h}}) = \boldsymbol{v}_{\mathrm{e}}(\boldsymbol{k}_{\mathrm{e}}) \tag{9.17}$$

となる．抜けた電子に対する運動方程式

$$\hbar\frac{d\boldsymbol{k}_{\mathrm{e}}}{dt} = -e(\boldsymbol{E} + \boldsymbol{v}_{\mathrm{e}} \times \boldsymbol{B}) \tag{9.18}$$

で，$\boldsymbol{k}_{\mathrm{e}} \to -\boldsymbol{k}_{\mathrm{h}}$，$\boldsymbol{v}_{\mathrm{e}} \to \boldsymbol{v}_{\mathrm{h}}$ とすると，正孔の運動方程式として

$$\hbar\frac{d\boldsymbol{k}_{\mathrm{h}}}{dt} = e(\boldsymbol{E} + \boldsymbol{v}_{\mathrm{h}} \times \boldsymbol{B}) \tag{9.19}$$

を得る．これは正電荷をもつ粒子の式と同じである．

$\boldsymbol{k}_{\mathrm{h}} = -\boldsymbol{k}_1$ の正孔があるとき，バンド n の全電子による電流密度は

$$\boldsymbol{j}_{\mathrm{e}} = -e\sum_{\boldsymbol{k}_{\mathrm{e}}(\neq \boldsymbol{k}_1)}{}' \boldsymbol{v}_{\mathrm{e}}(\boldsymbol{k}_{\mathrm{e}}) \tag{9.20}$$

で与えられる．ここで和は $\boldsymbol{k}_1$ を除いて行う．速度の充満帯での和はゼロだから

$$\boldsymbol{j}_{\mathrm{e}} = -e\{\sum_{\boldsymbol{k}_{\mathrm{e}}:\mathrm{all}} \boldsymbol{v}_{\mathrm{e}}(\boldsymbol{k}_{\mathrm{e}}) - \boldsymbol{v}_{\mathrm{e}}(\boldsymbol{k}_1)\} = e\,\boldsymbol{v}_{\mathrm{e}}(\boldsymbol{k}_1) = e\,\boldsymbol{v}_{\mathrm{h}}(-\boldsymbol{k}_1) \tag{9.21}$$

と変形される．つまり $\boldsymbol{k}_{\mathrm{h}} = -\boldsymbol{k}_1$ の正孔があるときの電流は，1個の $(+e)$

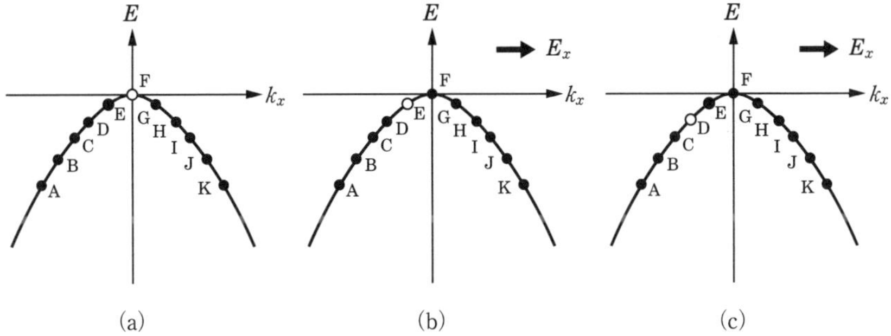

図 9・6　電場下での正孔の運動

の電荷が $\boldsymbol{k}_1$ の波数をもつときと同じである．電場が x 方向に加わると，電子は $\boldsymbol{k}$ 空間で同じ速度で一様に $-k_x$ の方向に動く（**図 9・6**）．それにつれて，空いた席は F → E → D と動く．δt の時間での正孔による電流の変化は，(9.2)，(9.5)，(9.9) を用いて

$$\delta \boldsymbol{j}_{\mathrm{h}} = e\frac{d\boldsymbol{v}_{\mathrm{e}}(\boldsymbol{k}_1)}{dk}\frac{dk}{dt}\delta t = -\frac{e^2}{m_{\mathrm{e}}^*(\boldsymbol{k}_1)}E\,\delta t = \frac{e^2}{m_{\mathrm{h}}^*(\boldsymbol{k}_1)}E\,\delta t \tag{9.22}$$

となる．結局

$$j_{\mathrm{h}} = \frac{ne^2\tau}{m_{\mathrm{h}}^*}E \tag{9.23}$$

となり，(10.30) に対応する式が得られる．正孔の電流も電子のそれと同じ方向に流れる．つまり正孔の運動は，正の電荷 e，正の質量 m_{h}^* をもつ粒子の運動と同じである（**図 9・7**）

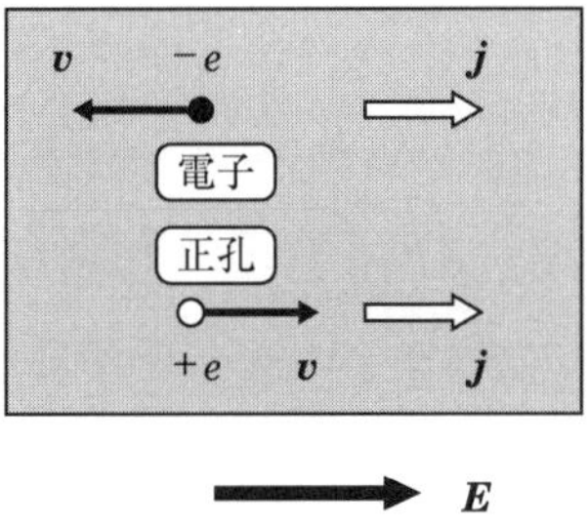

図 9・7　電子と正孔の運動

正孔の概念は，p-n 接合やトランジスターなど，デバイスの動作を理解するときに必要である（13 章 5 節）．

4　結晶運動量　～運動量のようではあるが～

真空中では，電子のポテンシャルは場所によらずゼロであるから，任意の変位に対する対称性がある．そのため，運動量 $\boldsymbol{p}$ には保存則が成り立つ．また真空中の運動量 $\boldsymbol{p}$ は $\boldsymbol{k}$ と，$\boldsymbol{p} = \hbar \boldsymbol{k}$ の関係がある．

結晶中では系の任意の並進に対する不変性がないため，運動量は保存されない．しかし格子の並進対称性があり，その系を特徴づける量子数 $\boldsymbol{k}$ が，自由電子の $\boldsymbol{k}$ と同様の働きをする．すなわち，外力 $\boldsymbol{F}$ があるときに，$\hbar \boldsymbol{k}$ が運動方程式 (9.5) を満たす上に，衝突過程において $\hbar \boldsymbol{k}$ に関する保存則が成り立つのである．結晶中では $\hbar \boldsymbol{k}$ は運動量ではないが，結晶の周期性に対して保存量となる

$$\boldsymbol{p}_{\mathrm{c}} = \hbar \boldsymbol{k} \tag{9.24}$$

を，広い意味の運動量と考えて**結晶運動量**という．これはフォノンの場合（6章2・4節）と同じである．結晶で用いるのは，この結晶運動量である．

結晶運動量は，自由電子の運動量を周期ポテンシャルがある場合に一般化したものである．このとき $\boldsymbol{k}$ は第1ブリュアン域に限ることができる．その理由は，第1ゾーンの外にある $\boldsymbol{k}'$ を逆格子ベクトル $\boldsymbol{G}$ を用いて

$$\boldsymbol{k}' = \boldsymbol{k} + \boldsymbol{G} \tag{9.25}$$

とおけば，$\boldsymbol{k}$ は第1ゾーン内だけで考えられるからである．

電子には周期ポテンシャルによる力と外場による力が働いているが，結晶運動量の時間変化は外場による力だけで決まる．その式は (9.5) で電場と磁場があるとした

$$\hbar \frac{d\boldsymbol{k}}{dt} = -e\{\boldsymbol{E}(\boldsymbol{r}, t) + \boldsymbol{v}_n(\boldsymbol{k}) \times \boldsymbol{B}(\boldsymbol{r}, t)\} \tag{9.26}$$

である．このとき，周期ポテンシャルの効果は，すでにバンド構造 $E_n(\boldsymbol{k})$ を通じて $\boldsymbol{v}_n(\boldsymbol{k})$ にとり入れられている．

ブロッホ状態では，$\hbar \boldsymbol{k}$ が電子の運動量を与えない．$\hbar \boldsymbol{k}$ が運動量でないの

は，ψ_k が純粋な平面波ではないからである．ブロッホ状態での運動量の期待値は

$$\boldsymbol{p} = \langle \psi_k | -i\hbar\nabla | \psi_k \rangle = m\boldsymbol{v} \tag{9.27}$$

となることがわかる．つまり，ブロッホ電子の速度は，バンドを反映して

$$\boldsymbol{v} = \frac{1}{\hbar}\nabla_k E(\boldsymbol{k})$$

となるが，質量は自由電子の m が使われる．$\boldsymbol{p}$ の時間変化は

$$\frac{d\boldsymbol{p}}{dt} = \boldsymbol{F}_{\text{tot}} \tag{9.28}$$

で記述される．ここで $\boldsymbol{F}_{\text{tot}}$ は，外力と結晶ポテンシャルによる力の和である．

$$\boldsymbol{F}_{\text{tot}} = \boldsymbol{F}_{\text{ext}} + \boldsymbol{F}_{\text{cryst}} \tag{9.29}$$

一方，$\boldsymbol{p}_{\text{c}}$ については，結晶ポテンシャルによる力は影響を与えず

$$\frac{d\boldsymbol{p}_{\text{c}}}{dt} = \boldsymbol{F}_{\text{ext}} \tag{9.30}$$

が成り立つ．つまり結晶運動量 $\boldsymbol{p}_{\text{c}} = \hbar\boldsymbol{k}$ の考えを使うことの便利な点は，運動を論じるとき m^* と $\hbar\boldsymbol{k}$ を用い，結晶ポテンシャルによる力を無視して，外力のみを考えればよいことである．このように外場下での電子の運動は，$\boldsymbol{r}$ 空間よりも $\boldsymbol{k}$ 空間で追うほうが容易になる．

5 フェルミ面 ～金属の顔つき～

電子は，$\boldsymbol{k}$ 空間の各点をエネルギーの低い方からパウリの排他律にしたがって占めている．ある結晶を考えると，結晶構造と構成原子から単位胞内の価電子の数が決まり，電子はその数だけフェルミエネルギー以下の状態に対応する $\boldsymbol{k}$ 点を占める．**フェルミ面**とは，$\boldsymbol{k}$ 空間で，その内部のすべての状態を電子が占有している領域の表面である．フェルミ面近くを占有している電子だけが電気伝導や電子比熱などの物性に寄与するので，フェルミ面の形はいろいろな物性に直接影響する．なお，自由電子のフェルミ面は球面であ

った（7章4節）.

ここでは結晶ポテンシャルがあるときのフェルミ面を考える．エネルギーはベクトル $\boldsymbol{k}$ の関数だから，バンドエネルギー $E(\boldsymbol{k}) = E_F$ を満たすような $\boldsymbol{k}$ 空間での等エネルギー面がフェルミ面である．価電子の密度 n が小さいと，ブリュアン域の中心にあるバンドの底近くの状態にだけ電子が占有している．このときフェルミ面は球面である．n が大きくなり，より高いエネルギーの状態を占有するようになると，フェルミ面は大きくなり，ブリュアン域の境界に近くなる．それにつれて E - $\boldsymbol{k}$ 関係が $E(\boldsymbol{k}) = \hbar^2\boldsymbol{k}^2/2m$ からずれ，フェルミ面も球から歪む.

アルカリ金属 のリチウムなどの格子は体心立方格子であり，ブリュアン域は図2·3の形である．価電子は1個だから，伝導帯は半分までつまっている．フェルミ面はブリュアン域境界に届いてなくて，球面である．貴金属である銅の格子は面心立方格子で，ブリュアン域の形は，正八面体の座標軸方向を切り落とした十四面体である（図2·3）．このときも伝導帯は半分満ちていて，フェルミ面はゾーン境界から遠いので，球状のはずである．およその形はそうであるが，[1,1,1] 方向ではフェルミ面が境界に近いために歪んでいる．すなわち，フェルミ面は [1,1,1] 方向に突き出てブリュアン域境界面に接触し，**図9·8** に示すような8つのネックができる.

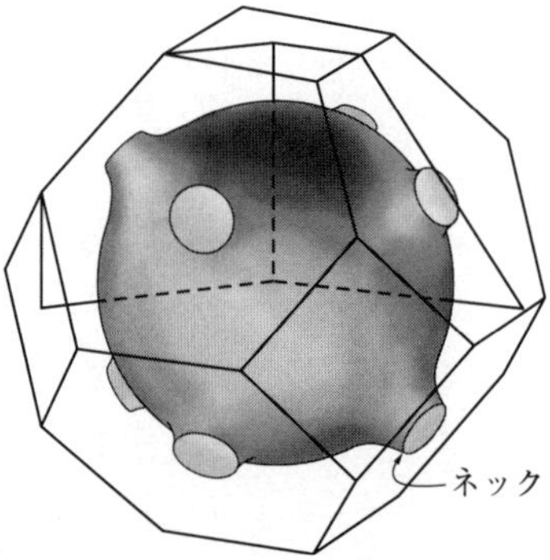

図9·8 銅のフェルミ面

ほとんど自由な電子の近似でフェルミ面を作図してみよう．それには空格子モデルと，$E(\boldsymbol{k})$ に $\boldsymbol{G}$ の周期性があることを用いる.

2次元正方格子を例にして，価電子数を増やしていったときにフェルミ面がどうなるかを調べる．電子数が2の場合は，ブリュアン域と同面積の円を描くと，[1,0] および [0,1] 方向では第2ゾーンにはみ出し，その内部に電子がある．[1, 1] 方向ではゾーンの端に届かないので，第1ゾーンコーナーに正孔がある．**図9・9**aに対応する $E(\boldsymbol{k})$ 関係を [1, 0], [1, 1] 方向で示すと図9・9bのようになる．[1, 1] 方向の第1バンドの最大エネルギー状態は [1, 0] 方向の第2バンドの底よりエネルギーが高いので，フェルミエネルギーが両方のバンドと交差し，フェルミ面が2つできる．図9・9bとの対応から，第1ゾーンの隅にあるフェルミ面は正孔のものである．同様に，第2ゾーンのフェルミ面は電子のものであるとわかる．第1ゾーン内のフェルミ面を図9・9cに示す．第2ゾーンのフェルミ面を還元ゾーン形式で第1ゾーン内にシフトさせて，図9・9dに示す．

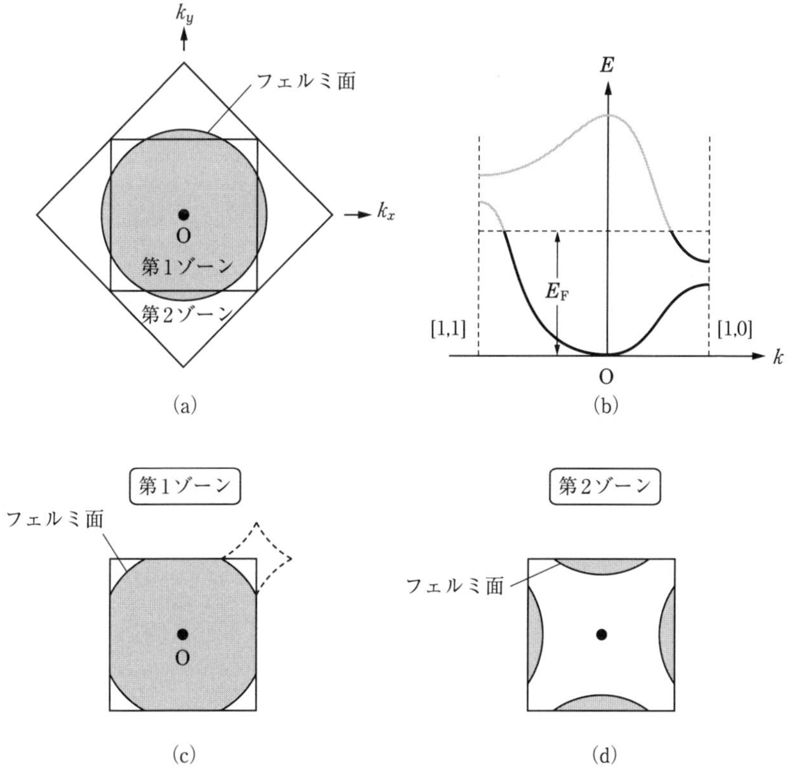

図9・9　正方格子のフェルミ面

弱い結晶ポテンシャルの効果をとり入れたとき，フェルミ面の形はほとんど変わらない．ポテンシャルの効果は，ゾーン境界との交点で，フェルミ面が境界に垂直に交わることである．その原因は $E(\boldsymbol{k})$ が (9.12) の形から，ブリュアン域境界面との傾きがゼロとなるからである．多価金属ではフェルミ面が非常に複雑な形になる．その理由は，結晶ポテンシャルのせいではなくて，フェルミ球が大きくなってたくさんのブリュアン域境界と交差するからである．

フェルミ面の形を理論的に決定するには，$\boldsymbol{k}$ 空間のある方向でバンド計算を行い，$E(\boldsymbol{k}) = E_{\mathrm{F}}$ を満たす $\boldsymbol{k}_{\mathrm{F}}$ から，その方向のフェルミ波数 k_{F} を決める．これをいろいろな方向で行えば，フェルミ面の形状を知ることができる．実際には，理論計算だけで複雑なフェルミ面を決めるのは困難で，ドハース・ファン・アルフェン効果の測定と合わせて，決定することになる．

演習問題

1. ギャップの大きさがバンド幅に比べて十分小さいとき，ギャップをはさむ2つのバンドの有効質量は符号が逆であること，その値は自由電子の値より小さいことを示せ．

2. 1次元の場合に，図のエネルギーバンドに対して，速度を k の関数として図示せよ．

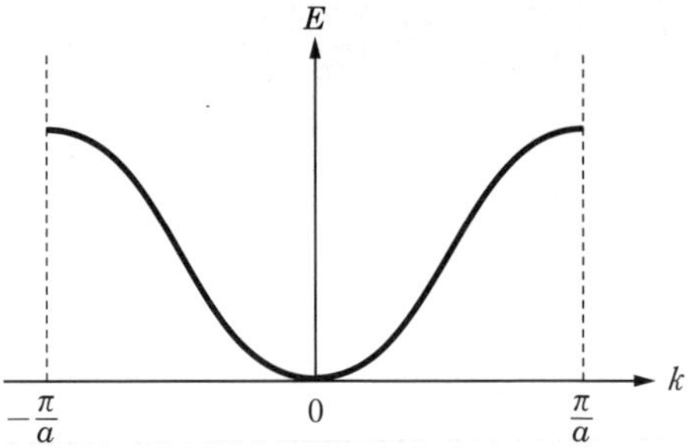

3. ブロッホ状態で，電子の $\hbar\boldsymbol{k}$ が運動量ではないことを示せ．

4．ブリュアン域の中心近くで波動関数は１つの平面波で $\psi_k \approx e^{ikx}$ と書けるが，中心を離れると，$k' = k - 2\pi/a$ をもつ左に進む波が加わり，速度が減少することを説明せよ．

5．２次元正方格子に４電子の場合のフェルミ面を決めよ．

電子－格子相互作用

周期的に原子が並んでいるときの電子状態は，$\boldsymbol{k}$ を量子数とするブロッホ関数で記述される．ポテンシャルが完全に周期的であれば，電子の運動を乱すことはない(10章1·3節)．ところが原子の位置が時々刻々に変化する格子振動は原子の配列を乱しているから，異なる $\boldsymbol{k}$ をもつ電子状態間の混じりを生じる．これが電子－格子相互作用である．電子－格子相互作用から次のような効果が生じる．

① 電子が散乱される．これは電気抵抗の原因となる．

② 電子がフォノンを吐き出し，そのフォノンを別の電子が吸収することにより電子間に相互作用が働く．これが引力となるときに，超伝導の原因となる．

そのほか，本書では触れなかったが

③ ブロッホ電子のエネルギーや有効質量が変化する．これは相互作用の２次の効果として起こる．

などの効果が生じる．

10

電気伝導

電気伝導，ホール効果を，まず電子の運動を古典的に扱って調べる．電気伝導率は，電子が不純物や格子振動で散乱を受けることによって決まる．これらのメカニズムによる抵抗率の温度依存性を調べる．伝導を量子力学的に調べるには，バンドにある電子の運動を $\boldsymbol{k}$ 空間で考える．このとき伝導は，フェルミ球全体が電場と逆方向に平行移動することによって起こる．熱流の場合も含めて，一般的な輸送現象の基礎方程式であるボルツマン方程式を導入し，簡単な例についてその解を求める．

1　固体の電気伝導　～古典的な電気伝導の考え～

1・1　オームの法則

電気伝導とは，電場の下で物質中の電子やイオンなどの荷電粒子が，電流を運ぶ現象である．物質を電気伝導率の大きいほうから，金属，半導体，絶縁体と分類するように，電気伝導は，固体物性の中の身近で代表的なものである．また 14 章でのべる伝導率が無限大の超伝導は，物理的に魅力的なだけでなく，応用上も重要な現象である．

固体内の電気伝導は，**オームの法則**で表わされる．電場を $\boldsymbol{E}$，単位面積を流れる電流（電流密度）を $\boldsymbol{j}$ とすると，電場が非常に強くないときは，比例関係

$$\boldsymbol{j} = \sigma \boldsymbol{E} \tag{10.1}$$

が成り立つ．σ を**電気伝導率**という．あるいは，逆数の**電気抵抗率** ρ

$$\rho = \frac{1}{\sigma} \tag{10.2}$$

を使うことも多い．このとき（10.1）は

$$\boldsymbol{E} = \rho \boldsymbol{j} \tag{10.3}$$

となる．実際に電気抵抗率を測定するには，長さが l，断面積が S の物体の両端に電圧 V をかけたときの電流 I から，抵抗 $R = V/I$ を求め

$$\rho = R\frac{S}{l} \tag{10.4}$$

から電気抵抗率を知る．抵抗率は R と違い，結晶の大きさや形に依存しない物質固有の値となるので，物質の違いを比較するのに便利な量である．

電気伝導率は，電流と電場を関係づけるマクロな量である．そのミクロなメカニズムによる解釈を，この章でのべる．

1・2 電気伝導率の表式

まず，電子を古典的な粒子として扱って電気伝導率の表式を導く．電流は伝導電子が電場から力を受けて，移動することによって生じる．有効質量 m^*，電荷 $-e$ をもつ1つの電子は，電場から $-e\boldsymbol{E}$ の力を受けて加速される．電子は結晶内で，不純物や格子振動に衝突することによって，抵抗を受ける．電子は衝突と衝突の間で，イオンやほかの電子との相互作用を無視できるとする．いいかえると，電子は自由でかつ独立であると近似する．衝突による効果を，$-m^*\boldsymbol{v}/\tau$ の形の摩擦力で表わす．$\boldsymbol{v}$ は電子の速度，τ は6章2・2節の熱伝導で導入した**衝突の緩和時間**である．このとき古典力学の運動方程式は

$$m^*\frac{d\boldsymbol{v}}{dt} = -e\boldsymbol{E} - m^*\frac{\boldsymbol{v}}{\tau} \tag{10.5}$$

となる．もし摩擦力がないと，電子は電場によっていくらでも加速される．

しかし速度に比例する摩擦力があると，その大きさが電場による加速とともに増加するので，十分長い時間が経つと，加速と衝突による減速とがバランスして，電子は一定速度で運動するようになる．このような時間的に変化しない状態を，**定常状態**という．定常状態では $d\boldsymbol{v}/dt = 0$ であるから，そのときの速度を $\boldsymbol{v}_\mathrm{d}$ とすると，(10.5) から

$$\boldsymbol{v}_\mathrm{d} = -\frac{e\tau}{m^*}\boldsymbol{E} \equiv -\mu\boldsymbol{E} \tag{10.6}$$

と決まる．

$$\mu = \frac{e\tau}{m^*} \tag{10.7}$$

で電子の**移動度**を定義した．移動度は，定常状態での電子の動きやすさを与える量である．

ここで，電子の2種類の速度を区別しておかなければならない．(10.6)で導入した定常的な流れを表わす速度 $\boldsymbol{v}_\mathrm{d}$ は，**ドリフト速度**と呼ばれる．もう1つは，大きさが熱による運動エネルギーで決まり，ランダムな向きをもった速度で，**ランダム速度**という（これを $\boldsymbol{v}_\mathrm{r}$ と書くことがある）．電場がゼロのときは，ランダム速度は互いに逆向きの寄与が打ち消し合うため，平均値がゼロとなり伝導が起らない．

電流はドリフト速度で決まることを (10.6) は表わしている．この速度は電場と摩擦がつり合う速度だから，電場に比例する．ドリフト速度は電子系の重心の速度という意味があるから，全電流に比例する．通常，電気伝導に現われるのはドリフト速度なので，$\boldsymbol{v}_\mathrm{d}$ を単に $\boldsymbol{v}$ と書くことが多いので注意して欲しい．

単位体積当たりの電子数を n とすると，電流密度は

$$\boldsymbol{j} = -ne\boldsymbol{v}_\mathrm{d} = \frac{ne^2\tau}{m^*}\boldsymbol{E} \tag{10.8}$$

となる．電気伝導率は，(10.1) から

$$\sigma = \frac{ne^2\tau}{m^*} \tag{10.9}$$

となって，電子密度と衝突の緩和時間に比例し，質量に逆比例している．衝突までの時間が長ければ伝導しやすいし，質量が大きいと動きにくいから，この結果はもっともである．以上が，電気伝導のドルーデ理論である．

金属の銅の伝導率の測定値は $5.88 \times 10^7\,\Omega^{-1}\cdot\mathrm{m}^{-1}$ である．$n = 8.45 \times 10^{28}\,\mathrm{m}^{-3}$，$m^* = m = 9.1 \times 10^{-31}\,\mathrm{kg}$ を使うと，緩和時間は (10.9) から $\tau = 2.7 \times 10^{-14}\,\mathrm{s}$ と非常に小さい値となる．

金属でのランダム速度はフェルミ速度程度であるから，$v_\mathrm{r} \approx 10^6\,\mathrm{m}\cdot\mathrm{s}^{-1}$ となる（7 章の演習問題 1）．ドリフト速度の大きさは，例えば（10.6）で $e = 10^{-19}\,\mathrm{C}$，$\tau = 10^{-14}\,\mathrm{s}$，$m^* = 10^{-30}\,\mathrm{kg}$，$E = 10\,\mathrm{V}\cdot\mathrm{m}^{-1}$ を代入すると，$v_\mathrm{d} \approx 10^{-2}\,\mathrm{m}\cdot\mathrm{s}^{-1}$ となるので，$v_\mathrm{d}/v_\mathrm{r} \approx 10^{-8}$ でランダム速度よりずっと小さい．

1・3　ドルーデ理論の難点

まず，伝導率の式に現われる緩和時間を決めている原因は，結晶を構成しているイオンとの衝突だと考えてみる．衝突の間に進む平均の距離を**平均自由行路** l で表わし，次式で定義する．

$$l = \tau v_\mathrm{r} \tag{10.10}$$

前節で見積もった τ と v_r の値を使うと，$l \approx 100\,\mathrm{\mathring{A}}$ で，原子間距離の約 50 倍となる．つまり，結晶を形づくっている原子やイオンに衝突すると考えて格子定数を用いたときの l よりは，2 桁大きい．したがって，電気伝導率を決めている散乱が結晶を構成しているイオンによると考えたのでは説明できない．実際に規則格子は，ブラッグ条件を満たす散乱以外は電子を散乱しないし，ブラッグ散乱で結晶運動量は不変である．

完全に周期的な結晶では，電子は固有状態にあり，$\boldsymbol{k}$ は変化しない．$\boldsymbol{k}$ を変化させ抵抗を生じるのは，結晶の周期性からの乱れである．これは熱伝導における非調和効果と類似の現象である．格子振動を瞬間瞬間にみると，イオンが周期的な平衡位置からずれている一種の乱れである．同様に，不純物原子が結晶に存在するのも乱れである．これらによる電気抵抗の表式は，3節で与える．

電気抵抗率の大きさで物質を分類すると，金属では $10^{-8} \sim 10^{-9}$（単位は Ω·cm），半導体は $10^{-4} \sim 10^{5}$，絶縁体では $10^{8} \sim 10^{16}$ となる．この大きさの違いは，バンド理論で説明される．すなわち金属では，動ける伝導電子が伝導帯に多数あるのに対して，絶縁体では電子で満ちた価電子帯と空の伝導帯の間に大きなエネルギーギャップがあって，伝導帯に電子が励起されない．ギャップはあるが，その大きさが小さいという意味で中間的な半導体では，室温で熱エネルギーによって電子が価電子帯から伝導帯に励起されるので，伝導が起こる．そのとき同時に価電子帯に正孔ができて，これも伝導に寄与する．

金属と半導体の伝導機構の違いは，電気伝導率の温度依存性に違いを生じる．金属では，温度が上ると格子振動による散乱の緩和時間 が減少するために伝導率が減るが（3節），半導体では電子密度 n が温度とともに急激に増えるために伝導率が増加する（13章1・3節）．

2　ホール効果　～キャリヤー数を知る方法～

金属中に電流密度 $\boldsymbol{j}$ の定常電流が x 方向に流れている状況で，磁束密度 $\boldsymbol{B}$ を z 方向に加えると，電荷 q をもつキャリヤー（電子，正孔など電荷をもつ粒子をまとめてこう呼ぶ）にローレンツ力，

$$\boldsymbol{F} = q\boldsymbol{v} \times \boldsymbol{B}$$

が働く．その結果，y 方向に

$$\boldsymbol{E}_{\mathrm{H}} = R\boldsymbol{B} \times \boldsymbol{j} \tag{10.11}$$

の電場が生じる（**図10·1**）．この現象が**ホール効果**である．$\boldsymbol{E}_{\mathrm{H}}$ を**ホール電場**，

R を**ホール係数**という．ホール係数の表式を導くには，(10.5)にローレンツ力を加えた

$$m^*\left(\frac{d\boldsymbol{v}}{dt}+\frac{\boldsymbol{v}}{\tau}\right)=q\left(\boldsymbol{E}+\boldsymbol{v}\times\boldsymbol{B}\right) \tag{10.12}$$

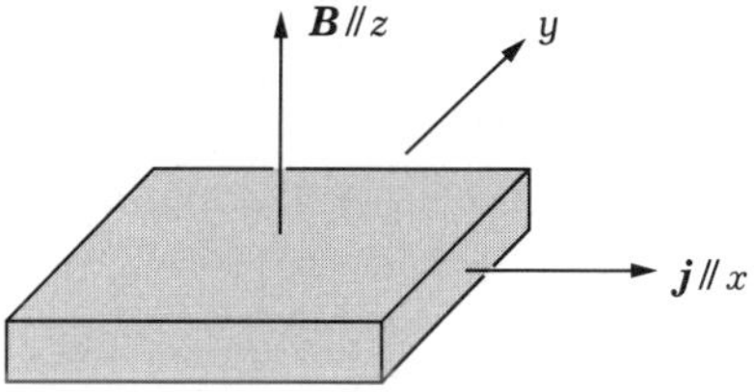

図 10・1　ホール効果

を使う．図 10・1 の配置に対して定常状態を考えると，(10.12)の x, y 成分は

$$v_x=\frac{q\tau}{m^*}E_x+\frac{qB}{m^*}\tau v_y \tag{10.13 a}$$

$$v_y=\frac{q\tau}{m^*}E_y-\frac{qB}{m^*}\tau v_x \tag{10.13 b}$$

となる．(10.13 a)，(10.13 b) から v_x, v_y を求め，電子 ($q=-e$) の場合に電流密度の x, y 成分を求めると，$\omega_c=eB/m^*$ として

$$j_x=-nev_x=\frac{\sigma_0}{1+(\omega_c\tau)^2}\{E_x-(\omega_c\tau)E_y\} \tag{10.14 a}$$

$$j_y=-nev_y=\frac{\sigma_0}{1+(\omega_c\tau)^2}\{(\omega_c\tau)E_x+E_y\} \tag{10.14 b}$$

となる．ここで σ_0 は磁場がないときの伝導率 (10.9) である．ホール効果の実験では，図 10・1 で試料の x 側と $-x$ 側の両端だけで電気的な接触があるから，電流は x 方向だけに流れる．その状況では，(10.14 b) で $j_y=0$ だから，ホール電場が

$$E_y=-\frac{eB\tau}{m^*}E_x \tag{10.15}$$

と決まる．これを (10.14 a) に代入すると，x 方向の関係

$$j_x=\sigma_0E_x \tag{10.16}$$

を得る．(10.11) に (10.15)，(10.16) を使うと，ホール係数は

$$R=\frac{E_y}{Bj_x}=-\frac{1}{ne} \tag{10.17}$$

となる．ホール係数は，キャリヤーの電荷の正負で符号が違う．したがって

ホール係数の測定は，半導体中のキャリヤーが電子か正孔か（その半導体がn型かp型か）を見分けるのに使われる．また，ホール係数の値からキャリヤー濃度を決めることができる．

3 電気抵抗の温度変化 ～不純物と格子振動による散乱～

電気抵抗の温度依存性は，抵抗のミクロなメカニズムを知る重要な情報である．代表的な金属であるナトリウムの実験結果を，**図10•2**に示す．0K近くでは抵抗は小さく一定の値，それより高温ではTに比例して増加する．電子の散乱機構に，格子振動（フォノン）によるもの（緩和時間をτ_{ph}とする）と，不純物によるもの（τ_{i}）があるとし，全体の散乱頻度（単位時間当たりに散乱が起こる回数）はそれぞれの散乱頻度の和に等しいと仮定すると

$$\frac{1}{\tau}=\frac{1}{\tau_{\mathrm{ph}}}+\frac{1}{\tau_{\mathrm{i}}} \tag{10.18}$$

となる．この仮定は，各メカニズムによる散乱が弱くて，互いに干渉しないときに成り立つ．このとき抵抗率は

$$\rho=\frac{m^*}{ne^2}\frac{1}{\tau} \tag{10.19}$$

で与えられる．低温では格子振動が非常に小さいので$\tau_{\mathrm{ph}}\to\infty$と考えてよく，抵抗は**不純物散乱**によって決まる．このときの抵抗を**残留抵抗**という．逆に，高温ではフォノンによる散乱が主となる．

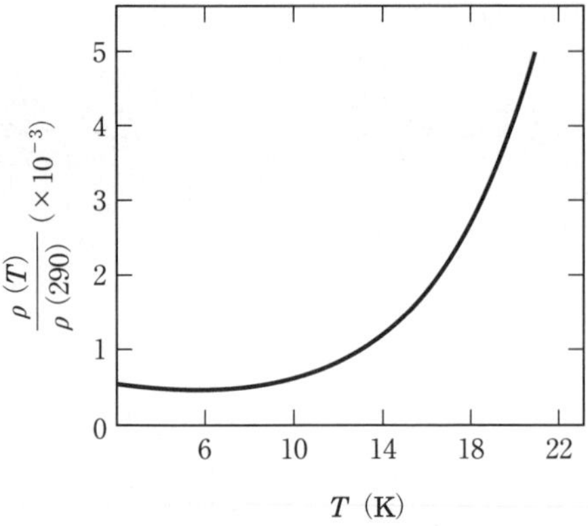

図10•2 ナトリウムの電気抵抗の温度変化

次に，それぞれの散乱による抵抗率の表式を求める．まず不

純物散乱を考える．入射電子からみた不純物原子の面積を σ_{i} として，これを不純物による**散乱断面積**とする．σ_{i} は原子の大きさだから 1 Å^2 程度と考えてよい．不純物散乱の平均自由行路を l_{i}，単位体積当たりの不純物の数を N_{i} とすると，気体分子運動論から

$$l_{\mathrm{i}}\sigma_{\mathrm{i}}N_{\mathrm{i}} = 1 \tag{10.20}$$

がいえる．不純物散乱による抵抗率 ρ_{i} は，(10.19)，(10.20) と $l = \tau v$ から

$$\rho_{\mathrm{i}} = \frac{m^*}{ne^2}v_{\mathrm{r}}\sigma_{\mathrm{i}}N_{\mathrm{i}} \tag{10.21}$$

となる．

次に，**格子振動による散乱**を考える．この散乱機構による平均自由行路も，(10.20) と同様に

$$l_{\mathrm{ph}} = \frac{1}{\sigma_{\mathrm{ion}}N_{\mathrm{ion}}} \tag{10.22}$$

で与えられる．N_{ion} は格子を構成するイオンの濃度，σ_{ion} は格子振動している 1 個のイオンの入射電子に対する散乱断面積である．不純物散乱の場合には，不純物があること自体が散乱を起こすので，σ_{i} は不純物原子の大きさであったが，格子振動の場合の σ_{ion} は熱振動が起こっている範囲である．これは，平衡位置からの変位の 2 乗平均 $\langle x^2\rangle$ を用いて

$$\sigma_{\mathrm{ion}} \simeq \pi\langle x^2\rangle \tag{10.23}$$

で見積もれる．

格子振動に対して，単一の振動数 $\omega_{\mathrm{E}} = k_{\mathrm{B}}\theta_{\mathrm{E}}/\hbar$ で振動するアインシュタインモデルを使う．θ_{E} はアインシュタイン温度である．イオンの振動は調和振動だから，高温で $(1/2)K\langle x^2\rangle$ はポテンシャルエネルギーの平均値であり，$(1/2)k_{\mathrm{B}}T$ に等しい．$K/M = \omega_{\mathrm{E}}{}^2$ を使うと（M はイオンの質量）

$$\langle x^2\rangle = \frac{\hbar^2 T}{Mk_{\mathrm{B}}\theta_{\mathrm{E}}{}^2} \tag{10.24}$$

となり，高温での電気抵抗率は

$$\rho_{\mathrm{ph}}(T) = \frac{\pi m^*}{ne^2} v_{\mathrm{r}} N_{\mathrm{ion}} \frac{\hbar^2 T}{M k_{\mathrm{B}} {\theta_{\mathrm{E}}}^2} \tag{10.25}$$

である．低温では

$$\frac{1}{2} K \langle x^2 \rangle = \frac{\hbar\omega}{\exp\left(\dfrac{\hbar\omega}{k_{\mathrm{B}} T}\right) - 1} \tag{10.26}$$

の関係を使って $\langle x^2 \rangle$ を見積もることができて

$$\rho_{\mathrm{ph}}(T) = \frac{\pi m^*}{ne^2} v_{\mathrm{r}} N_{\mathrm{ion}} \frac{2\hbar^2}{M k_{\mathrm{B}} \theta_{\mathrm{E}}} \frac{1}{\exp\left(\dfrac{\theta_{\mathrm{E}}}{T}\right) - 1} \tag{10.27}$$

を得る．これから低温での抵抗の温度依存性は $\exp(-\theta_{\mathrm{E}}/T)$ となるが，実験結果は T^5 の依存性を示す．不一致の理由は，フォノンにアインシュタインモデルを使ったからで，デバイモデルを使えば正しく説明できる．

不純物とフォノンの両方の散乱機構があるときの電気抵抗率は

$$\rho = \rho_{\mathrm{i}} + \rho_{\mathrm{ph}} \tag{10.28}$$

となる．このように，複数の散乱機構があるときの電気抵抗が個々の散乱機構による抵抗の和になることを，**マティーセンの規則**という．実際には異なる散乱の間に干渉効果が存在したり，緩和時間のエネルギー依存性が違うために，マティーセンの規則からずれることが多い．

4 $\boldsymbol{k}$ 空間での電気伝導 ～伝導のバンド理論とは～

前節までは電子を古典的に扱ってきた．以下では，電子が量子力学的なフェルミ統計にしたがってバンドを占めているとして伝導率を考える．

バンド n において，波数 $\boldsymbol{k}$ の状態にある電子が運ぶ電流は $-e\boldsymbol{v}_n(\boldsymbol{k})$ だから，すべての電子による電流は

$$\boldsymbol{J}_{\mathrm{e}} = -e \sum_{\boldsymbol{k},\mathrm{occ}} \boldsymbol{v}_n(\boldsymbol{k}) \tag{10.29}$$

で与えられる．和は電子が占有している状態についてとる．

初めに，電子が完全に満ちているバンド（絶縁体）を考える．電場がないときは，フェルミ球の中心は $\boldsymbol{k}$ 空間の原点にある．$\boldsymbol{k}$ と $-\boldsymbol{k}$ の状態が対称的に占有されていて，かつ群速度 $\boldsymbol{v}_n(\boldsymbol{k})$ が奇関数であるので，$\boldsymbol{J}_\mathrm{e}=0$ となる．つまり個々の電子は非常に速い速度で動いているが，$\boldsymbol{v}$ の電子に対して，必ず $-\boldsymbol{v}$ の電子があって電流への寄与を打ち消すので，全体としては $\boldsymbol{J}_\mathrm{e}=0$ となる．

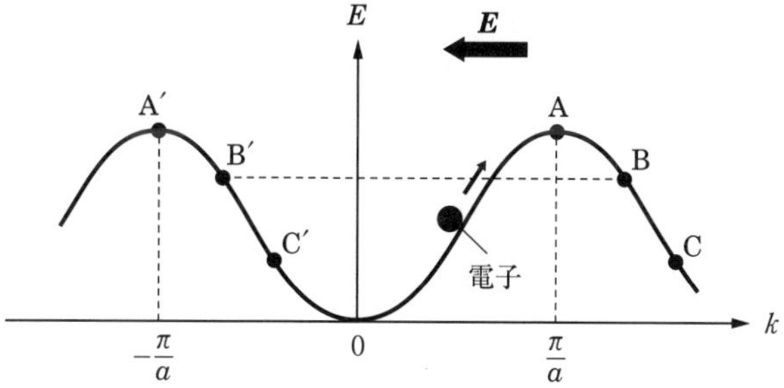

図 10·3　満ちたバンドでの伝導

電場がかかって，各電子の $\boldsymbol{k}$ が (9.5) にしたがって変化しても，すべての電子の和は変化しないので，やはり $\boldsymbol{J}_\mathrm{e}=0$ である．こうして，電子が完全につまっているバンドでは電流がゼロとなる．その事情を，1 次元の例でみることにする（**図 10·3**）．電子の $\boldsymbol{k}$ 空間での運動を，まず周期ゾーン形式で考える．周期ゾーン形式では，$\boldsymbol{k}=0$ からスタートした電子は電場と逆向きに A, B, C と進み，さらに運動を続け，$\boldsymbol{k}$ 空間で電子は止まらない．同じことを還元ゾーン形式でみると，ゾーン境界 A まできたとき，それ以上右にゾーンがないので，瞬間的に A と同等な点 A′ に移り，B′, C′ と動く．2 つの見方は同等で，どちらの見方をしてもよく，場合によって便利なほうを使えばよい．

次に，バンドが部分的に満ちている金属の場合を考える．この場合も，電場がないときは，バンドが満ちている場合と同じく対称性から $\boldsymbol{J}_\mathrm{e}=0$ である．電場がかかると，δt の間にすべての電子が一様に $(-e/\hbar)\boldsymbol{E}\,\delta t$ の波数変化を生じ，フェルミ球は電場と逆の方向に平行移動し，電子分布が $\boldsymbol{k}$ につ

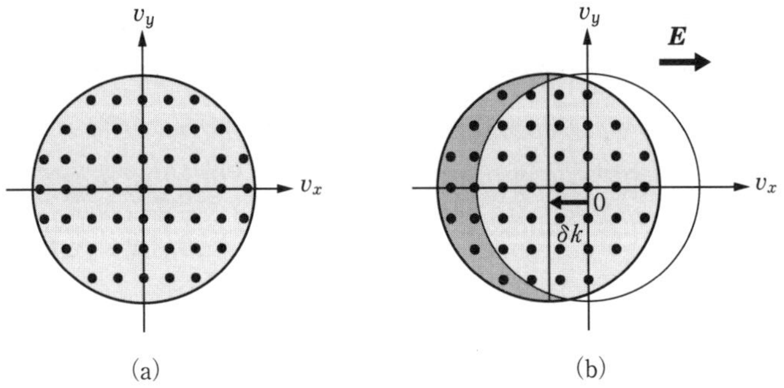

図 10・4 フェルミ球の移動による伝導

いて非対称となる．例えば電場を x 方向にかけると，波数の x 成分は

$$k_x \to k_x - \frac{e}{\hbar} E\,\delta t$$

と変わる．電子の分布は，原点を中心とする球状だったのが $-v_x$ 方向に δk だけ平行にずれる．このときも大部分の電子の速度は打ち消し合うが，$-x$ 方向の運動量の電子数が，x 方向のものより**図 10・4** b の影をつけた三日月部分だけ多くなって，電流に寄与する．したがって，$\boldsymbol{J}_{\mathrm{e}} \neq 0$ である．そのとき電子の速度の x 成分は

$$v_{kx} \to v_{kx} - \frac{\partial v_{kx}}{\partial k_x}\,\delta k$$

となり，$v_{kx} = \hbar k_x/m^*$ と表わされる場合には $v_{kx} - (eE/m^*)\,\delta t$ となる．したがって，単位体積当たりの電流は

$$J_{\mathrm{e}} = -e \sum_k \left(v_{kx} - \frac{eE}{m^*}\,\delta t \right) = \frac{ne^2E}{m^*}\,\delta t \qquad (10.30)$$

となり，時間とともに増すことになる．

ところが実際には，ドリフト速度一定の定常状態が実現している．それは電子の散乱があるからである．格子振動や不純物といった周期性からの乱れが，電子を散乱させることにより状態を変化させ，その速度を変える．図 10・4 のように電場によって元のフェルミ球からはみ出した部分の電子は，

フェルミ球の反対側の空いた領域に散乱される．散乱によって，原点に中心がある分布に戻ってしまえば $\boldsymbol{J}_{\mathrm{e}} = 0$ となる．元に戻る速さを定める時定数が衝突の緩和時間 τ であるから，そのとき電流は，(10.30)で δt を τ として(10.1) と対比させると，σ は (10.9) に一致する．

フェルミ球を考えたときと古典論で σ の表式は一致したが，両者はコンセプトの点では大きく異なる．ドルーデの理論では，すべての電子が v_{d} という小さい速度で伝導に寄与する．量子論では，電場によってフェルミ球が速度空間で v_{d} だけずれ，ずれた部分の電子だけが寄与をするので，全電子の $v_{\mathrm{d}}/v_{\mathrm{F}}$ だけが v_{F} の速度で寄与をする．つまり電流密度は

$$j \simeq -eN\frac{v_{\mathrm{d}}}{v_{\mathrm{F}}}(-v_{\mathrm{F}}) = Nev_{\mathrm{d}} \qquad (10.31)$$

という理由により v_{d} に比例する．

電場によってフェルミ分布に小さなずれが起こり，電子系の重心が電場に比例する一定の速度で移動するのが，金属での伝導である．そのとき個々の電子は，ほぼフェルミ速度程度の高速で動きまわり，ときどき不純物などと衝突をする．これを統計的に扱った結果が，ドリフト速度による運動である．

金属の場合，電子は伝導帯の途中まで占有しているので，ほんのわずかのエネルギーで電子の状態を変えることができる．そのために，電場をかけたときに電流が流れる．これに対し，絶縁体では 1 個の電子にギャップの大きさ E_{g} 以上のエネルギーを与えないと伝導帯にあがれず，したがって電子分布が変わらないので，電流が流れない．光の吸収においても，$\hbar\omega \geq E_{\mathrm{g}}$ のエネルギーをもつ光を当てて初めて，電子の励起にともなう光吸収が起こる．一方，金属での光吸収は $\omega = 0$ から始まり，(11.38)でみるように λ^2 に比例する．

5 ボルツマンの輸送方程式 ～流れるものをつかさどる～

固体内の電子の伝導現象を調べるには，電磁場や温度勾配のもとでの電子の運動を，散乱の効果をとり入れて考える必要がある．伝導現象を決める基本の式が**ボルツマン方程式**である．まずこれを導く．ボルツマン方程式は，電気伝導に限らず，熱伝導や，電場と温度勾配が共存するときの熱起電力などにも用いられる一般的な式である．くわしくは，巻末にあげたザイマンの教科書を参照されたい．

粒子の運動を，$\boldsymbol{r}$ と $\boldsymbol{k}$ を座標とする6次元位相空間で考える．座標 $\boldsymbol{r}$ の近くに，波数 $\boldsymbol{k}$ の粒子を時刻 t に見出す確率を $f(\boldsymbol{r}, \boldsymbol{k}, t)$ とする．これは，多数の粒子からなる系の**1体分布関数**である．$f(\boldsymbol{r}, \boldsymbol{k}, t)\,d\boldsymbol{r}\,d\boldsymbol{k}$ が，時刻 t に位相空間の体積要素 $d\boldsymbol{r}\,d\boldsymbol{k}$ 内にある粒子数を与える．ボルツマン方程式は，$f(\boldsymbol{r}, \boldsymbol{k}, t)$ の時間変化を表わす式である．時間変化は3つの変数を通して起こり

$$f(\boldsymbol{r} + d\boldsymbol{r}, \boldsymbol{k} + d\boldsymbol{k}, t + dt) - f(\boldsymbol{r}, \boldsymbol{k}, t) = dt\left(\frac{\partial f}{\partial t}\right)_{\text{scatt}} \tag{10.32}$$

と書ける．右辺は，粒子が散乱体に衝突して生じる分布の変化である．この式は，散乱による効果を含めると粒子数の全変化はゼロという条件であり，粒子が生成したり，消滅したりすることはないことを意味している．左辺で，f は $\boldsymbol{r}, \boldsymbol{k}, t$ を通じて時間変化するから，(10.32) は

$$\frac{\partial f}{\partial t} + \frac{d\boldsymbol{r}}{dt}\cdot\nabla_r f + \frac{d\boldsymbol{k}}{dt}\cdot\nabla_k f = \left(\frac{\partial f}{\partial t}\right)_{\text{scatt}} \tag{10.33}$$

と変形される．$d\boldsymbol{r}/dt$ は状態 $\boldsymbol{k}$ での速度 $\boldsymbol{v}_k$，∇_k は $\boldsymbol{k}$ に関する勾配である．(9.5) でみたように

$$\frac{d\boldsymbol{k}}{dt} = \hbar^{-1}\boldsymbol{F} \tag{10.34}$$

だから

$$\frac{\partial f}{\partial t} + \boldsymbol{v}_k \cdot \nabla_r f + \hbar^{-1} \boldsymbol{F} \cdot \nabla_k f = \left(\frac{\partial f}{\partial t} \right)_{\text{scatt}} \tag{10.35}$$

と書ける．左辺の第1項は，f の時間に直接的に依存した変化である．第2項は，物質内に温度勾配や濃度勾配があって，f が空間的に均一でないときに拡散が起こることによる変化で，**拡散項**と呼ばれる．第3項は，電場，磁場があるときに力を受けて $\boldsymbol{k}$ が変化することによるもので，**外場項**である．(10.35) を**ボルツマン方程式**という．

状態 $\boldsymbol{k}$ の電子が状態 $\boldsymbol{k}'$ に散乱される確率を $W_{\boldsymbol{k},\boldsymbol{k}'}$ とすると

$$\left(\frac{\partial f}{\partial t} \right)_{\text{scatt}} = -\int \frac{d\boldsymbol{k}'}{(2\pi)^3} \{ W_{\boldsymbol{k},\boldsymbol{k}'} f_{\boldsymbol{k}} (1 - f_{\boldsymbol{k}'}) - W_{\boldsymbol{k}',\boldsymbol{k}} f_{\boldsymbol{k}'} (1 - f_{\boldsymbol{k}}) \} \tag{10.36}$$

と書ける．ここで $f(\boldsymbol{r}, \boldsymbol{k}, t)$ を $f_{\boldsymbol{k}}$ と記した．第1項は $\boldsymbol{k}$ をもつ電子が消滅して $\boldsymbol{k}'$ になる過程，第2項は逆に $\boldsymbol{k}'$ から $\boldsymbol{k}$ の電子が生じる過程で，積分は $\boldsymbol{k}$ から移る終状態と，$\boldsymbol{k}$ に移ってくる始状態に関する和を意味する．ここでは複雑な関数である $W_{\boldsymbol{k},\boldsymbol{k}'}$ の具体的な形は考えずに，右辺の積分を

$$\left(\frac{\partial f_{\boldsymbol{k}}}{\partial t} \right)_{\text{scatt}} = -\frac{f_{\boldsymbol{k}} - f_{\boldsymbol{k}}^0}{\tau(\boldsymbol{k})} \tag{10.37}$$

と表わせると近似する．$f_{\boldsymbol{k}}^0$ は状態 $\boldsymbol{k}$ をもつ熱平衡分布である．(10.37)は緩和時間 τ の間に $f_{\boldsymbol{k}}$ が熱平衡分布 $f_{\boldsymbol{k}}^0$ に達するという意味で，この近似を**緩和時間近似**という．緩和時間近似は，散乱確率と散乱後の電子の状態が，散乱前の分布関数に依らないときに成り立つ．くわしくは，W. Paul 編『*Handbook on Semiconductors 1*』(North-Holland) の E. M. Conwell の論文を参照するとよい．

緩和時間がエネルギーだけを通じて $\boldsymbol{k}$ に依存すると仮定して，$\tau(E)$ と書くことにする．電場だけで温度勾配がないとき，ボルツマン方程式は

$$e\boldsymbol{E} \cdot \nabla_p f_{\boldsymbol{k}} = -\frac{f_{\boldsymbol{k}} - f_{\boldsymbol{k}}^0}{\tau} = -\frac{f_{\boldsymbol{k}}^1}{\tau} \tag{10.38}$$

となる．ただし電場が弱い場合を考え，分布の熱平衡のときからのずれは小

さいとして

$$f_k = f_k{}^0 + f_k{}^1 \tag{10.39}$$

とおいた．(10.38) の左辺で，f_k を $f_k{}^0$ とおいたものが電場の1次の項を与える．

$$\nabla_p f_k{}^0 = \frac{\partial f_k{}^0}{\partial E}\nabla_p E = \boldsymbol{v}\frac{\partial f_k{}^0}{\partial E} = -\frac{\boldsymbol{v}}{k_B T}f_k{}^0$$

を (10.38) の左辺に代入すると，分布の熱平衡からのずれは

$$f_k{}^1 = e\boldsymbol{E}\cdot\frac{\boldsymbol{v}\tau f_k{}^0}{k_B T} \tag{10.40}$$

となる．電流密度は，結晶が等方的な場合に

$$\begin{aligned}\boldsymbol{j} &= \sum_k e f_k{}^1 \boldsymbol{v} = \sum_k \frac{e^2 \boldsymbol{v}(\boldsymbol{E}\cdot\boldsymbol{v}) f_k{}^0 \tau}{k_B T} \\ &= \sum_k \frac{e^2 v^2 \tau f_k{}^0}{3k_B T}\boldsymbol{E}\end{aligned} \tag{10.41}$$

となる．最後の変形で

$$\langle v_x{}^2\rangle = \langle v_y{}^2\rangle = \langle v_z{}^2\rangle = \frac{\langle v^2\rangle}{3}$$

を使った．ここで $\langle\cdots\rangle$ は，熱平衡での平均値を表わす．

$$n = \sum_k f_k{}^0 \tag{10.42}$$

を使うと

$$\boldsymbol{j} = ne\frac{\displaystyle\sum_k \frac{ev^2\tau f_k{}^0}{3k_B T}}{\displaystyle\sum_k f_k{}^0}\boldsymbol{E} \tag{10.43}$$

と書けるので，移動度は

$$\mu = \frac{e}{3k_B T}\langle v^2 \tau\rangle \tag{10.44}$$

で与えられる．

演習問題

1. 電子と正孔の 2 種のキャリヤーがあるとき，電気伝導率の表式を求めよ．

2. 電場 E のもとで定常状態にあるとき，電場をゼロとしたあとの移動速度の時間変化を調べよ．

3. 磁場があるときのボルツマン方程式を導け．

4. ホール効果をボルツマン方程式によって調べよ．（ヒント：$f_k{}^1 = -(\partial f_k{}^0/\partial E)\,\tau \boldsymbol{v}_k \cdot e\boldsymbol{A}$ の形におき，$\boldsymbol{A}$ を決める．）

電子とフォノンの共通点

量子力学で扱う粒子は粒子性と波動性をもっている．格子振動の波を粒子とみるフォノンと，結晶内のブロッホ電子に共通点があることは，いくつかの章でのべてきた．それをまとめて振り返っておくことにする．

物性を担う粒子が電子と原子であるという意味で，物質の基本情報となるのが，電子のエネルギーバンドとフォノンの分散関係である．まずどちらも同じブリュアン域で値をもつ．エネルギーと角振動数には，ギャップが現われる．バンドと分散関係はそれぞれ系の固有状態であるから，ともに無限大の寿命をもっている．

エネルギーバンドはイオンや電子がつくる周期ポテンシャルで決まり，フォノンの分散は原子間力ポテンシャルの調和項で決まる．2つのポテンシャルは，もとをたどれば同じである．周期ポテンシャルでは電気抵抗はゼロだし，調和近似では熱抵抗がゼロとなる．ブロッホ電子もフォノンも，結晶の不完全性によって状態が変化する．すなわち電子は散乱を受けて電気抵抗を生じ，フォノンは散乱によって生成，消滅して熱抵抗を生じる．フォノンの場合の非調和項はフォノン同士の相互作用を生じ，これに対応するのが電子間のクーロン相互作用である．

電子－格子相互作用を電子の側からみると，フォノンによる散乱など151頁のコラムであげた3つの効果がある．逆にフォノン側からみると，コーン異常と呼ばれるフォノンスペクトルの特異性が現われる．

11

光学的性質

物質の光学的性質は，誘電率や吸収係数で表わされる．そのミクロな解釈を与え，測定データから物性に関するどのような情報が得られるかをのべる．まず古典的な振動子のモデルで金属と絶縁体の光学的性質を調べる．自由電子が支配的な金属では，プラズマ振動数より高い振動数で透明となり，低い振動数で全反射となる．絶縁体ではバンドや不純物に束縛された電子の遷移が光の吸収に寄与する．バンド間遷移による光の吸収係数は，バンド構造を実験的に決める有力な情報である．これを量子力学の摂動論を適用して計算する．

1　物質の電磁気学　～複素数の誘電率～

物質は，光に対してさまざまな応答をする．ガラスは無色透明で，ルビーは赤い．金属は光沢をもっている．可視部の波長の光を吸収する物質は不透明であり，吸収がなくて透過するときは透明である．可視光の全域にわたって透過させるものが，無色透明である．赤色の光だけを通すものは赤くみえる．金属光沢は，可視光が全反射している結果である．以上は日頃身近に体感している可視光についての現象である．

光は電磁波であり，可視光はそのごく一部の波長域に過ぎない．波長が可視光よりも長いマイクロ波や赤外光から，短い方は紫外光からX線まで10

桁に及ぶ広い範囲の，電磁波に対する固体内電子や格子の応答を，物質の**光学的性質**と呼ぶ．

物質の光に対する応答を表わす量は，まとめて**光学定数**と呼ばれる．光は電磁気学の基本式であるマクスウェル方程式で記述される．SI 単位系で

$$\mathrm{rot}\,\boldsymbol{E} = -\frac{\partial \boldsymbol{B}}{\partial t} \tag{11.1}$$

$$\mathrm{rot}\,\boldsymbol{H} = \varepsilon\frac{\partial \boldsymbol{E}}{\partial t} + \boldsymbol{J} \tag{11.2}$$

である．$\boldsymbol{E}$ は電場，$\boldsymbol{H}$ は磁場のベクトルである．これと電束密度 $\boldsymbol{D}$，磁束密度 $\boldsymbol{B}$，電流密度 $\boldsymbol{J}$ との間には

$$\boldsymbol{D} = \varepsilon_0\boldsymbol{E} + \boldsymbol{P} = \varepsilon\boldsymbol{E} \tag{11.3}$$

$$\boldsymbol{B} = \mu_0\boldsymbol{H} + \mu_0\boldsymbol{M} = \mu\boldsymbol{H} \tag{11.4}$$

$$\boldsymbol{J} = \sigma\boldsymbol{E} \tag{11.5}$$

の関係がある．ε_0, μ_0 は真空中での誘電率と透磁率である．$\boldsymbol{P}$ は電気分極，ε は物質の**誘電率**，$\boldsymbol{M}$ は磁化，μ は物質の透磁率，σ は電気伝導率である．

マクスウェル方程式 (11.1)，(11.2) から $\boldsymbol{H}$ を消去すると，電磁波の伝播の式

$$\varDelta\boldsymbol{E} = \mu\varepsilon\frac{\partial^2 \boldsymbol{E}}{\partial t^2} + \mu\sigma\frac{\partial \boldsymbol{E}}{\partial t} \tag{11.6}$$

が導かれる．(11.6) の解を，空間的に波数 K，時間的に振動数 ω で変化する形に求めるために，進行方向を z 軸に選んで

$$\boldsymbol{E} = \boldsymbol{E}_0\exp\{i(Kz - \omega t)\} \tag{11.7}$$

とおく．電流がゼロの場合には，(11.6) の第 2 項はない．(11.7) を (11.6) に代入し，$\varepsilon_0\mu_0 = 1/c^2$ の関係を使うと，真空中では

$$K = \frac{\omega}{c}$$

の関係がある．物質中では，その誘電率と透磁率を用いて，分散関係は

$$K = \frac{\omega}{c}\sqrt{\frac{\varepsilon\mu}{\varepsilon_0\mu_0}} \tag{11.8}$$

となる．以下では非磁性物質を考えることにすると，$\mu = \mu_0$ として，位相速度は

$$v = \frac{\omega}{K} = \frac{c}{\sqrt{\varepsilon/\varepsilon_0}} \tag{11.9}$$

となる．物質中の光の速度は，c を屈折率で割ったものであるから，(11.9) は $n = \sqrt{\varepsilon/\varepsilon_0}$ を意味している．教科書によっては，物質の誘電率と真空の誘電率の比(比誘電率：$\varepsilon/\varepsilon_0$)を ε と表わしているものがあるので注意する必要がある．その場合の結果は，この章の表式で $\varepsilon_0 = 1$ としたものになる．

電流がゼロでなく，(11.6)の第2項がある一般的な場合に K を求めると，(11.8) の代わりに複素数の

$$K = \frac{\omega}{c}\left(\frac{\varepsilon}{\varepsilon_0} + \frac{i\sigma}{\omega\varepsilon_0}\right)^{1/2} \tag{11.10}$$

となる．これが**物質中での分散関係**である．真空中での関係と比べると，位相速度を物質の**複素屈折率**

$$N = \left(\frac{\varepsilon}{\varepsilon_0} + \frac{i\sigma}{\omega\varepsilon_0}\right)^{1/2} \tag{11.11}$$

で割ったものになっている．複素屈折率を

$$N = n(\omega) + i\,\kappa(\omega) \tag{11.12}$$

と書く．

伝播する波動 (11.7) に，(11.10)，(11.12) を使うと，電場が伝播する様子は

$$\boldsymbol{E} = \boldsymbol{E}_0 \exp\left\{i\omega\left(\frac{nz}{c} - t\right)\right\}\exp\left(-\frac{\kappa\omega}{c}z\right) \tag{11.13}$$

と表わされる．つまり複素屈折率の実部 n は，伝播速度を c/n だけ真空中の値より小さくし，虚部 κ は，波が1波長だけ進むごとに $\exp(-2\pi\kappa/n)$ だけ電場を減衰させる．

減衰が起きる原因は，電磁波のエネルギーが，電流によるジュール熱として物質に吸収されるからである．(11.13) に対する電流密度は (11.2) の右

辺から

$$\boldsymbol{J} = (-i\omega\varepsilon + \sigma)\boldsymbol{E} = -i\omega\varepsilon_0 N^2 \boldsymbol{E} \tag{11.14}$$

となる．ジュール熱の生成速度は

$$\boldsymbol{J}\cdot\boldsymbol{E} = -i\omega\varepsilon_0 N^2 E^2 \tag{11.15}$$

の実部である．単位厚さを通るときにエネルギーが吸収される割合で，**吸収係数** α を定義すると，(11.15)の実部を入射光のエネルギーの時間平均 $c\varepsilon_0\overline{|\boldsymbol{E}|^2} = (1/2)c\varepsilon_0|\boldsymbol{E}_0|^2$ で割った

$$\alpha = \frac{2\,\mathrm{Re}(\boldsymbol{J}\cdot\boldsymbol{E})}{c\varepsilon_0|\boldsymbol{E}_0|^2} \tag{11.16}$$

が吸収係数である．通常の屈折率 n と誘電率 ε には，$\varepsilon_0 n(\omega)^2 = \varepsilon(\omega)$ の関係がある．これを複素屈折率 N と複素誘電率 $\bar{\varepsilon}$ の間にも使って

$$\varepsilon_0 N(\omega)^2 = \bar{\varepsilon}(\omega) \tag{11.17}$$

で**複素誘電率** $\bar{\varepsilon}(\omega)$ を定義する．複素誘電率の実部と虚部をそれぞれ $\varepsilon_1, \varepsilon_2$ として

$$\bar{\varepsilon}(\omega) = \varepsilon_1(\omega) + i\,\varepsilon_2(\omega) \tag{11.18}$$

と書くと

$$\varepsilon_1 = \{n(\omega)^2 - \kappa(\omega)^2\}\varepsilon_0 \tag{11.19}$$

$$\varepsilon_2 = 2n(\omega)\,\kappa(\omega)\,\varepsilon_0 \tag{11.20}$$

の関係がある．(11.17)，(11.18)，(11.20) を使うと (11.16) は

$$\alpha = \frac{\omega\,\varepsilon_2(\omega)}{c\varepsilon_0} = \frac{2\omega\,n(\omega)\,\kappa(\omega)}{c} \tag{11.21}$$

となり，吸収係数は誘電率の虚部に比例する．

吸収係数は，実験的に最も測定しやすい光学定数である．強度 I_0 のビーム光を物質に垂直に当てたときに，厚さ x だけ通過したときの強度 I は

$$I = I_0 \exp(-\alpha x) \tag{11.22}$$

のように減衰するから，I/I_0 を測って α を決めることができる．吸収係数の

次元は長さの逆数である．垂直入射のときの**反射率**は，屈折率の実部と虚部を用いて

$$R = \left|\frac{1-N}{1+N}\right|^2 = \frac{(n-1)^2+\kappa^2}{(n+1)^2+\kappa^2} \tag{11.23}$$

と書ける（演習問題1）．この関係は2節で使う．

2　金属の光学的性質　～透明と全反射の境はプラズマ振動数～

2・1　ドルーデモデル

光は電磁波であり，時間的に振動する電磁場である．振動電場に対する固体の応答を調べる最も単純な理論は，自由電子の運動で説明した**ドルーデモデル**である．ドルーデモデルは7章で導入し，10章でも用いた．

固体内電子のモデルとして，線形な復元力によって平衡位置付近に束縛されている振動子を考える．ただし，簡単のために1次元で考える．単位体積中の電子数を n，電子の電荷を $-e$，質量を m，平衡位置からの変位を x とする．また電子には速度に比例する摩擦力 $(-m/\tau)(dx/dt)$ が働くと仮定する．τ は，摩擦が衝突により起こると考えたときの衝突の緩和時間である．変位が満たす運動方程式は

$$m\frac{d^2x}{dt^2} + \frac{m}{\tau}\frac{dx}{dt} = -eE \tag{11.24}$$

となる．外から ω で振動する電場 $E = E_0 \exp(-i\omega t)$ を加えたとして，(11.24) の解である変位を，電場と同じ時間依存性をもつ

$$x = x_0 \exp(-i\omega t) \tag{11.25}$$

の形に求める．(11.25) を (11.24) に代入すると

$$m\left(-\omega^2 - i\frac{\omega}{\tau}\right)x_0 = -eE_0 \tag{11.26}$$

となる．これから

$$x = \frac{eE}{m\omega(\omega + i/\tau)} \tag{11.27}$$

である．したがって，振動する変位により生じた電気分極 P は

$$P = -nex = -\frac{ne^2}{m\omega(\omega + i/\tau)}E \equiv \varepsilon_0 \chi E \tag{11.28}$$

となる．最右辺で導入した χ を電気感受率という．(11.3) から，複素誘電率は

$$\bar{\varepsilon} = \frac{D}{E} = \varepsilon_0 + \frac{P}{E} = \varepsilon_0(1 + \chi) \tag{11.29}$$

で定義されるから

$$\bar{\varepsilon} = \varepsilon_0 - \frac{ne^2/m}{\omega^2 + i\omega/\tau} = \varepsilon_0\left(1 - \frac{{\omega_\mathrm{p}}^2}{\omega^2 + i\omega/\tau}\right) \tag{11.30}$$

と書ける．**プラズマ振動数**を

$${\omega_\mathrm{p}}^2 = \frac{ne^2}{\varepsilon_0 m} \tag{11.31}$$

で定義した．プラズマ振動については 15 章 2 節で説明する．

(11.19)，(11.20) と (11.30) から

$$n^2 - \kappa^2 = 1 - \frac{{\omega_\mathrm{p}}^2}{\omega^2 + 1/\tau^2} \tag{11.32}$$

$$2n\kappa = \frac{1}{\omega\tau}\frac{{\omega_\mathrm{p}}^2}{\omega^2 + 1/\tau^2} \tag{11.33}$$

である．τ が非常に大きいとき，すなわち衝突頻度 $1/\tau$ が光の角振動数に比べて非常に小さいときには，(11.32) から

$$\varepsilon_1 = \varepsilon_0\left(1 - \frac{{\omega_\mathrm{p}}^2}{\omega^2}\right) \tag{11.34}$$

を得る (**図 11・1** a)．

例として，自由電子の吸収係数を求めておこう．自由電子による電流密度は，電子のドリフト速度を v とすると

$$j = nev \tag{11.35}$$

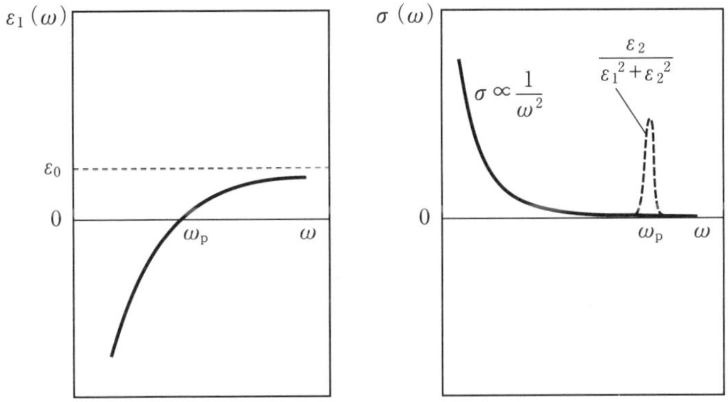

(a)　(b)

図 11・1　ドルーデモデルによる光学定数

である．v を表わすのに，衝突の緩和時間 τ と変位 x の関係 $x = \tau v$ を使う．x に，(11.27) で $\tau \to \infty$ とした自由電子に対する値

$$x = \frac{eE}{m\omega^2} \tag{11.36}$$

を使うと

$$j = \frac{nex}{\tau} = \frac{ne^2}{m\omega^2\tau}E \equiv \sigma E \tag{11.37}$$

から

$$\sigma = \frac{ne^2}{m\omega^2\tau} \tag{11.38}$$

を得る．これをドルーデの**光学的伝導率**と呼ぶ．

(11.38)の結果は，衝突がないときは $\tau \to \infty$ だから，自由電子の光吸収がないことを示している．また摩擦力がない自由電子の場合の電気伝導率 σ と誘電率の虚部 ε_2 の間には

$$\sigma = \omega\varepsilon_2 \tag{11.39}$$

の関係がある（演習問題 2）．(11.21) から，これは吸収係数に比例する量である．したがって τ が有限のとき吸収係数は，ω^{-2} の周波数依存性（λ^2 の波

長依存性）をもつことを示している（図11･1 b）．$\omega < \omega_{\mathrm{p}}$ において現われる吸収を，ドルーデ吸収という．$-\mathrm{Im}(\bar{\varepsilon}^{-1}) \equiv \varepsilon_2/(\varepsilon_1{}^2 + \varepsilon_2{}^2)$ の定性的なグラフも図11･1 b に示す．プラズマ周波数で，$-\mathrm{Im}(\bar{\varepsilon}^{-1})$ は共鳴型のピークを示す．σ と $-\mathrm{Im}(\bar{\varepsilon}^{-1})$ は，どちらも吸収を与える量である．

物質内の電磁波は ε_1 が正のときだけ伝播し，負のときは完全に反射されること，その境界が $\omega = \omega_{\mathrm{p}}$ であることを次に説明する．吸収がある物質内での電磁波の分散関係（11.10）は

$$\omega^2 N^2 = c^2 K^2 \tag{11.40}$$

と書ける．（11.40）の実部だけを考えると，（11.34）から

$$\omega^2 = \omega_{\mathrm{p}}{}^2 + c^2 \varepsilon_0 K^2 \tag{11.41}$$

となる．この分散関係を**図11･2**に示す．真空中の場合も比較のために示した．$0 < \omega < \omega_{\mathrm{p}}$ では（11.41）を満たす K は純虚数で，電磁波は $\exp(-|K|z)$ の形の減衰関数である．このとき N が純虚数となるので，(11.23) から $R = 1$ となる（演習問題3）．これが，金属が全反射して光沢をもつ理由である．$\omega = \omega_{\mathrm{p}}$ で反射率が1から0に変るところを，**プラズマ端**という（**図11･3**）．これに対し，$\omega > \omega_{\mathrm{p}}$ では波動として伝わる波が存在し，電磁波に対して透明である．

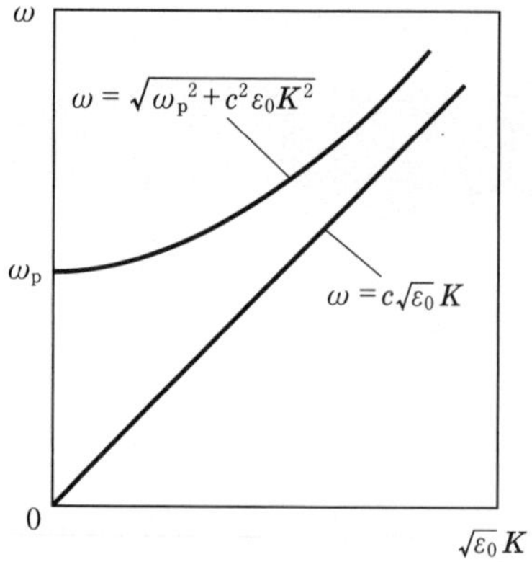

図11･2 自由電子ガス内の光の分散関係

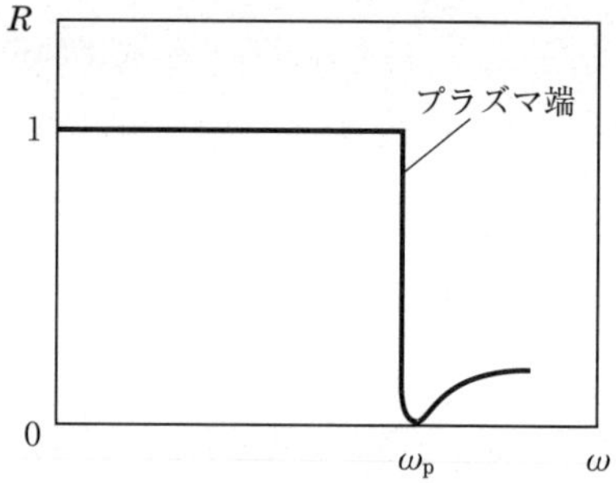

図11･3 反射率のプラズマ端

2・2　複素屈折率の周波数依存性

金属を自由電子系と考えて，その複素屈折率を，広い周波数域にわたって調べる．(11.32)，(11.33) は，2つの周波数 ω_p, $1/\tau$ をパラメーターとして含んでいて，これが以下の議論で ω の領域を3つに分ける(**図 11・4**)．具体的な数値は，例えば銅の場合には

$$\omega_p = 1.7 \times 10^{16},$$

$$\frac{1}{\tau} = 4.1 \times 10^{13} \quad \mathrm{s}^{-1}$$

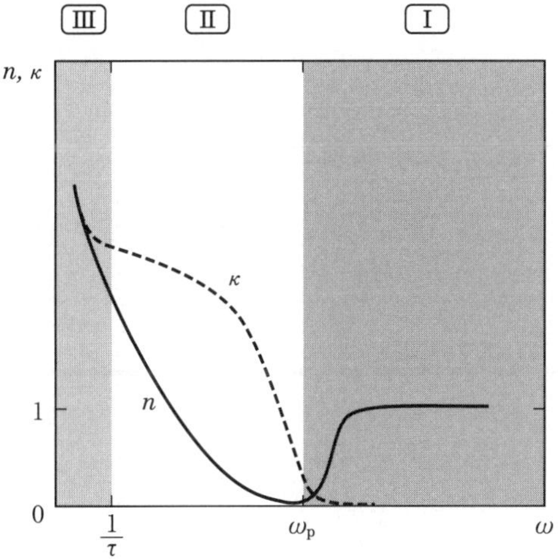

図 11・4　自由電子の n，κ の周波数依存性

である．まず $\omega \gg 1/\tau$ が成り立つとする．これは，光が何周期も振動したあとでしか衝突が起きないことである．

（I）　$\omega \gg \omega_p$ では，(11.33) から

$$2n\kappa \to \frac{1}{\omega\tau}\left(\frac{\omega_p}{\omega}\right)^2 \approx 0$$

であり，(11.32)からは $n^2 - \kappa^2 \approx 1$ となるから，$n \neq 0$，$\kappa \approx 0$(図 11・4 の領域 I)．よって，(11.13) の $\exp(-\kappa\omega z/c)$ において κ で決まる吸収は無視できる．(11.32) は

$$n^2 = 1 - \frac{{\omega_p}^2}{\omega^2} \qquad (11.42)$$

となり，n は1よりわずかに小さい．このとき反射率は，(11.23)で $n \approx 1$，$\kappa = 0$ としてゼロとなる．

つまり，$\varepsilon > 0 \to \kappa = 0$, $n = \sqrt{\varepsilon/\varepsilon_0}$ となる場合であり，吸収がなく反射もないから，光は完全に透過し透明である．この領域は紫外

領域である．

（II）　$1/\tau \ll \omega \ll \omega_\mathrm{p}$　$\omega < \omega_\mathrm{p}$ では，$1 - {\omega_\mathrm{p}}^2/\omega^2$ は負になる．$1/\tau$ は ω に比べて無視できるので，$2n\kappa$ はこの場合もゼロと考えられる．ただしゼロとなる理由が（I）とは違い，$n \approx 0$，$\kappa \neq 0$ である（図11·4の領域II）．なぜならば，$n^2 - \kappa^2 = 1 - {\omega_\mathrm{p}}^2/\omega^2 < 0$ だからである．このとき $\kappa^2 = {\omega_\mathrm{p}}^2/\omega^2 - 1 > 0$ だから，κ は実数で正である．したがって伝播は起きず，減衰がみられる．減衰は角振動数が小さくなると大きくなる．伝播がなくて減衰があるというのは，**全反射**（$R = 1$）が起こっていることである（図11·3）．つまり，$\varepsilon < 0 \to n = 0$，$\kappa = \sqrt{-\varepsilon/\varepsilon_0}$ となる場合である．

このように，プラズマ振動数 ω_p より低い振動数では全反射し，高い振動数では透明になる．自由電子近似が成り立つアルカリ金属では，電子密度は $10^{29}\,\mathrm{m}^{-3}$ 程度だから，$\omega_\mathrm{p} \approx 10^{16}\,\mathrm{s}^{-1}$ で $\lambda_\mathrm{p} \approx 0.1\,\mu\mathrm{m}$ となるので，金属は可視光を反射して金属光沢を示し，紫外光には透明である．

（I）と（II）の境界の $\omega = \omega_\mathrm{p}$ では，n がゼロとなる．銅の場合に，ω_p は紫外領域にある．(11.13)に現われた因子の $\omega nz/c = 2\pi z/\lambda$ だから，これは波長が無限大に対応する．つまり結晶中の電子は位相が一致して振動する．これが15章でのべるプラズマ振動である．このときも $1/\tau$ が小さいので，κ は無視できる．

（III）　$\omega \ll 1/\tau$ の条件を満たす光は，赤外光やマイクロ波である．$n^2 - \kappa^2 = 1 - (\omega_\mathrm{p}\tau)^2$ は負で大きな定数だから，$\kappa > n$ である．$2n\kappa = {\omega_\mathrm{p}}^2\tau/\omega$ において周波数がゼロに近づくと，$n\kappa$ は無限大になる．それと $n^2 - \kappa^2 = (n - \kappa)(n + \kappa) =$ 一定 が両立するには，n と κ の値は近づき，その極限では

$$n = \kappa = \sqrt{\frac{{\omega_\mathrm{p}}^2\tau}{2\omega}} = \sqrt{\frac{\sigma}{2\varepsilon_0\omega}} \tag{11.43}$$

となる．ここで

$$\sigma = \frac{ne^2\tau}{m} = \varepsilon_0{\omega_{\mathrm{p}}}^2\tau \tag{11.44}$$

を使った．n, κ の定性的な振舞いを図 11･4 の領域 III に示す．十分低い角振動数では，光学的振舞いは通常の低周波電気伝導率で決まる．

反射率は，(11.43) と (11.31) から

$$R = \frac{2n^2 - 2n + 1}{2n^2 + 2n + 1} = 1 - \frac{4n}{2n^2 + 2n + 1}$$

$$\approx 1 - \frac{2}{n} = 1 - 2\sqrt{\frac{2\varepsilon_0\omega}{\sigma}} \tag{11.45}$$

となる．これを，**ハーゲン－ルーベンスの関係**という．$\omega \approx 10^{10}\,\mathrm{s}^{-1}$, $\sigma \approx 10^{18}\,\Omega\cdot\mathrm{m}$ と見積もられるから，これは反射が大きいことを示している．

3　絶縁体の光学的性質　～電子の状態間遷移による～

自由電子がない絶縁体に対しては，電磁波に応答する電子のモデルに少し違うものを考える．絶縁体では，電子は結晶ポテンシャルによって束縛されている．これを原点を中心に固有振動数 ω_0 で振動する振動子の集まりとみる．つまり電子がバンドの状態にあることを，一種の束縛状態にあると考える．その際，状態間の量子力学的な遷移を，系の固有振動に対応させる．つまり状態 i と j のエネルギー差から決まる $\omega_0 = (E_i - E_j)/\hbar$ を固有振動数とする振動子を考えて，2・1 節と同じように考えるのである．

光の吸収は，バンド間遷移のほか不純物状態間の遷移，励起子吸収など種々の電子励起によっても起こる．固有振動数は，励起の種類に応じて複数存在する．その中で一番低い周波数を ω_m とすると，吸収が起こるのは $\omega_m < \omega (< \omega_{\mathrm{p}})$ の角振動数領域である．$\omega < \omega_m$ が，自由電子とみてよい**ドルーデ領域**ということになる．

アルカリ金属，例えばナトリウムでは $\hbar\omega_m = 2.1\,\mathrm{eV}$ である．運動方程式は古典的な

$$m\frac{d^2x}{dt^2} + \frac{m}{\tau}\frac{dx}{dt} + m\omega_0{}^2x = -\,eE \tag{11.46}$$

である．電場の時間変化を $E \propto e^{-i\omega t}$ として，$x \propto e^{-i\omega t}$ の形の解を2・1節と同様にして求めると

$$x = \frac{-\,(e/m)E}{\omega_0{}^2 - \omega^2 - i\omega/\tau} \tag{11.47}$$

$$P = -\,nex = \frac{ne^2/m}{\omega_0{}^2 - \omega^2 - i\omega/\tau}E \tag{11.48}$$

$$\bar{\varepsilon} = \varepsilon_0\left(1 + \frac{ne^2/m\varepsilon_0}{\omega_0{}^2 - \omega^2 - i\omega/\tau}\right) \tag{11.49}$$

を得る．

電子系が複数の励起をもつときは，それぞれに異なるタイプの振動子を対応させ，これをkで区別する．それぞれの固有振動数を ω_{k}，摩擦係数を $1/\tau_{\mathrm{k}}$，振動子の数を n_{k} とすると，誘電率の周波数依存性は

$$\bar{\varepsilon} = \varepsilon_0\left(1 + \sum_{\mathrm{k}}\frac{n_{\mathrm{k}}e^2/m\varepsilon_0}{\omega_{\mathrm{k}}{}^2 - \omega^2 - i\omega/\tau_{\mathrm{k}}}\right) \tag{11.50}$$

となる．

以上のべてきた束縛状態間の遷移を，量子力学によって扱うこともできる．次節でとり上げる半導体のバンド間遷移は，その例である．

4 半導体のバンド間吸収 ～吸収係数を摂動論で～

4・1 遷移の保存則

半導体や絶縁体において，価電子帯にある電子が伝導帯の ある状態に遷移するときの光吸収を，**基礎吸収**という．この遷移は，遷移前後の電子状態のエネルギー差が，当てた光のエネルギーに等しいときに起こる．**バンド間遷移**には，直接遷移と間接遷移の2種がある．遷移の前後で電子の波数が等

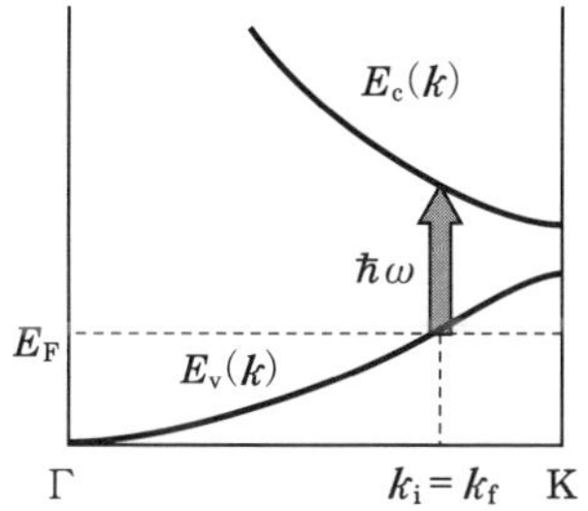

(a) 直接遷移

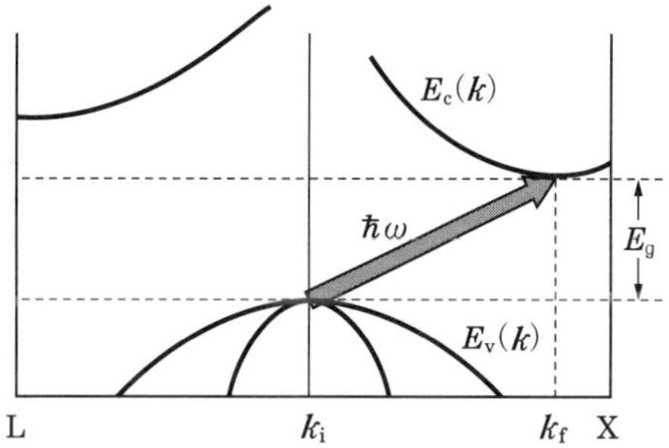

(b) 間接遷移

図 11・5　直接遷移と間接遷移

しい遷移を，**直接遷移**という．$\boldsymbol{k}_i$ を価電子帯の始状態の電子の波数，$\boldsymbol{k}_f$ を伝導帯の終状態の電子の波数とする（**図 11・5 a**）．運動量保存則は，$\boldsymbol{K}$ を光子の波数として

$$\hbar\boldsymbol{k}_f = \hbar\boldsymbol{k}_i + \hbar\boldsymbol{K}$$

となる．$\boldsymbol{K}$ はブリュアン域の大きさに比べて非常に小さいので，これを電子の $\boldsymbol{k}$ に対して無視すると，運動量保存則は

$$\boldsymbol{k}_f = \boldsymbol{k}_i \qquad (11.51)$$

となる．これは伝導帯と価電子帯の $\boldsymbol{k}$ が同じ状態間でだけ起こることを示す選択則で，このときの遷移が直接遷移である．このときエネルギー保存則は

$$E_c(\boldsymbol{k}_f) - E_v(\boldsymbol{k}_i) = \hbar\omega \qquad (11.52)$$

となる．$E_c(\boldsymbol{k})$，$E_v(\boldsymbol{k})$ はそれぞれ伝導帯，価電子帯のエネルギーである．バンド間遷移が起こるには，ギャップエネルギーを E_g として，$\hbar\omega \geq E_g$ であることが必要である．

間接遷移は，フォノンが関与して，フォノンの波数の大きさだけ $\boldsymbol{k}$ が違う始状態と終状態の間に起こる遷移である．運動量保存則は，フォノンの波数を $\boldsymbol{q}$ として

$$\boldsymbol{k}_f = \boldsymbol{k}_i \pm \boldsymbol{q} \qquad (11.53)$$

となる．符号の±は，フォノンを吸ったときの遷移（図 11・5 b）と吐いたと

きの遷移に対応する．このときエネルギー保存則は，フォノンのエネルギーを $\hbar\omega(\boldsymbol{q})$ として

$$E_{\mathrm{c}}(\boldsymbol{k}_{\mathrm{f}}) - E_{\mathrm{v}}(\boldsymbol{k}_{\mathrm{i}}) = \hbar\omega \pm \hbar\omega(\boldsymbol{q}) \tag{11.54}$$

である．フォノンのエネルギーは 0.1 eV 程度であり，バンド間遷移のエネルギー（～1 eV）に比べて小さい．間接遷移による吸収が始まるエネルギーを測定すると，伝導帯の最低エネルギーと価電子帯の最高エネルギーの差，すなわちエネルギーギャップの大きさを決めることができる．基礎吸収はバンド構造を知るのに基本的な現象である．基礎吸収の吸収係数は大きく，$10^4\ \mathrm{cm}^{-1}$ 程度である．したがって(11.22)を使って吸収係数 α を決めるには，測定に使う試料は 10^{-4} cm よりも薄い必要がある．

ゲルマニウムの直接遷移と間接遷移による光吸収スペクトルを**図 11・6** に示す．直接遷移が始まるエネルギーで吸収が急激に増えるので，バンドギャップを精密に決定できる．シリコンやゲルマニウムでは，直接遷移よりも低いエネルギーで始まる間接遷移が観測される．エネルギーの差は，1 個のフォノンがもつエネルギーである．吸収の強度は直接遷移よりも小さい．その理由は，直接遷移は電磁場の 1 次摂動の現象であるのに対して，間接遷移は電磁場とフォノンによる 2 次の摂動効果であり，高次の過程による遷移ほど起こる確率が小さいのが普通だからである．

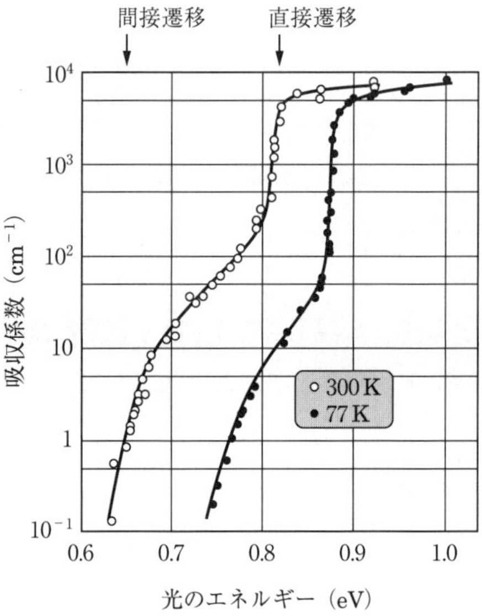

図 11・6 ゲルマニウムの基礎吸収端

4・2　吸収係数の表式

半導体の価電子帯から伝導帯への直接遷移による光の吸収係数の表式を，量子力学によって導く．計算方法としては，光の電磁場を摂動として**時間に依存する摂動論**（3章6・2節）を用いる．結晶内の電子状態は，結晶ポテンシャルを $V(\boldsymbol{r})$ とするシュレーディンガー方程式

$$H_0\psi_k \equiv \left\{-\frac{\hbar^2}{2m}\Delta + V(\boldsymbol{r})\right\}\psi_k = E_k\psi_k \tag{11.55}$$

で決まる．電磁場をベクトルポテンシャル $\boldsymbol{A}$ で表わすと，H_0 に対する摂動ハミルトニアンは

$$H' = -\frac{ie\hbar}{m}\boldsymbol{A}\cdot\nabla \tag{11.56}$$

で与えられる．電場 $\boldsymbol{E}$ はベクトルポテンシャルと

$$\boldsymbol{E} = -\frac{\partial \boldsymbol{A}}{\partial t} = i\omega\boldsymbol{A} \tag{11.57}$$

の関係がある．ここでベクトルポテンシャルの空間変化と時間変化を

$$\boldsymbol{A}(\boldsymbol{r}, t) = \boldsymbol{A}_0 e^{i(\boldsymbol{K}\cdot\boldsymbol{r}-\omega t)} + \text{c. c.} \tag{11.58}$$

と表わす．角振動数 ω のフォトンを1個吸収して起こる，価電子帯の状態 $\boldsymbol{k}$（エネルギー $E_{\text{v}}(\boldsymbol{k})$，波動関数 $\psi_{\text{v},\boldsymbol{k}}$）から，伝導帯の状態 $\boldsymbol{k}'(E_{\text{c}}(\boldsymbol{k}')$，$\psi_{\text{c},\boldsymbol{k}'})$ への遷移確率は，(3.66) から

$$w_{\boldsymbol{k}'\boldsymbol{k}} = \frac{2\pi}{\hbar}\left|\left(\frac{e\hbar}{m}\boldsymbol{A}_0\cdot\nabla\right)_{\boldsymbol{k}\boldsymbol{k}'}\right|^2 \delta(E_{\text{c}}(\boldsymbol{k}') - E_{\text{v}}(\boldsymbol{k}) - \hbar\omega) \tag{11.59}$$

である．

$\boldsymbol{A}_0 = A_0\boldsymbol{e}_\lambda$ とおく．$\boldsymbol{e}_\lambda$ は光の偏光方向の単位ベクトルである．運動量保存則 $\boldsymbol{k} = \boldsymbol{k}'$ を用い，電子とフォトンの相互作用によるバンド間遷移の行列要素を

$$\boldsymbol{M}_{\text{vc}} \equiv \int \psi^*_{\text{c},\boldsymbol{k}} e^{i\boldsymbol{K}\cdot\boldsymbol{r}} \nabla\psi_{\text{v},\boldsymbol{k}}\, d\boldsymbol{r} \tag{11.60}$$

で定義すると

$$w_{\mathrm{vc}} = \frac{2\pi}{\hbar}\left(\frac{e\hbar}{m}\right)^2 \sum_{\boldsymbol{k},\lambda} A_0{}^2 |\boldsymbol{e}_\lambda \cdot \boldsymbol{M}_{\mathrm{vc}}|^2 \delta(E_{\mathrm{c}}(\boldsymbol{k}) - E_{\mathrm{v}}(\boldsymbol{k}) - \hbar\omega) \tag{11.61}$$

と書ける．実際には，光の波数 $\boldsymbol{K}$ をゼロとみてよいから，(11.60)の積分の中の指数関数を

$$e^{i\boldsymbol{K}\cdot\boldsymbol{r}} \approx 1 + i\boldsymbol{K}\cdot\boldsymbol{r} + \cdots$$

と展開し，第1項だけを残す．これを**双極子近似**という．終状態のすべての状態について和をとると

$$\sum_{\boldsymbol{k}} = \frac{2}{(2\pi)^3}\int d\boldsymbol{k}$$

だから，全遷移確率は

$$W_{\mathrm{vc}} = \frac{e^2\hbar A_0{}^2}{2\pi^2 m^2} \sum_{\lambda} \int d\boldsymbol{k}\, |\boldsymbol{e}_\lambda \cdot \boldsymbol{M}_{\mathrm{vc}}|^2 \delta(E_{\mathrm{c}}(\boldsymbol{k}) - E_{\mathrm{v}}(\boldsymbol{k}) - \hbar\omega) \tag{11.62}$$

となる．単位体積当たりの吸収エネルギーは $\hbar\omega W_{\mathrm{vc}}$ だから，これをジュール熱に等しいとおくと

$$\alpha = \frac{\hbar\omega W_{\mathrm{vc}}}{c\varepsilon_0 |\boldsymbol{E}|^2} \tag{11.63}$$

の関係がある．したがって

$$\alpha = \frac{e^2\hbar^2}{4\pi^2 m^2 c\varepsilon_0} \frac{1}{\omega} \sum_{\lambda} \int d\boldsymbol{k}\, |\boldsymbol{e}_\lambda \cdot \boldsymbol{M}_{\mathrm{vc}}|^2 \delta(E_{\mathrm{c}}(\boldsymbol{k}) - E_{\mathrm{v}}(\boldsymbol{k}) - \hbar\omega) \tag{11.64}$$

となる．(11.64)の計算で，遷移の行列要素 $\boldsymbol{M}_{\mathrm{vc}}$ が $\boldsymbol{k}$ に依らないと仮定すると，積分記号の外に出せる．その結果，吸収係数のエネルギーバンドを通じての ω 依存性は，$E_{\mathrm{c}}(\boldsymbol{k})$，$E_{\mathrm{v}}(\boldsymbol{k})$ を含むデルタ関数を積分した結果として現われる．

価電子帯と伝導帯のバンド端付近でのエネルギーが，等方的な質量 m_{v}^*，m_{c}^* を用いて次のように表わされるモデルを考える．

$$E_v(\boldsymbol{k}) = -\frac{\hbar^2}{2m_v^*}k^2 \tag{11.65}$$

$$E_c(\boldsymbol{k}) = E_g + \frac{\hbar^2}{2m_c^*}k^2 \tag{11.66}$$

デルタ関数の中を

$$\frac{\hbar^2 k^2}{2m_r^*} + E_g - \hbar\omega$$

と書く．m_r^* は

$$\frac{1}{m_r^*} = \frac{1}{m_c^*} + \frac{1}{m_v^*}$$

で定義される，2つの質量の換算質量である．(11.64)で，デルタ関数の公式

$$\delta(x^2 - a^2) = \frac{1}{2|a|}\{\delta(x-a) + \delta(x+a)\} \tag{11.67}$$

を使うと，光の分極 λ を1つ決めたとき，直接遷移の吸収係数は

$$\alpha(\omega) = K\sqrt{\hbar\omega - E_g} \tag{11.68}$$

となる．比例係数 K は

$$K = \frac{e^2\hbar^2}{2\pi m^2 c\varepsilon_0}\left(\frac{2m_r^*}{\hbar^2}\right)^{3/2}\frac{1}{\omega}|\boldsymbol{e}\cdot\boldsymbol{M}_{vc}|^2 \tag{11.69}$$

である．吸収スペクトルの形状 $\sqrt{\hbar\omega - E_g}$ は，伝導帯と価電子帯の結合状態密度を表わしている（**図11･7**）．このように，吸収が始まる ω の値からバンドギャップ E_g を決定できる．

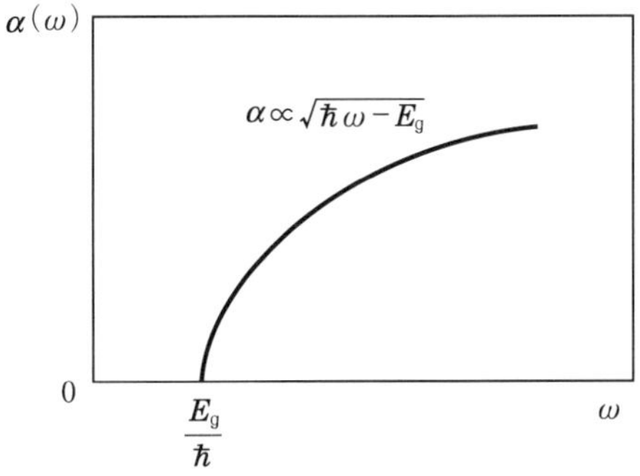

図11･7　バンド間遷移の吸収端

演習問題

1．(11.23) を，真空 ($z<0$) と媒質 ($z>0$) の境界での電磁場の連続性から導け．

2．(11.39) を示せ．

3．K が純虚数のとき，全反射が起こることを導け．

4．遷移における運動量保存則で，フォトンの波数 $\boldsymbol{K}$ を無視するのに，ブリュアン域の大きさと比べればよいのはなぜか．

5．フォノンと光子の相互作用がある次の過程について，フォノンの状態にどんな変化があるかを，図のフォノンモードにおいてのべよ．

(1)　フォノンを1個吸収するバンド間光吸収

(2)　波数 q のフォノンを吸って，波数 q' のフォノンを放出する光吸収

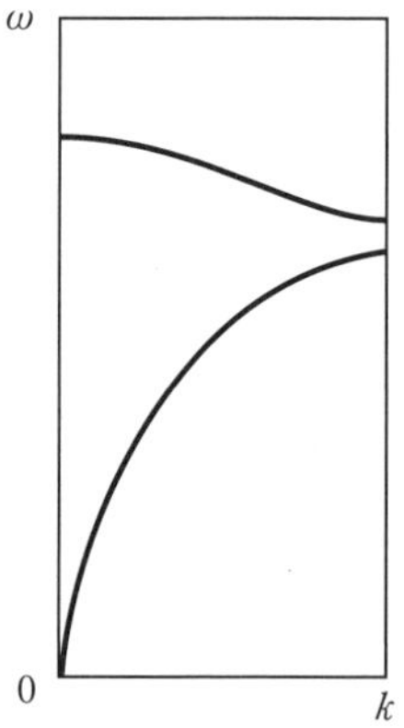

固体物理講義懺悔(ざんげ)

固体物理の授業をするようにいわれた最初は，30 年前，東京大学工学部物理工学科で講師のときだった．学部学生の授業には，下手に独自なことをするよりは定評のある教科書を使うのが良い，とそのとき考えた．その考えは今も変わっていない．読みこなして選んだのではなかったと思うが，ザイマンの『固体物性論の基礎』を使うことにした．それも忠実にフォローするのでなく，ところどころを重点的にとり上げ，その日暮らし的に読み進みながらほかの本と組み合わせて講義をした．この本は全体を通じて，初心者に抽象的と感じさせる書き方のところが多い．バンド構造の部分は具体的なイメージをもちにくかったので，ほかの本を使った．ザイマンの本に沿ったのは，格子振動の理論や，光学的性質，電子間相互作用による誘電率の一般論あたりであった．

その頃 物理工学科の学生たちは，私が生半可な理解で話しても，こっち以上にわかってくれると，私は感じていた（今にして思えば，そういう人はごく一部だったのだろうが）．初めてのテストに，「光学的性質と誘電率の関係を論ぜよ」という一問を最後に加えて，自分の理解の助けにしようとしたのは非教育的だった．問題を見るなり，“いやな問題をだすなぁ”とつぶやいた，できる学生がいたのを忘れない．この本の 11 章を書きながら，それに対する模範解答がずっと気になっていた．

12

磁　　性

物質内電子の軌道運動とスピンがもつ磁気モーメントの，磁場に対する応答が物質の磁気的性質である．物質がいろいろな種類の磁性を示すのは，電子状態の違いに起因している．イオンによる常磁性は軌道運動の，また金属の常磁性はスピンの，ともにゼーマン効果が原因である．反磁性は，イオンの場合は古典的な電磁誘導で，伝導電子の場合は量子統計で説明される．強磁性は電子間の相互作用が原因で，このような多体問題を解くのには分子場近似が有力である．

1　磁性を担う磁気モーメント　～担手は電子の軌道運動とスピン～

初めに磁気に関する基本的な量と，その主な関係式をあげておくことにしよう．電磁気学によれば，点 $\boldsymbol{r}$ においた電荷 q に働く電気的な力 $\boldsymbol{F}(\boldsymbol{r})$ は，q に比例する．この比例関係を

$$\boldsymbol{F}(\boldsymbol{r}) = q\,\boldsymbol{E}(\boldsymbol{r})$$

と表わして，電場 $\boldsymbol{E}(\boldsymbol{r})$ を定義する．電場とは，静止した電荷に力を及ぼす空間のことである．これと同じように，磁荷に働く磁気的な力を与える場として，磁場 $\boldsymbol{H}(\boldsymbol{r})$ を定義できる．しかし，磁石を正と負の磁極に分離することはできない．いいかえると，1つの磁荷を取り出せないことが，電気と磁気の大きな違いである．そのため，磁気の場合に基本的なものは電流の磁気

作用であり，磁気に関する場は電流が受ける力によって定義される．すなわち，速度 $\boldsymbol{v}$ で動いている電荷 q をもつ粒子が，**磁束密度** $\boldsymbol{B}(\boldsymbol{r})$ から受ける力は

$$\boldsymbol{F}(\boldsymbol{r}) = q\boldsymbol{v} \times \boldsymbol{B}(\boldsymbol{r}) \tag{12.1}$$

であるとして，磁束密度を定義する．

磁束密度も，磁場の強さを表わすベクトルである．磁場 $\boldsymbol{H}$ と磁束密度 $\boldsymbol{B}$ の間に，真空中では

$$\boldsymbol{B}(\boldsymbol{r}) = \mu_0 \boldsymbol{H}(\boldsymbol{r}) \tag{12.2}$$

の関係がある．μ_0 は真空の透磁率と呼ばれる定数で，$\mu_0 = 4\pi \times 10^{-7}\,\mathrm{N{\cdot}A^{-2}}$ である．正負の磁荷 $\pm q_m$ を考え，負の磁荷から正の磁荷への位置ベクトルが $\boldsymbol{d}$ のとき，**磁気モーメント**

$$\boldsymbol{\mu}_\mathrm{m} = q_\mathrm{m}\boldsymbol{d} \tag{12.3}$$

が生じる．磁気的な物質が磁場中におかれると，磁化を生じる．磁化ベクトル $\boldsymbol{M}$ を，単位体積当たりの磁気モーメントで定義する．物質中の磁束密度は

$$\boldsymbol{B} = \mu_0\boldsymbol{H} + \mu_0\boldsymbol{M} \tag{12.4}$$

で与えられる．第 1 項は外部磁場によるもの，第 2 項は物質が磁化したことによるものである．磁束密度 $\boldsymbol{B}$ の中に磁気モーメント (12.3) をおいたとき，磁荷 q_m が受ける力は

$$\boldsymbol{F}(\boldsymbol{r}) = q_\mathrm{m}\boldsymbol{B}(\boldsymbol{r}) \tag{12.5}$$

である．

磁荷が実際には存在しないので，磁気モーメントは電荷の運動で定義される．電流 I が流れるループが囲む面積を A とすると，生じる磁気モーメントは大きさが $\mu_\mathrm{m} = IA$ で，ベクトルの方向は，ループ面に垂直で電流を反時計回りにみる方向である（**図 12・1**）．角振動数 ω で半径 r の円軌道を描く電子の電流は $I = -e\omega/2\pi$ だから

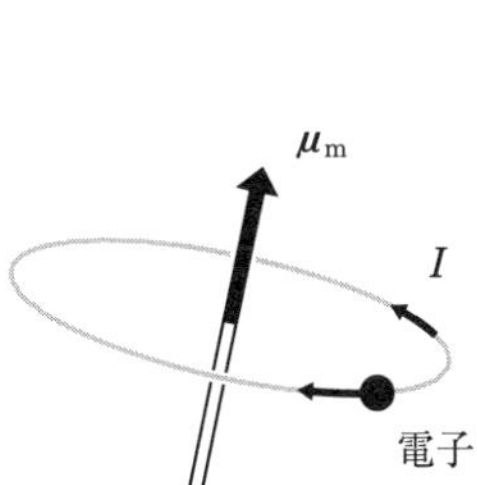

図 12・1　軌道運動による磁気モーメント

$$\mu_{\mathrm{m}} = \frac{e}{2}\omega r^2 \tag{12.6}$$

である．原子内での電流のループは，電子の軌道運動による．そのとき角運動量 $\boldsymbol{l}$ は，磁気モーメント

$$\boldsymbol{\mu}_{\mathrm{m}} = -\frac{e}{2m}\boldsymbol{l} \tag{12.7}$$

を生じる．マイナス符号は，磁気モーメントと角運動量のベクトルが逆向きであることを表わしている．(12.7) は，角運動量の大きさが

$$|\boldsymbol{l}| = |\boldsymbol{r} \times \boldsymbol{p}| = m|\boldsymbol{r} \times \boldsymbol{v}| = mr^2\omega$$

であることからいえる．

3章4節で導入した電子のスピン角運動量 $\boldsymbol{s}$ は

$$\boldsymbol{\mu}_{\mathrm{s}} = g\left(-\frac{e}{2m}\right)\boldsymbol{s} = -\frac{e}{m}\boldsymbol{s} \tag{12.8}$$

で与えられる磁気モーメントをもっている (**図 12・2**)．g は ***g* 因子**と呼ばれ，値は 2.0023 であるが，これを普通は 2 としている．つまりスピン角運動量と磁気モーメントとの比例定数は，軌道角運動量の場合の 2 倍である．

図 12・2　スピンによる磁気モーメント

量子力学によれば，角運動量 $\boldsymbol{l}$ の大きさが l のとき，角運動量の z 成分 l_z の固有値は，(3.34) から $\hbar$ を単位として

$$m_l = -l, -l+1, \cdots, l$$

の $2l+1$ 通りの値をとる．3章4節で m と記したものを，ここでは電子の質量と区別するために m_l とした．磁場がないとき，原子内電子のエネルギーは $2l+1$ 個の m_l に対して縮退している．

磁場中で角運動量がもつポテンシャルのハミルトニアンは

$$H_z = \frac{e}{2m}Bl_z \tag{12.9}$$

であり，各 m_l に対するエネルギーは

$$E = \mu_B B m_l \tag{12.10}$$

となる．$\mu_B = e\hbar/2m$ を**ボーア磁子**という．その大きさは 9.3×10^{-24} J・m^2・W^{-1} である．

角運動量の z 成分による縮退は，磁場のもとで m_l の値ごとに分裂する．これを**ゼーマン効果**，(12.10) のエネルギーを**ゼーマンエネルギー**という．軌道角運動量におけるゼーマン分裂のエネルギー間隔は，(12.10) から

$$\Delta E = \hbar\omega_L = \mu_B B \tag{12.11}$$

である．ω_L を

$$\omega_L = \frac{eB}{2m} \tag{12.12}$$

で定義し**ラーモア周波数**という．$l = 1$ の場合のゼーマン分裂の様子を，**図 12・3** a に示す．ゼーマン効果は，磁気モーメントが磁場と同じ向きになったほうが，反対方向を向くよりもエネルギーが低いということを意味している．

ゼーマン分裂は軌道角運動量に限らず，スピン角運動量や，軌道とスピン角運動量の和といった一般の角運動量でもみられる現象である．これが磁場中での磁気モーメントのエネルギーを決め，磁性の原因となる．スピンの場合のゼーマンエネルギーは

$$E = 2\mu_B B m_s \tag{12.13}$$

だから，ゼーマン分裂は

$$\Delta E = 2\mu_B B \tag{12.14}$$

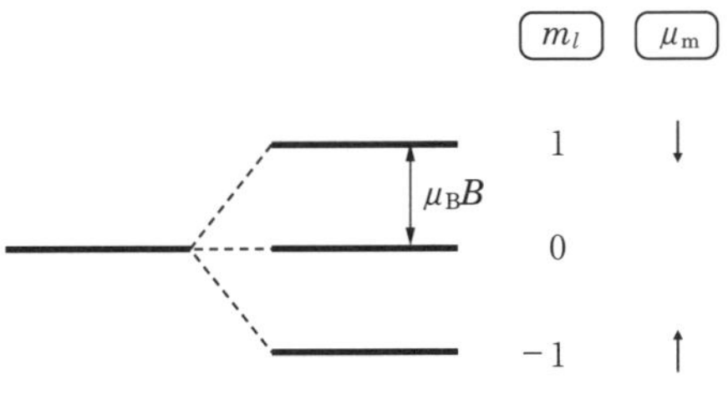

(a) 軌道角運動量の場合

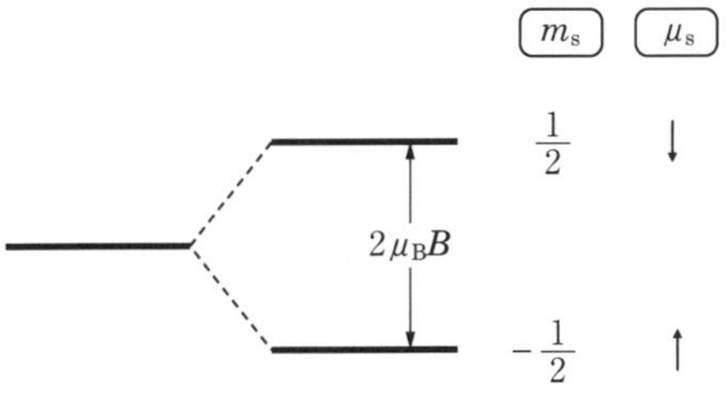

(b) スピンの場合

図 12・3　ゼーマン効果

となる（図12･3 b）.

磁性を示す物質とは，磁場中で磁化されるもののことである．これを磁気的物質という．磁化 $\boldsymbol{M}$ が外部磁場 $\boldsymbol{H}$ に比例すると仮定して

$$\boldsymbol{M} = \chi\boldsymbol{H} \tag{12.15}$$

と表わし，χ を**磁化率**と呼ぶ．これを帯磁率ということもある．磁性の種類は χ の性質の違いに由来する．χ の値は常磁性では正，反磁性では負で，どちらの場合も，χ の代表的な値は 10^{-5} 程度と非常に小さい．(12.4) と (12.15) から

$$\boldsymbol{B} = \mu\boldsymbol{H}, \qquad \mu = \mu_0(1 + \chi) \tag{12.16}$$

と書ける．μ は物質の透磁率である．

ミクロな原因による磁化がマクロな磁化率として現われるのは，どんな固体物理のシナリオによるのか，その原因は何かを調べるのが，磁性研究である．以下の章では，代表的な磁性である常磁性，反磁性，強磁性を解説する．

2　常磁性　～ゼーマン効果でエネルギーを得する～

磁気モーメントが，互いに ばらばら な方向を向いているとき，磁気的に無秩序な状態にあるという．そのような物質に磁場を加えたとき，磁場と同じ方向に弱い磁化を生じるのが，**常磁性**である．その物質を常磁性体という．この節では常磁性の主な2つ，結晶を構成するイオンによるものと，金属電子のスピンによるものを説明する．どちらもゼーマン効果が原因となって現われる．

2・1　イオンの常磁性　— キュリーの法則 —

閉殻構造の電子配置をもつ希ガス元素をべつにすれば，多くの原子やイオンは不完全殻の電子配置をもつ．例えば，Fe の基底状態の電子配置は 3p 殻までの閉殻と，価電子である $(4s)^2$ と不完全殻の $(3d)^6$ である．このとき，軌

道角運動量とスピン角運動量に由来する磁気モーメントが存在する．このような原子（イオン）を，**磁性原子**（イオン）という．磁気モーメント間の相互作用が弱いか，温度が高い場合には，エントロピーによる熱エネルギーの利得が相互作用エネルギーに打ち勝って，磁気モーメントは ばらばら の方向を向いている．そのような状態に磁場をかけると，各磁気モーメントが磁場方向を向く確率が，ほかの方向を向く確率より大きくなり，全体としてわずかに磁場方向に磁化する．これが**イオンの常磁性**である．

常磁性を示す物質には，磁性イオンが直接相互作用をしない構造をもつ物質がある．例として，磁性イオンの間に結晶水や磁気モーメントをもたない陰イオンが存在する構造をもつイオン結晶がある．また，4 節でのべる磁気モーメント間の相互作用が強い強磁性体は，高温になると常磁性に転移する．

常磁性のミクロな機構を説明しよう．多電子原子の状態は，各電子の軌道角運動量の和である全軌道角運動量 $\boldsymbol{L}$

$$\boldsymbol{L} = \sum_i \boldsymbol{l}_i \tag{12.17}$$

と，スピン角運動量の和である全スピン角運動量 $\boldsymbol{S}$

$$\boldsymbol{S} = \sum_i \boldsymbol{s}_i \tag{12.18}$$

で指定される．$\boldsymbol{L}$ と $\boldsymbol{S}$ の和である全角運動量は

$$\boldsymbol{J} = \boldsymbol{L} + \boldsymbol{S} \tag{12.19}$$

で与えられる．$\boldsymbol{J}$ に対する磁気モーメントは

$$\boldsymbol{\mu} = g_J\left(-\frac{e}{2m}\right)\boldsymbol{J} \tag{12.20}$$

で与えられる．比例係数 g_J は**ランデの g 因子**と呼ばれる定数で，(12.8) で $J = 1/2$ に対して導入したものを，任意の J に一般化した量である．2・2 節で g_J が (12.36) で与えられることを示す．

例えば，Fe 原子の基底状態は，$L = 2$，$S = 2$，$J = 4$ の値をもつことが，**フントの規則**からいえる（フントの規則のくわしい説明は，拙著『物質の量

子力学』(岩波書店)の3章7節を参照されたい).

磁場を z 方向に加えると，$\boldsymbol{J}$ の z 成分，J_z の大きさごとにエネルギーが異なり，ゼーマン分裂が生じる．ゼーマンエネルギーは，J_z の固有値を $\hbar m_J$ として

$$E_{m_J} = -\boldsymbol{\mu}\cdot\boldsymbol{B} = g_J\mu_B B m_J \qquad (m_J = -J, -J+1, \cdots, J) \tag{12.21}$$

となる．簡単のために，まず $J = 1/2$ の場合を考える．m_J のとりうる値は，$\hbar$ を単位として $1/2$ と $-1/2$ である．エネルギーが低い $m_J = -1/2$ の準位は，磁場の向きの磁気モーメントをもつ(図12･3 b)．低いエネルギー準位にある原子濃度を N_1，高いエネルギー準位の原子濃度を N_2 とすると，磁化は

$$M = g\mu_B(N_1 - N_2) \tag{12.22}$$

で与えられる．N_2 と N_1 の比は，ボルツマン因子によって

$$\frac{N_2}{N_1} = e^{-\Delta E/k_B T} \tag{12.23}$$

となる．$\Delta E = g\mu_B B$ であるから，$N = N_1 + N_2$ とおいて $x = g\mu_B B/k_B T$ とすると，磁化は

$$M = Ng\mu_B \frac{e^x - e^{-x}}{e^x + e^{-x}} = Ng\mu_B \tanh x \tag{12.24}$$

となる．これを**図12･4**に示す．このように，常磁性の磁化が生じるのは，温度分布において，$m_J = -1/2$ の電子，すなわち大きさが $\mu_z = e\hbar/2m$ で磁場方向の磁気モーメントをもつ電子が増えるからである．弱磁場で

$$x \ll 1, \qquad \tanh x \approx x$$

の近似を使うと，磁化率は(12.24)と(12.15)から

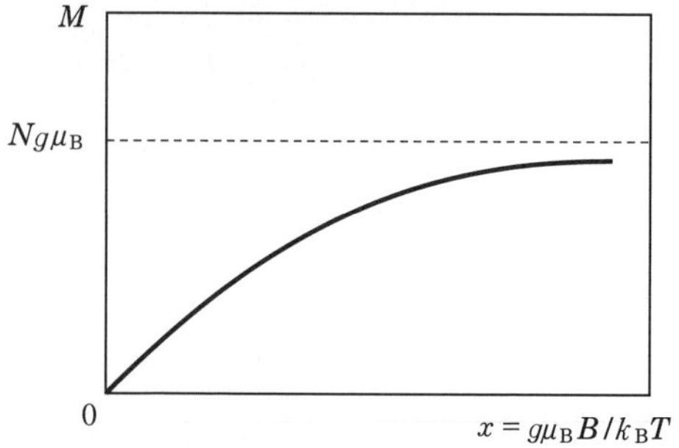

図12･4　イオンの常磁性磁化

$$\chi = \frac{\mu_0 N g^2 {\mu_B}^2}{k_B T} \tag{12.25}$$

となる．これは正の量だから，磁化と磁場は同じ方向であり，常磁性を与える．$N = 10^{26}\,\mathrm{m}^{-3}$，$T = 100\,\mathrm{K}$ とすると，$\chi \simeq 10^{-5}$ となって，測定値と一致する．

$J \geq 1$ である一般の場合も同じように考えることができる．このときは磁場によって $2J + 1$ 個の準位にゼーマン分裂し，m_J で指定される準位での電子の分布確率は，そのエネルギーを E_{m_J} として

$$P(m_J) = \frac{\exp(-E_{m_J}/k_B T)}{\displaystyle\sum_{m_J=-J}^{J} \exp(-E_{m_J}/k_B T)} \tag{12.26}$$

で与えられる．原子が m_J の状態にあるとき，磁気モーメントの磁場方向成分は $-g_J \mu_B m_J$ であるから，これに確率分布を掛けて和をとると，N 個の原子があるときの磁化は

$$M = -N g_J \mu_B \sum_{m_J=-J}^{J} m_J P(m_J) \tag{12.27}$$

である．この級数の和は

$$B_J(x) \equiv \frac{2J+1}{2J} \coth \frac{2J+1}{2J} x - \frac{1}{2J} \coth \frac{x}{2J} \tag{12.28}$$

で定義するブリュアン関数 $B_J(x)$ で表わせて

$$M = N g_J \mu_B J B_J(x) \tag{12.29}$$

と書ける．ただし，今度は $x = J g_J \mu_B B / k_B T$ である．$x \to \infty$ すなわち磁場が非常に強い（ゼーマン分裂が大きい）か，きわめて低温（勝手な方向を向くことが熱的に許されない）では，$B_J(x)$ は1に近づき，すべての磁気モーメントは磁場方向にそろう．逆に $x \to 0$（弱磁場か高温の極限）では $\coth x = x^{-1} + (1/3)x + O(x^3)$ の展開を使うと

$$\lim_{x \to 0} B_J(x) = \frac{J+1}{3J} x \tag{12.30}$$

だから，磁化は

$$M = \frac{N g_J{}^2 \mu_B{}^2 J(J+1)}{3k_B T} B \qquad (12.31)$$

となる．磁化率は

$$\chi = \frac{\mu_0 N g_J{}^2 \mu_B{}^2 J(J+1)}{3k_B T} \qquad (12.32)$$

であり，温度 T に反比例する．これを**キュリーの法則**という．

2・2　ランデの g 因子

(12.20) で導入した g_J の起源を説明する．電子の磁気モーメントは，軌道角運動量によるものが $-\mu_B \boldsymbol{L}$，スピンによるものが $-2\mu_B \boldsymbol{S}$ だから，全体では両方のベクトル和

$$\boldsymbol{\mu} = -\mu_B(\boldsymbol{L} + 2\boldsymbol{S}) \qquad (12.33)$$

である．$\boldsymbol{L}$ と $\boldsymbol{S}$ の間には

$$H_{LS} = \lambda \boldsymbol{L}\cdot\boldsymbol{S} \qquad (12.34)$$

の形の**スピン－軌道相互作用**が働く．スピン－軌道相互作用があるときには，$\boldsymbol{L}$ も $\boldsymbol{S}$ も運動の定数ではなくて，両者のベクトル和である $\boldsymbol{J}$ だけが運動の定数として定義される．このとき $\boldsymbol{\mu} = \boldsymbol{\mu}_L + \boldsymbol{\mu}_S$ は，(12.33)からわかるように $\boldsymbol{J}$ に比例しない．$\boldsymbol{\mu}$ は $\boldsymbol{J}$ の方向を軸にして歳差運動をするが，$\boldsymbol{\mu}$ の成分で時間平均をしたときゼロでないのは，$\boldsymbol{J}$ に平行な成分 μ_J である．これは $\boldsymbol{J}$ に比例するから

$$\boldsymbol{\mu}_J = -g_J \mu_B \boldsymbol{J} \qquad (12.35)$$

で定義するのが**ランデの g 因子**であり

$$g_J = 1 + \frac{J(J+1) + S(S+1) - L(L+1)}{2J(J+1)} \qquad (12.36)$$

となることが示される．この g_J が(12.20)に現われたものである．((12.36)の導出については，演習問題1を参照すること．）不完全殻の電子数を知ると，基底状態での S，L，J の大きさがフント則から決まり，(12.36) で g_J

が決まる．

2・3 パウリのスピン常磁性

3 d 遷移金属（Cr, Mn, Fe, …），4 f 希土類金属（Ce, Pr, …）などをべつにすると，多くの金属は弱い常磁性を示す．これは伝導電子のスピンがもつ磁気モーメントが，磁場方向を向こうとするために生じる．これが**パウリ常磁性**であり，伝導電子が多い金属ではイオン殻が示す反磁性に打ち勝つことになる．この常磁性磁化率は温度に依存しない．

伝導電子の状態密度を，スピンが上向きのものと下向きのものに分け，$D_+(E)$，$D_-(E)$ と表わす．スピンを特定しないときの状態密度を $D(E)$ とすると，磁場がないときは

$$D_+(E) = D_-(E) = \frac{1}{2}D(E) \tag{12.37}$$

である（**図 12・5 a**）．0 K では，両方のスピンの電子数は同じであるから，正方向と負方向のスピンの磁気モーメントが打ち消し合い，全体としての磁化はゼロである．大きさ B の磁束密度を z 方向に加えると，$m_s = 1/2$ の電子は $-\mu_B$ の磁気モーメントをもつので，エネルギーが $\mu_B B$ だけ上がる．したがって状態密度は

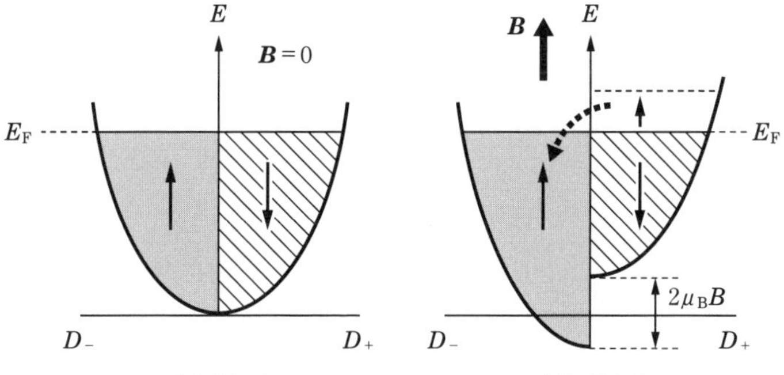

(a) $\boldsymbol{B}=0$　　(b) $\boldsymbol{B}\neq 0$

図 12・5　スピン常磁性

$$D_+(E) = \frac{1}{2}D(E - \mu_B B) \tag{12.38}$$

となる．同様に $m_s = -1/2$ の電子は，エネルギーが $\mu_B B$ だけ下がるので，状態密度は

$$D_-(E) = \frac{1}{2}D(E + \mu_B B) \tag{12.39}$$

となる(図 12・5 b)．それぞれのスピンの電子数は

$$N_\pm = \int D_\pm(E) f(E)\,dE \tag{12.40}$$

で与えられる．このままの電子分布では全系のエネルギーが高くなるので，$E > E_F$ のエネルギーをもつ $m_s = 1/2$ スピンの電子が，$m_s = -1/2$ スピンに反転し，エネルギーを低下させる．その結果，$-1/2$ スピンの数が増えて磁場に平行な磁化が生じる．これはゼーマン効果に起因するという意味では，イオンの常磁性と共通している．

フェルミエネルギー E_F に比べて，$\mu_B B$ は非常に小さい．例えば $B = 0.1$ $\mathrm{W \cdot m^{-2}}$ とすると，$\mu_B B / k_B T_F \simeq 10^{-5}$ である．状態密度を

$$D_\pm(E) = \frac{1}{2}D(E \pm \mu_B B) = \frac{1}{2}D(E) \pm \frac{1}{2}\mu_B B\frac{\partial D}{\partial E} \tag{12.41}$$

と展開すると，磁化は

$$\begin{aligned} M &= \mu_B(N_+ - N_-) = \mu_B{}^2 B\int_0^\infty \frac{\partial D}{\partial E} f(E)\,dE \\ &= \mu_B{}^2 B\int_0^\infty D(E)\left(-\frac{\partial f}{\partial E}\right)dE \end{aligned} \tag{12.42}$$

と表わせる．$-\partial f/\partial E$ は $E = E_F$ だけに鋭いピークをもつ関数だから，積分は $D(E)$ を $D(E_F)$ としたものになる．したがって

$$M = \mu_B{}^2 D(E_F) B \tag{12.43}$$

となり，磁化率は

$$\chi_P = \mu_0 \mu_B{}^2 D(E_F) \tag{12.44}$$

となる.

上の結果を直観的に解釈するには，フェルミエネルギー近くの電子だけが磁化率に寄与することに注目する．スピンの反転はエネルギーが $\mu_B B$ の範囲で起こるので，その電子数は

$$N_{\text{eff}} = \frac{1}{2} D(E_F)\,\mu_B B \qquad (12.45)$$

である．1個のスピンが反転すると，磁化が $2\mu_B$ だけ増えるから

$$M \simeq N_{\text{eff}}\,2\mu_B = \mu_B{}^2 D(E_F)\,B \qquad (12.46)$$

となって（12.43）に一致し，磁化率は（12.44）となる．

パウリ常磁性の磁化率 χ_P は，フェルミエネルギーでの状態密度に比例し，温度にはほとんど依存しない．温度依存性は，フェルミエネルギーがわずかに温度変化をすることから生じる．χ_P の大きさは，イオンの常磁性磁化率 χ の 10^{-2} 程度に小さいと見積もられる．実験値は 10^{-6} を単位として，カリウムで 0.76，銅が 1.24，銀は 0.9 である．

3 反磁性 〜イオンは古典論，伝導電子は量子論〜

物質に磁場を掛けたとき，磁場と反対向きの磁化が物質内に誘起される物質を，**反磁性**であるという．反磁性を，原因がイオン内電子の軌道運動と，伝導電子の場合について説明する．

3・1 イオンの反磁性

例えば希ガス原子のように，閉殻構造をもつ原子を考える．この場合，基底状態の全軌道角運動量 L，全スピン角運動量 S はともにゼロである．したがって，原子は固有の磁気モーメントをもたない．このような原子では，励起状態の効果を無視すると，**ラーモアの反磁性**が現われることを説明しよう．

外部磁場を加えていって，物質の磁束密度が変化するとき，電磁誘導によって電流が流れる．電流の向きは，その電流によって生じる磁束密度が，初めの磁束密度の変化を打ち消す向きである．これが**レンツの法則**である．原子内の電子の運動はレンツの法則にしたがう．すなわち，磁場をかけたことによって生じる誘導電流は，外部磁場を打ち消す向きに流れる．そのとき誘起される磁気モーメントは外部磁場と逆向きであるから，磁化率は負である．

磁束密度 $\boldsymbol{B}$ を z 方向に加えたとき，ローレンツ力によって軌道運動の角振動数が $\omega_L = eB/2m$ だけ減少する．角振動数の減少により電子の磁気モーメントは，(12.6) を導いたのと同様にして

$$\Delta\mu = IA = -\frac{e}{2}\omega_L\overline{r_\perp{}^2} = -\frac{e^2}{6m}\overline{r^2}B \qquad (12.47)$$

だけ変化する．$r_\perp$ は軌道の動径の磁場に垂直な成分であり，電子分布が球対称であるとして，2乗平均について $\overline{r_\perp{}^2} = (2/3)\overline{r^2}$ が成り立つことを使った．電子数 Z のイオンが単位体積当たり N 個あるとすると，磁化率は

$$\chi = \frac{M}{H} = \frac{\mu_0 NZ\,\Delta\mu}{B} = -\frac{\mu_0 NZe^2}{6m}\overline{r^2} \qquad (12.48)$$

となる．これがラーモアの反磁性の磁化率である．これを**ランジュバンの反磁性**と呼ぶこともある．

電子の軌道半径の2乗平均は，占有されている軌道について $N = 10^{29}$ $\mathrm{m^{-3}}$，$Z = 10$，$\overline{r^2} = 10^{-20}\,\mathrm{m^2}$ として (12.48) を見積もると，1グラムイオン当たり $\chi \approx 10^{-5}$ となる．閉殻電子構造をもつイオンの実験値は，10^{-6} を単位として，Fe^- が -9.4，Ne が -7.2，Na^+ が -6.1，Mg^{2+} が -4.3 となっている．電子状態を量子論で考えると，$\overline{r^2}$ は $\langle r^2\rangle_i$ で置き換えられる．ここで $\langle\cdots\rangle_i$ は，量子状態 i での期待値である．

3・2　伝導電子の反磁性

磁束密度 $\boldsymbol{B}$ の中での自由電子の運動は，磁束密度に垂直な面内での $\omega_c = eB/m$ の円運動と，磁場の方向の自由運動を重ね合わせた，らせん運動をする．ω_c をサイクロトロン周波数という．磁場が z 方向のときに，電子のシュレーディンガー方程式を解くと，エネルギー固有値は

$$E(n, k_z) = \left(n + \frac{1}{2}\right)\hbar\omega_c + \frac{\hbar^2}{2m}k_z^2 \qquad (n = 0, 1, \cdots) \tag{12.49}$$

で与えられる．これを**ランダウ準位**という．n と k_z が量子数である．エネルギー (12.49) は，k_z 方向の運動に対しては連続的で，k_x，k_y 方向の運動は離散的な調和振動子の値をとる（**図 12•6**）．

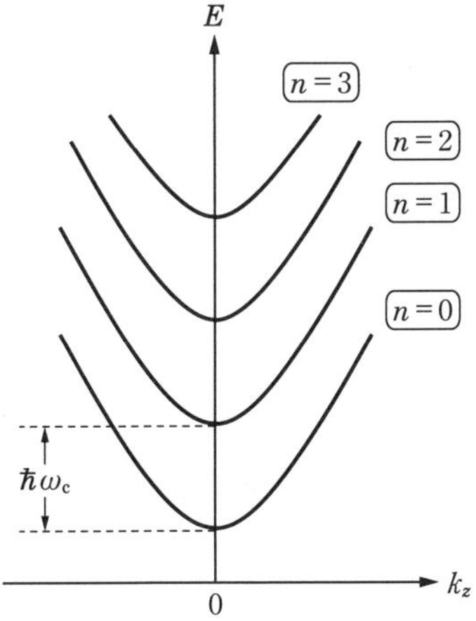

図 12•6　ランダウ準位

伝導電子は，2.3 節でのべたスピン常磁性に加えて，磁場で誘起される軌道運動に起因する反磁性を示す．これを**ランダウ反磁性**という．その磁化率を導くことは高度な議論になるので，ここでは

$$\chi_L = -\frac{1}{3}\mu_0\mu_B{}^2 D(E_F) = -\frac{1}{3}\chi_P \tag{12.50}$$

という結果だけを与えておく．

ランダウ反磁性の原因を定性的に説明しておこう．磁束密度に垂直な面内での円軌道の中には，金属の表面に衝突して逆回りの運動をするものがある（**図 12•7**）．これによって，円軌道による反磁性が完全に打ち消される．ところが，円運動の中心が試料の端に近い電子は，表面によって反射されるために付加的なエネルギーをもつ．そのため，フェルミエネルギーのすぐ下の準位では，端状態のエネルギーが E_F より高くなって，電子が存在しない．した

がって，この軌道においては端軌道によるキャンセルが起こらないので，その分だけ円軌道による反磁性が残る．その結果が(12.50)である．くわしくは，中山正敏 著『物質の電磁気学』(岩波書店)の6章1節を参照のこと．

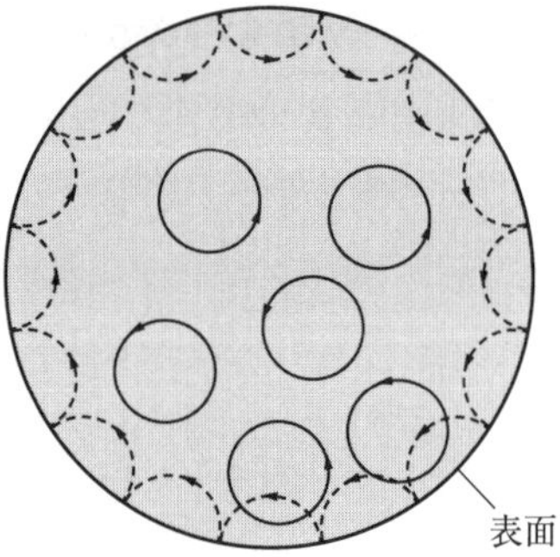

図 12•7　反磁性の表面反射によるキャンセル

ランダウ反磁性に由来する重要な現象が，$\omega_c\tau \gg 1$ を満たすような強磁場下でみられる．このときエネルギー準位が(12.49)の n について離散的な構造をもつことを利用して，サイクロトロン共鳴，ド・ハース－ファン・アルフェン効果から，バンド構造やフェルミ面の形を知ることができる．n が1だけ違う準位間の遷移に対応する周波数の光吸収から(図12･6)，結晶の有効質量

$$m^* = \frac{eB}{\omega_c} \tag{12.51}$$

を決めることができる．これが半導体のバンドの局所的な有効質量を知る実験的方法で，**サイクロトロン共鳴**と呼ばれる．

ランダウ準位は，$k_z = 0$ において磁場がない場合との違いが顕著である．磁場があるときとないときのエネルギースペクトルを，$k_z = 0$ に対して**図12•8**に示す．(12.49)に対する状態密度は，その1次元性のために，各 n の $k_z = 0$ に対応するエネルギーごとに鋭いピークをもつ(7章の演習問題3)．n 番目のランダウ準位の少し上に E_F がある場合

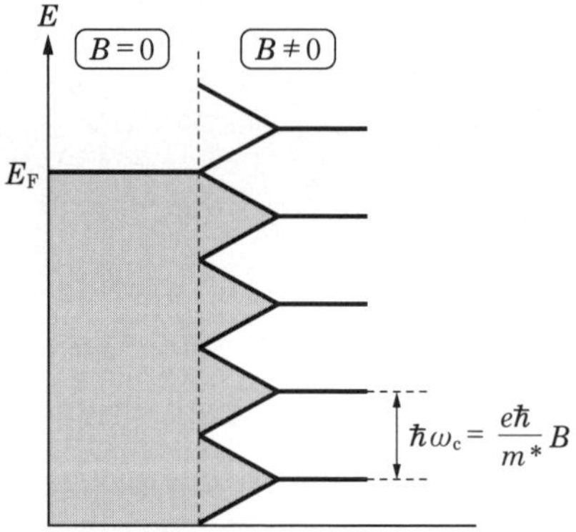

図 12•8　磁場がないとき，あるときのスペクトル

を考えると，磁場を強くしていったとき，準位間隔が広がりながらエネルギーが大きくなるので，状態密度のピークがフェルミエネルギーをよぎる．このとき，E_F を越えた状態には電子がいられなくなるので，ピークの状態を占めていた電子が低い状態に落ち，エネルギーは急に下がる．さらに磁場を強くしていくと，$n-1, n-2, \cdots$ が次々よぎる．それにともない，系のエネルギーが振動的に変化する．したがって，磁化および磁化率に振動的な変化が現われる．これが**ド・ハース－ファン・アルフェン効果**である．

実際の結晶では，エネルギーバンドからフェルミ面が決まっている．磁場に垂直な面内のフェルミ面の断面積が最大または最小の部分の近くには多くの軌道が集中しているので，磁場の強さを変えたときにいっせいにフェルミ面近くをよぎり，大きな反磁性磁化の変化が起こる．こうして磁化の変化が磁場の逆数に対して周期的に起こる．この周期は，断面積を S としたとき $2\pi e/\hbar S$ である．この実験を磁場の方向を変えて行えば，$\boldsymbol{k}$ 空間の3次元的なフェルミ面の形を知ることができる．ド・ハース－ファン・アルフェン効果の測定は，金属のフェルミ面の形状を決める最も有力な方法となっている．

4　強磁性　～相互作用がスピンの秩序をつくる～

物質中の磁性を担う原子あるいは伝導電子の磁気モーメントが，ある方向

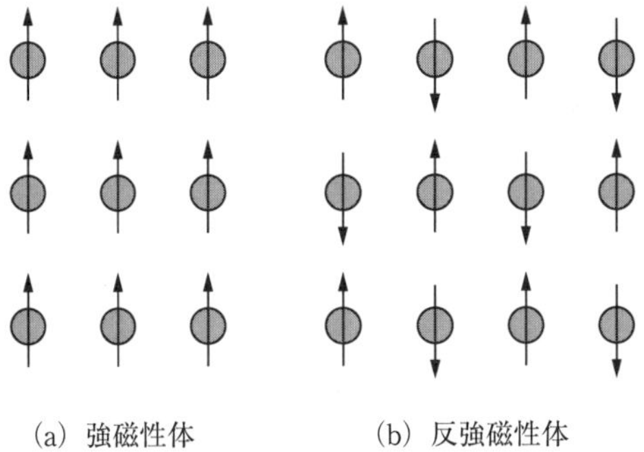

図 12・9　強磁性体と反強磁性体のスピン配列（2次元）

に整列し，外部磁場を加えなくても磁化をもっている性質を，**磁気的秩序**という．このときの磁化を**自発磁化**という．すべてのスピンが同じ方向にそろっている場合を**強磁性**という．格子が2つの部分格子に分けられて，それぞれのスピンの向きはそろっているが，互いに逆向きで全磁化がゼロになっている場合を**反強磁性**という．例として，2次元の場合の(a)強磁性体と(b)反強磁性体のスピン配列を**図12･9**に示す．強磁性を示す物質の磁化率は$10^5\ \mathrm{cm}^{-3}$程度であり，常磁性や反磁性に比べて非常に大きい．

4・1　分子場近似

強磁性を示す代表的な物質に，鉄，コバルト，ニッケルなどの遷移金属がある．これらの電子配置には，それぞれ$(3d)^6$, $(3d)^7$, $(3d)^8$の不完全な3d殻がある．不完全な4f殻をもつCeなどの希土類金属も強磁性を示す．

強磁性体では，自発的な磁化が存在する．その原因は，磁気モーメントを平行にそろえようとする電子間相互作用が磁場として働くからである．これがワイスが提案した強磁性のメカニズムである．ワイスは，各磁気モーメントに全体の磁化に比例した

$$H_{\mathrm{m}} = \lambda M \tag{12.52}$$

が内部磁場として働くと仮定し，これを分子場と呼んだ．λをワイスの定数という．

このように本来は多体問題である相互作用の効果を，平均的な1体ポテンシャルで置き換える近似を，**分子場近似**（または**平均場近似**）といい，そのときのポテンシャルを**分子場**（**平均場**）という．分子場近似は，多体問題に有効な考え方であり，多くの問題に応用されている．

ここでも簡単のために$J = 1/2$とすると，(12.24)を使ってH_{m}による磁化が計算できる．その結果

$$M = Ng\mu_{\mathrm{B}} \tanh \frac{\mu_0 g \mu_{\mathrm{B}} \lambda M}{k_{\mathrm{B}} T} \tag{12.53}$$

を得る．この式は両辺に M を含んでいる．これを解くことは，右辺括弧内の分子場を与える M を，それによって生じる左辺の M と同じになるように決めることである．このような方法を，セルフコンシステント（自己無撞着）に決めるという．

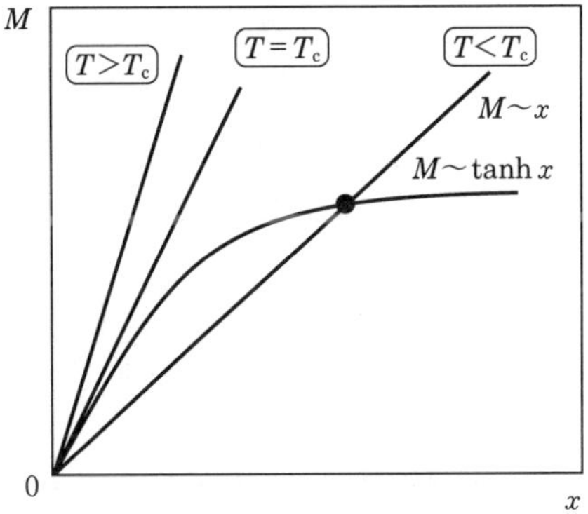

図 12･10　平均場近似による強磁性磁化

(12.53) を解析的に解くのは無理なので，グラフにより解を求めよう（**図 12･10**）．

$$x = \frac{\mu_0 g \mu_B \lambda M}{k_B T} \qquad (12.54)$$

とおくと，(12.53) は

$$M = Ng\mu_B \tanh x \qquad (12.55)$$

と書ける．x を変数として，(12.54) と (12.55) のグラフの交点から，(12.53) の解が得られる．(12.54) は，T で決まる勾配をもつ直線で，ある温度 T_c を境として，それ以下では曲線 (12.55) と交わるので，解が存在する．交点での M の値が，その温度での自発磁化を与える．T_c 以上の温度では解がない．つまり T_c で自発磁化が消える．T_c を**キュリー温度**という．

キュリー温度は次のようにして決まる．直線 (12.54) の傾きが，曲線 (12.55) の $x \approx 0$ での傾きより大きくなって交わらなくなる条件は，$\tanh x \approx x$ の近似を用いて

$$\lambda = \frac{k_B T_c}{\mu_0 N (g\mu_B)^2} \qquad (12.56)$$

となる．これがワイスの定数とキュリー温度をつなぐ関係である．$T_c = 10^3$ K，$N = 10^{29}\,\mathrm{m}^{-3}$ とし，ほかの定数にも適当な値を代入すると，$\lambda \simeq 10^4$

と見積もられる．

(12.55) から，自発磁化の大きさは $T = 0$ で最大(飽和値)であり，温度が上がるにつれて次第に減少し，T_c でゼロとなる．磁化を0Kでの値 $M(0)$ で割った $M/M(0)$ と，温度を T_c で割った T/T_c の関係を示すと，**図12・11**のようになる．これが自発磁化の温度変化を与えるもので，物質の違いによらない M - T 関係である．(12.55) と (12.56) から

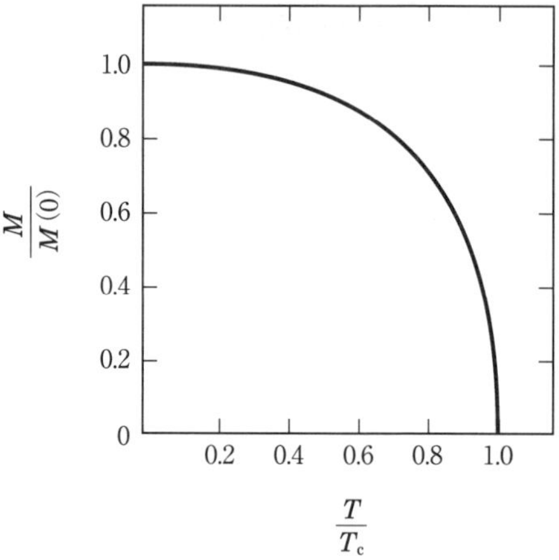

図12・11　自発磁化の温度変化

$$\frac{M}{M(0)} = \tanh\left(\frac{T_c}{T}\frac{M}{M(0)}\right) \tag{12.57}$$

と書ける．$T \to 0$ で右辺は1だから，左辺も1となる．$T \to T_c$ で $x = \tanh x$ の解は，$x = 0$ となるので $M = 0$ である．

キュリー温度以上では，磁気モーメントの向きがランダムになって自発磁化は消え，2・1節でのべた常磁性となる．しかしそのときも，スピン間の相互作用がなくなったわけではない．これは，スピンがばらばらの方向を向くことによってエントロピーが増えた方が，そろっているよりも自由エネルギーが下るからである．$T > T_c$ での磁化率の温度変化を調べる．このとき全体の磁場は，外部磁場 H と分子場 H_m の和

$$H_{tot} = H + H_m \tag{12.58}$$

である．ここでも (12.55) を使い，H_{tot} が十分小さいと仮定すると

$$M = M(0)\frac{\mu_0 g\mu_B}{k_B T}(H + \lambda M) \tag{12.59}$$

である．$M(0) = M(T \to \infty) = Ng\mu_B$ だから，(12.56) を用いて (12.59)

を書き直すと

$$M = \frac{T_c}{\lambda}\frac{1}{T - T_c}H \tag{12.60}$$

となるから，磁化率は

$$\chi = \frac{C}{T - T_c} \tag{12.61}$$

と表わせる．$C = T_c/\lambda = \mu_0 N(g\mu_B)^2/k_B$ である．(12.61) を**キュリー - ワイスの法則**という．これは，3・1 節の常磁性の磁化率と，T の原点がずれている以外は同じ形をしている．キュリー温度は鉄で 1043 K，ガドリニウム (Gd) では 289 K である．

4・2 分子場の物理的起源

分子場の原因として初めに提案されたのが，**ハイゼンベルクの交換相互作用**である．隣接する 2 つのスピン $\boldsymbol{s}_1$，$\boldsymbol{s}_2$ を考え，その磁気モーメント間の相互作用をスピンの内積に比例する

$$V_{ex} = -J'\boldsymbol{s}_1\cdot\boldsymbol{s}_2 \tag{12.62}$$

の形に仮定する．J' は交換定数と呼ばれ，相互作用の大きさを与える．(12.62) の相互作用エネルギーは，平行スピン ($\boldsymbol{s}_1 = \boldsymbol{s}_2$) の場合に $-s^2J'$，反平行スピン ($\boldsymbol{s}_1 = -\boldsymbol{s}_2$) の場合には s^2J' だから，平行スピン状態のほうがエネルギーが低くなるのは $J' > 0$ のときである．したがって，(12.62) が強磁性を与えるには $J' > 0$ でなければならない．相互作用の起源として，磁気モーメント間の双極子 - 双極子相互作用を仮定すると，エネルギーは双極子間の距離を r として

$$V_{12} \simeq \mu_0\frac{{\mu_B}^2}{r^6} \tag{12.63}$$

となる．これを数値的に見積もると $V_{12} \simeq 10^{-4}$ eV となり，実験値より 3 桁ほど小さくなって，強磁性を説明できない．

2個の電子のスピンが平行だと，パウリの排他律により互いに避け合うために，斥力によるクーロンエネルギーが減少して得をする．反平行のスピンをもつ電子は，排他律が働かない分だけ近づくことができて，クーロン斥力によりエネルギーが上がる．交換相互作用は，このようにスピンに依存している．これをモデル的に表わすハミルトニアンが (12.62) である．さらに起源がクーロン相互作用であることから

$$V_{\mathrm{ex}} \simeq \frac{e^2}{4\pi\varepsilon_0 r}$$

の形を考えると，双極子 - 双極子相互作用よりずっと大きい値となって，実験との一致がよい．

自発磁化をもっている点では強磁性と同様な反強磁性については，演習問題5とその解答を参照されたい．

演習問題

1. ランデの g 因子 (12.36) を導け．

2. (12.44) の χ_{P} の大きさを見積もれ．

3. ランダウ準位の状態密度を導け．

4. キュリー - ワイスの法則 (12.61) を導け．

5. 反強磁性体の磁化率の表式を導け．

13

半導体の物理

電子物性の舞台として，またデバイス材料としても重要な，半導体の代表であるシリコンのバンド構造を初めに説明する．半導体には電子と正孔の2種類のキャリヤーがある．半導体が金属や絶縁体と違う特徴は，ドナーやアクセプターを含む不純物半導体で顕著である．そのキャリヤー分布から，広い温度範囲での電気伝導率の変化が理解できる．不純物準位のエネルギーや波動関数を求める有効質量理論も解説する．デバイス作用の原型であるp-n接合の整流作用を，バンドに基づいて説明する．

1　半導体のバンド構造　～デバイスの基礎となる舞台～

半導体は，電気伝導率の大きさが金属と絶縁体の中間の物質である．二十世紀半ばに，ゲルマニウムやシリコンの物性研究がきっかけとなって，バンド理論に基礎をおく精緻な固体物理が展開された．これがトランジスターの発明に端を発する電子デバイスへの応用を推進し，ICなど高度の先端技術が生れた．今日広く用いられているバンド理論も，初めにこれら半導体物質に応用され，以来 高精度な手法へと発展したのである．まずこの節では，半導体中の電子現象の舞台であるエネルギーバンド構造を，シリコンを例として説明する．

シリコンの結晶構造はダイヤモンド構造であり，共有結合をしている．

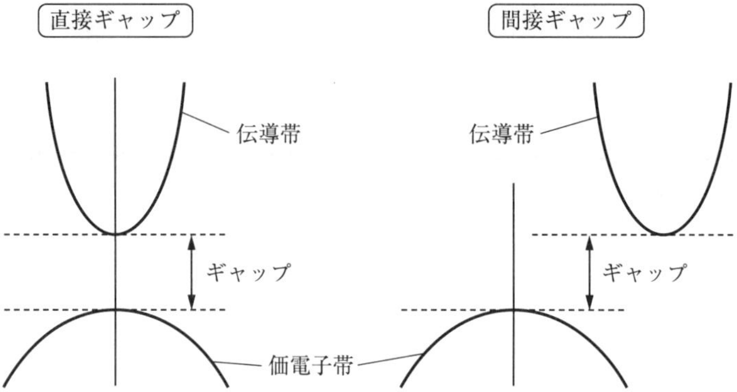

図 13•1　直接ギャップと間接ギャップ

バンド構造は，8 章 3・3 節に計算結果を示した(図 8•7)．価電子帯の頂上は $\boldsymbol{k} = 0$(Γ 点) にある．伝導帯のエネルギー最小は $\boldsymbol{k} = [1, 0, 0]$ 軸上 (Δ 点) にある．両者のエネルギー差が，バンドギャップを与える．光吸収の測定で決められたギャップの大きさは，1.12 eV である．また，伝導帯の第 2 の極小が，約 2.5 eV 高い Γ 点にある．伝導帯の最低エネルギーと価電子帯の最高エネルギーが同じ $\boldsymbol{k}$ 点にあるものを，**直接ギャップ半導体**という．これに対して，シリコンのように 2 つのエネルギーが違う $\boldsymbol{k}$ 点にあるものを，**間接ギャップ半導体**という (**図 13•1**)．

伝導帯の底を与える $\boldsymbol{k}_{\mathrm{c}}$ の近くでは，等エネルギー面は回転楕円体であり，Δ 方向を κ_z 軸にとると

$$E(\boldsymbol{k}) = \frac{\hbar^2}{2}\left(\frac{\kappa_x{}^2 + \kappa_y{}^2}{m_t{}^*} + \frac{\kappa_z{}^2}{m_l{}^*}\right) \tag{13.1}$$

で表わされる．ここで $\boldsymbol{\kappa} = \boldsymbol{k} - \boldsymbol{k}_{\mathrm{c}}$ ある．$m_l{}^*$ は κ_z 方向の有効質量，$m_t{}^*$ は κ_x，κ_y 方向の有効質量である．$\boldsymbol{k}_{\mathrm{c}}$ は，[1, 0, 0] 方向に同等な 6 つの点に存在する (**図 13•2**)．

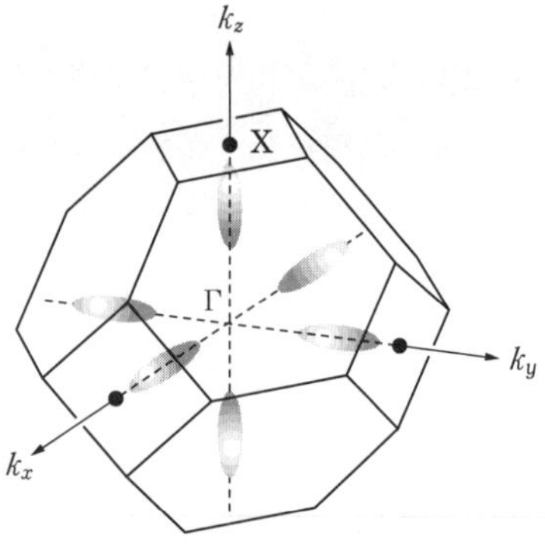

図 13•2　シリコンの伝導帯の 6 つの底

価電子帯の頂上の状態は，シリコン原子の3p軌道に由来して3重に縮退している．スピンの自由度を考慮すると，$l=1$ のp状態は，スピン－軌道相互作用によって $j=l+1/2=3/2$ (4重) と $j=l-1/2=1/2$ (2重) の状態に分裂する(**図13･3**)．前者は，異なる有効質量をもつ2つのバンドを形成する．有効質量は $\boldsymbol{k}$ の方向に依存する異方性をもつが，これを角度平均した値がサイクロトロン共鳴によって $0.50m$，$0.15m$ と決定されている．それぞれを重い正孔，軽い正孔のバンドと呼ぶ．

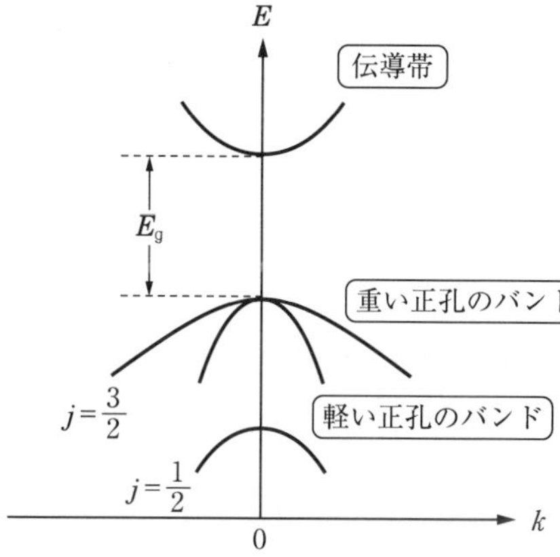

図13･3　スピン－軌道分裂した価電子帯

2　電子と正孔のエネルギー分布　～抵抗の温度変化の主役～

温度 T でエネルギー E の状態を電子が占める割合は，フェルミ分布関数で与えられる．金属では，**電子密度**が $10^{23}\,\mathrm{cm^{-3}}$ と大きくて E_F が数eVとなるので，**フェルミ温度** $T_\mathrm{F}=E_\mathrm{F}/k_\mathrm{B}$ は数万度となり，室温では $T \ll T_\mathrm{F}$ が成り立っている．これに対して半導体では，伝導帯に励起されている電子密度 n_e が $10^{12}\sim10^{18}\,\mathrm{cm^{-3}}$ と非常に小さく，室温では $T \gg T_\mathrm{F}$ である．このとき $f(E)$ は1に比べて非常に小さい (図7･5)．このような状況では，$\mu<0$ となっていて，フェルミ分布関数は古典的なボルツマン分布

$$f(E)=\exp\left(-\frac{E-\mu}{k_\mathrm{B}T}\right) \tag{13.2}$$

で近似できる．半導体のバンド構造として，伝導帯の底と価電子帯の頂上がともに $\boldsymbol{k}=0$ の点にあるモデルを考える．伝導帯の底と価電子帯の頂上の

有効質量を，それぞれ等方的な $m_{\mathrm{c}}{}^*$，$m_{\mathrm{v}}{}^*$ とすると，2つのバンド端近くでのエネルギーは，伝導帯の底のエネルギーをゼロとして

$$E_{\mathrm{c}}(\boldsymbol{k}) = \frac{\hbar^2}{2m_{\mathrm{c}}{}^*}\boldsymbol{k}^2 \tag{13.3}$$

$$E_{\mathrm{v}}(\boldsymbol{k}) = -E_{\mathrm{g}} - \frac{\hbar^2}{2m_{\mathrm{v}}{}^*}\boldsymbol{k}^2 \tag{13.4}$$

と表わされる．伝導帯にある電子密度は，分布関数を $\boldsymbol{k}$ 空間で積分して

$$n_{\mathrm{e}} = \frac{2}{V}\sum_{\boldsymbol{k}} f(E_{\mathrm{c}}(\boldsymbol{k})) = \frac{2}{V}\frac{V}{8\pi^3}\int_0^\infty \exp\left(-\frac{\hbar^2k^2/2m_{\mathrm{c}}{}^* - \mu}{k_{\mathrm{B}}T}\right)4\pi k^2 dk$$

$$= N_{\mathrm{c}}(T)\exp\left(\frac{\mu}{k_{\mathrm{B}}T}\right) \tag{13.5}$$

で与えられる．ここで

$$N_{\mathrm{c}}(T) = \frac{1}{4}\left(\frac{2m_{\mathrm{c}}{}^*k_{\mathrm{B}}T}{\pi\hbar^2}\right)^{3/2} \tag{13.6}$$

である．エネルギー E の状態を正孔が占める割合は，$f_{\mathrm{h}}(E) = 1 - f(-E)$ であるから，正孔の分布関数は

$$f_{\mathrm{h}}(E) = \exp\left(-\frac{\mu + E}{k_{\mathrm{B}}T}\right) \tag{13.7}$$

と近似できる．これから（13.5）と同様にして，正孔密度は

$$n_{\mathrm{h}} = N_{\mathrm{v}}(T)\exp\left(-\frac{\mu + E_{\mathrm{g}}}{k_{\mathrm{B}}T}\right) \tag{13.8}$$

となる．ただし

$$N_{\mathrm{v}}(T) = \frac{1}{4}\left(\frac{2m_{\mathrm{v}}{}^*k_{\mathrm{B}}T}{\pi\hbar^2}\right)^{3/2} \tag{13.9}$$

である．（13.5）と（13.8）から

$$n_{\mathrm{e}}n_{\mathrm{h}} = N_{\mathrm{c}}(T)N_{\mathrm{v}}(T)\exp\left(-\frac{E_{\mathrm{g}}}{k_{\mathrm{B}}T}\right) \tag{13.10}$$

が，どんな温度でも成り立っている．

不純物を含まず，電子が価電子帯から伝導帯に励起された結果，電子と正孔が同数だけ存在する半導体を，**真性半導体**という．真性半導体のキャリヤ

一密度は，(13.10) から

$$n_e = n_h = (N_c(T)N_v(T))^{1/2}\exp\left(-\frac{E_g}{2k_BT}\right) \qquad (13.11)$$

となる．指数関数の前の係数は $T^{3/2}$ の温度依存性をもつが，これは 2，3 桁しか変化しないので，n_e や n_h の大きさを決めるのに重要なのは，十桁以上変わる指数関数のほうである．

電気伝導率 σ **の温度依存性**は，(10.9) で τ の温度変化を無視すると，(13.11)から $\exp(-E_g/2k_BT)$ となる．$\log\sigma$ と $1/T$ の関係を図示すると，傾きが $-E_g/2k_B$ の直線になる(**図 13•4**)．したがって，σ の温度変化を測定することでギャップ E_g を知ることができる．

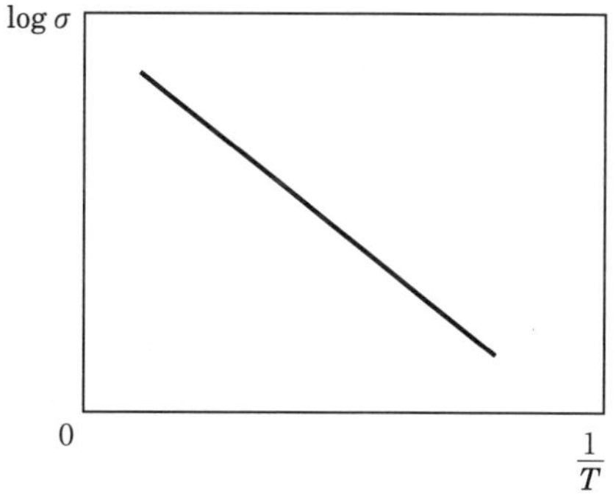

図 13•4　真性半導体の伝導率の温度変化

半導体の議論では，化学ポテンシャル μ のことをしばしばフェルミ準位という．(13.5) と (13.11) から，真性半導体では

$$\mu = -\frac{E_g}{2} + \frac{3k_BT}{4}\log\frac{m_v^*}{m_c^*} \qquad (13.12)$$

となる．多くの場合 m_v^* と m_c^* はそれほど大きく違わないので，フェルミ準位はギャップのほぼ中央に位置している．

3　不純物半導体　～ドナーとアクセプターの役割～

3・1　ドナーとアクセプター

同じ原子だけからできている純度 100 % の結晶というのは，現実には存在しない．高度の結晶精製技術によっても，つねに何らかの不純物は除ききれない．一方で，必要な不純物を必要な量だけ注入する技術も用いられている．

不純物から供給された電子や正孔をキャリヤーとする半導体を，**不純物半導体**という．半導体中の不純物には，ドナーとアクセプターの2種がある．ドナーは電子を伝導帯に供給し，アクセプターは電子を捉えることによって，価電子帯に正孔を供給する．14族元素半導体シリコン，ゲルマニウムに対して，15族元素リン（P），ひ素（As）などがドナーとなり，13族元素アルミニウム（Al），ガリウム（Ga）などがアクセプターになる．

例えばシリコン結晶中に，15族のP原子を添加（ドープ）した場合を考える．母体の結晶はダイヤモンド構造で，Si原子は正四面体の頂点にある4個の最近接原子と sp^3 混成軌道同士が結合している（図4·6）．P原子の価電子の配置は $(3s)^2(3p)^3$ である．これがSiに置き換わると，価電子のうちの4つは最近接のSiから伸びている混成軌道と結合し，1つが余分である．これが結晶中に放出され，Pは正に帯電する．

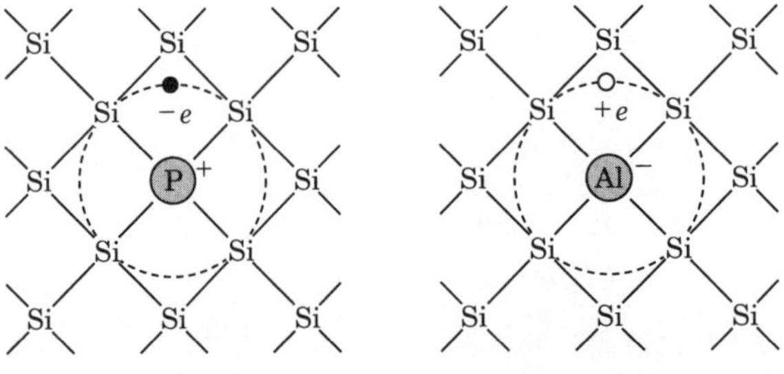

(a) ドナー　　(b) アクセプター

図13·5　ドナーとアクセプター

このように結晶に電子を与える不純物を，**ドナー**という．低温ではこの電子は正イオン P^+ がつくる引力ポテンシャルによって，正イオンの周りに束縛されている（**図13·5** a）．この準位は，自由に動き回れる状態である伝導帯より，少し低いエネルギーのところに現われる．温度が上がると，その電子が伝導帯に励起されて，母体結晶中を動き回る（**図13·6**）．

13族のAl原子の電子配置は $(3s)^2(3p)$ である．これがSiと置き換わると，周りのSi原子と共有結合をするには電子が1個足りない．この場合もドナーと同様に考えることができる．不足を補うために，Al原子は結晶全体から1つ電子をもらい，結晶全体では1個の電子が不足している状況となる．これを，Alから自由に動き回る正孔が放出されたと考える．

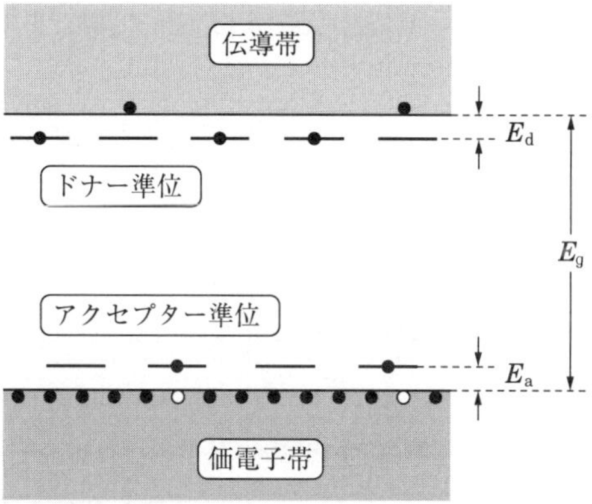

図13・6　ドナー準位とアクセプター準位

結晶から電子をもらう（正孔を与える）不純物を，**アクセプター**という．正孔は負の電荷をもつアクセプターAl^-に束縛されている（図13・5b）．これは価電子帯の一番高いエネルギー状態より少し上に準位をつくる（図13・6）．低温では電子は価電子帯にあって，アクセプター準位にはない．この状況を，ドナーの場合との対比で，正孔がアクセプター準位に束縛されていると解釈することができる．束縛されている正孔を価電子帯に励起することは，見方を変えると，電子を価電子帯頂上からアクセプター準位に励起することである．

ドナーやアクセプターがつくる準位は，そのエネルギーがギャップに比べて小さいので，**浅い不純物準位**と呼ばれる．シリコン，ゲルマニウム中のドナーとアクセプターの束縛エネルギーの実験値を**表13・1**に示す．

不純物半導体中のキャリヤーは，ドナーから伝導帯へ供給された電子，あるいはアクセプターから価電子帯へ供給された正孔である．ドナーがつくる

表13・1　Si，Ge中のドナーとアクセプターの束縛エネルギー（eV）

	Al	Ga	P	As
Si中	0.057	0.065	0.044	0.049
Ge中	0.0102	0.0108	0.012	0.0127

エネルギー準位は伝導帯の底から測って

$$E_n = -\frac{m_c{}^* e^4}{2(4\pi\varepsilon\hbar)^2}\frac{1}{n^2} \tag{13.13}$$

で与えられる．これは(3.42)の水素原子のエネルギーで，$m \to m_c{}^*$，$\varepsilon_0 \to \varepsilon$ としたものである．波動関数は，水素の波動関数でボーア半径を，(13.22)の**有効ボーア半径**としたものになる．

3・2 不純物半導体のキャリヤー分布

温度 T で，ドナーから伝導帯に熱的に励起される電子の密度を調べる．ドナーの濃度を N_d とする．ドナーの電子状態は空間的に局在している．局在する範囲は格子間隔の100倍程度である．そのような状態にスピンの上向きと下向きの電子が入ると，2個の電子間に強い斥力が働くので，ドナー準位にはスピンが上向きか下向きの電子どちらか1個しか入れない．

一般にエネルギー E_i をもつ準位 i に N_i 個の電子が入るとしたときの，熱平衡での電子数の平均値は

$$\langle n \rangle = \frac{\sum_i N_i \exp\{-\beta(E_i - \mu N_i)\}}{\sum_i \exp\{-\beta(E_i - \mu N_i)\}} \tag{13.14}$$

である．いまの問題でドナーを電子が占める場合としては，ドナー準位に電子がない，上向きスピンの電子がある，下向きスピンの電子がある，の3通りがある．(13.14)でドナー準位に電子がないとき($N_i = 0$，$E_i = 0$)，上向きスピンの電子があるとき($N_i = 1$，$E_i = -E_d$)，下向きスピンの電子があるとき（$N_i = 1$，$E_i = -E_d$）を考えると

$$\langle n \rangle = \frac{2\exp\{-\beta(-E_d - \mu)\}}{1 + 2\exp\{-\beta(-E_d - \mu)\}} = \frac{1}{(1/2)\exp\{\beta(-E_d - \mu)\} + 1} \tag{13.15}$$

となり，ドナー準位に存在する電子密度は

$$n_d = \frac{N_d}{\frac{1}{2}\exp\left(-\frac{E_d+\mu}{k_B T}\right)+1} \tag{13.16}$$

で与えられる.

$$n_e + n_d = N_d \tag{13.17}$$

が成り立っているから, (13.5), (13.16), (13.17) から

$$\frac{{n_e}^2}{N_d - n_e} = \frac{1}{2} N_c(T) \exp\left(-\frac{E_d}{k_B T}\right) \tag{13.18}$$

の関係があることがいえる.

3・3 不純物半導体の電気伝導率の温度変化

十分低温 ($k_B T \ll E_d$) では, ドナー電子はそのごく一部しか励起されないので, (13.18) の左辺分母の n_e を無視できて

$$n_e = \left(\frac{N_d N_c(T)}{2}\right)^{1/2} \exp\left(-\frac{E_d}{2k_B T}\right) \tag{13.19}$$

となる. σ の温度変化は n_e で決まり, $\log\sigma$ を $1/T$ に対してプロットすると傾きが $-E_d/2k_B T$ の直線になる.

それより高温の, $E_d \ll k_B T \ll E_g$ が成り立つ領域では, ドナーから放出された電子はすべて伝導帯に励起され, $n_e \simeq N_d$ と一定値になる. この温度範

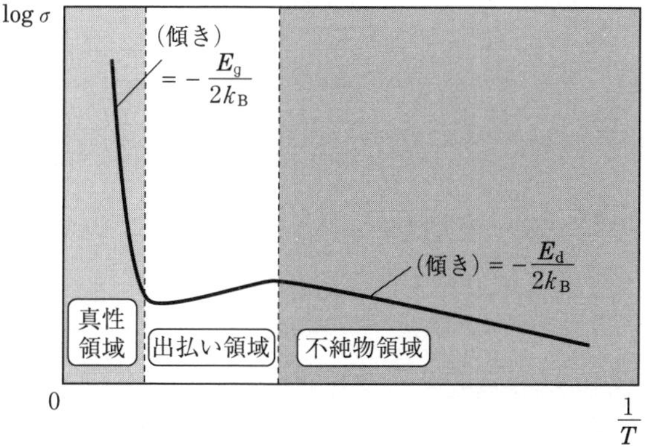

図 13・7 半導体の伝導率の温度変化

囲を**出払い領域**と呼ぶ．ここでは σ の温度変化が緩和時間 τ で決まる．例えば，格子振動による抵抗率は（10.25）でみたように温度に比例するから，σ は $1/T$ に対してわずかに増加する．

さらに高温では，価電子帯から伝導帯への熱励起が主となり，真性半導体と同じ温度依存性を示す．この温度範囲を**真性領域**という．以上のことから，全温度領域での σ の変化は**図 13•7** のようになる．

4　有効質量理論　～周期性が乱れた結晶を扱う方法～

ドナーやアクセプターに捉えられた電子のエネルギー準位がどうなるかを与えるのが，**有効質量理論**である．しかし実際には，この理論が扱える問題はもっと広く，完全結晶に電場・磁場などの摂動が加わったさまざまな問題にも適用できる．

まず有効質量理論の考え方と結論をのべる．完全結晶の周期ポテンシャルに，不純物ポテンシャルが補正項として加わったとする．そのとき 1 つのドナー（アクセプター）に捉えられている電子のエネルギーと波動関数は

$$\left(-\frac{\hbar^2}{2m_c^*}\Delta-\frac{e^2}{4\pi\varepsilon r}\right)F(\boldsymbol{r})=E\,F(\boldsymbol{r}) \qquad (13.20)$$

を解いて決まる．これを**有効質量方程式**という．結晶ポテンシャルの効果は，有効質量 m_c^* にとり入れられ，その質量をもつ電子にドナーによるポテンシャルが作用する．

例えば，As 原子の第 1 イオン化エネルギーは 9.81 eV であるが，これがシリコン結晶中のドナーとなると，次の 2 つの理由で 2 桁くらい小さくなる．

① 電荷のつくるポテンシャル $-e^2/4\pi\varepsilon_0 r$ は，多体効果により遮蔽されて，ε_0 を母体の静的誘電率で置き換えただけ小さくなる．$\varepsilon_r=\varepsilon/\varepsilon_0$

の値は，シリコンで12，ゲルマニウムで16と大きい．これはエネルギーギャップが比較的小さいことに起因している．

② 半導体中のドナー電子の質量は，伝導帯の底での有効質量 $m_c{}^*$ となる．

不純物電子の状態は，伝導帯の底付近の状態の重ね合わせで，エネルギーを最小にするようなものとして形成される．このときドナー電子の波動関数は，伝導帯の底を与える $\boldsymbol{k}$ 点でのブロッホ関数を，(13.20) の解 $F(\boldsymbol{r})$ で変調したものである．すなわち，伝導帯の底が $\boldsymbol{k} = 0$ にある場合には

$$\phi(\boldsymbol{r}) = F(\boldsymbol{r})\, u_{k=0}(\boldsymbol{r}) \qquad (13.21)$$

である．(13.20) は水素原子のシュレーディンガー方程式 (3.41) と同じ形である．

以上のことから，ドナーでは電荷 $-e$，質量 $m_c{}^*$ の電子が，e/ε_r の電荷の周りに捉えられていることになる．その結果，水素原子の場合の電子の広がりを与えるボーア半径 $a_0 = 4\pi\varepsilon_0\hbar^2/me^2 = 0.529$ Å は，不純物状態の場合に

$$a_0{}^* = \frac{m}{m_c{}^*}\varepsilon_r a_0 \qquad (13.22)$$

となる．これを**有効ボーア半径**という．$m_c{}^*/m \approx 0.1$，$\varepsilon_r \approx 10$ を用いると，これは 100 Å 程度である．波動関数は，水素の波動関数でボーア半径を有効ボーア半径としたものになる．基底状態のエネルギーは (13.13) であり，10 meV 程度になる．このようにドナーの束縛エネルギーは，バンドギャップより非常に小さく，エネルギーは伝導帯の底から測っているので，図 13･6 に示したようになる．

次に，有効質量方程式 (13.20) の基礎となっている考えを説明する．解くべきシュレーディンガー方程式は

$$\{H_0 + v(\boldsymbol{r})\}\phi(\boldsymbol{r}) = E\,\phi(\boldsymbol{r}) \qquad (13.23)$$

である．H_0 は完全結晶のハミルトニアンである．浅いエネルギー準位を生じるドナーやアクセプターがつくるポテンシャル $v(\boldsymbol{r})$ は

$$v(\boldsymbol{r}) = -\frac{e^2}{4\pi\varepsilon r} \tag{13.24}$$

で与えられる．有効質量理論は，次の2つの近似に基づいている．

① 不純物によるポテンシャルが，単位胞程度のスケールではほとんど変化しないとする．必ずしもポテンシャルが弱い必要はない．

② 波動関数を**ブロッホ関数**の周期部分と**包絡関数** $F(\boldsymbol{r})$ の積で表わしたとき，$F(\boldsymbol{r})$ は単位胞の範囲ではほとんど変化しないと考える．

この問題を記述するのに，完全結晶のシュレーディンガー方程式

$$H_0\,\psi_{n\boldsymbol{k}}(\boldsymbol{r}) = E_n(\boldsymbol{k})\,\psi_{n\boldsymbol{k}}(\boldsymbol{r}) \tag{13.25}$$

の解であるブロッホ関数から，バンド n の**ワニエ関数**を次式で定義する．

$$a_n(\boldsymbol{r} - \boldsymbol{R}) = \frac{1}{\sqrt{N}}\sum_{\boldsymbol{k}} e^{-i\boldsymbol{k}\cdot\boldsymbol{R}}\psi_{n\boldsymbol{k}}(\boldsymbol{r}) \tag{13.26}$$

ワニエ関数は格子点 $\boldsymbol{R}$ 付近に局在している．ワニエ関数がある程度の大きさの変化をもつのは，座標が格子点の何倍か変わったときである．ワニエ関数も，ブロッホ関数と同じく完全系をなすので，$\psi(\boldsymbol{r})$ を

$$\psi(\boldsymbol{r}) = \frac{1}{\sqrt{N}}\sum_{n}\sum_{\boldsymbol{R}} F_n(\boldsymbol{R})\,a_n(\boldsymbol{r} - \boldsymbol{R}) \tag{13.27}$$

と展開すると，係数 $F_n(\boldsymbol{r})$ の満たす式は

$$\{E_n(-i\nabla) + v(\boldsymbol{r})\}F_n(\boldsymbol{r}) = E\,F_n(\boldsymbol{r}) \tag{13.28}$$

と書ける．$E_n(-i\nabla)$ は，バンド構造を表わす関数 $E_n(\boldsymbol{k})$ において，$\boldsymbol{k} \to -i\nabla$ としたものである．(13.28) が有効質量方程式である．(13.28) の導出は演習問題4とする．バンドの極値付近では，(13.28) は (13.20) に一致することになる．$\boldsymbol{k}$ 空間のある点近くでの問題を解くには，そこでの有効質量 $m_c{}^*$ によって結晶ポテンシャルの効果をとり入れた電子に，外場ポテンシャル $v(\boldsymbol{r})$ が加わった問題を解けばよい．これが有効質量方程式の内容である．

5　p－n 接合　～デバイスの動作機構～

半導体結晶内でp型とn型の領域が接している構造を，**p－n 接合**という．p－n 接合は整流作用をもつことを，空間でのキャリヤー分布とバンド的見方の両方によって説明する．

5・1　熱平衡でのキャリヤー分布

接触させる前は，p型半導体には負に帯電したアクセプター(**図 13･8** の⊖)と，価電子帯に励起された同数の自由な正孔(⊕)が存在し，n型半導体には正に帯電したドナー(⊕)と伝導帯に励起された電子(⊖)が存在する．n型，p型半導体はともに電気的中性を保っている．どちらにもバンドギャップを越えて熱的に励起された電子・正孔対が，少数ではあるが存在している．そのためp型では電子が，n型には正孔が少数キャリヤーとなっている（これは図 13･8 には示していない）．

p型には正孔が多く，n型には電子が多く存在するから，接合によってそれぞれ濃度の低いほうへ，正孔は右のn領域へ電子は左のp領域へ，拡散が起こる．拡散したのち，正孔はn領域にある電子と，また電子はp領域の正孔と再結合する．その結果，接合の近くの狭い範囲にはキャリヤーが存在しない**空乏層**と呼ばれる領域ができる．このとき空乏層にはキャリヤーを供給してイオン化したドナーとアクセプターが残って，n型側を正に，p型側を負に帯電させ，**電荷二重層**を生じる(**図 13･9**)．これはn領域からp領域に移り変わる非常に薄い部分である．空乏層の厚さ d

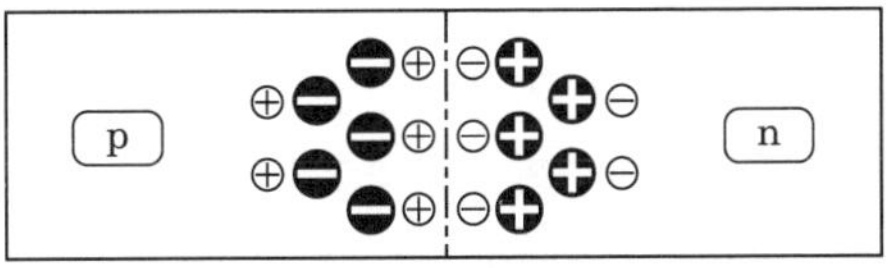

図 13･8　p－n 接合のキャリヤー分布

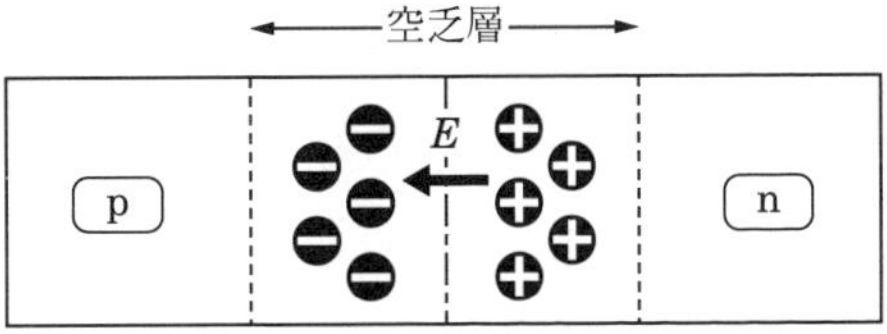

図 13･9　電荷二重層

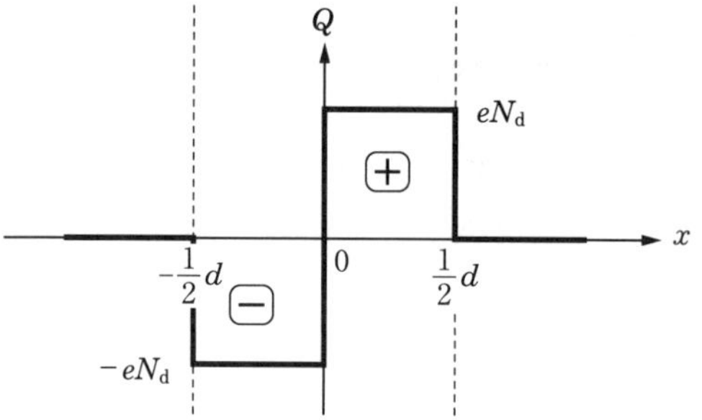

図 13･10　空乏層内の電荷分布モデル

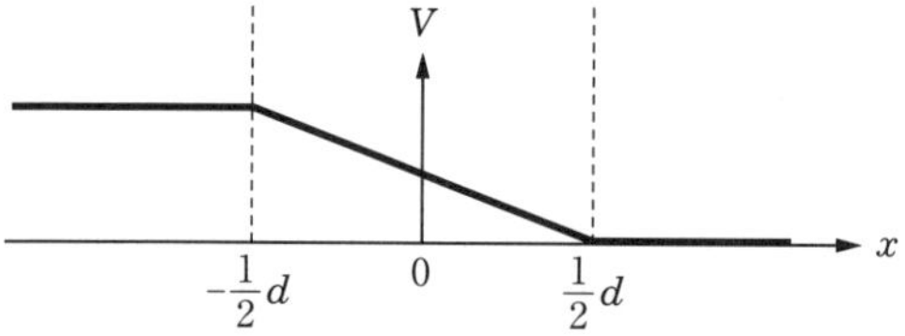

図 13･11　p－n 接合のポテンシャル（電子）

は，物質の比誘電率を ε_r，接合の両側の電位差を ϕ として

$$d \approx \left(\frac{\varepsilon_r \varepsilon_0 \phi}{N_{\mathrm{d}} e}\right)^{1/2} \tag{13.29}$$

で与えられる．$\varepsilon_0 = 8.854 \times 10^{-12}\,\mathrm{C^2 \cdot N^{-1} \cdot m^{-2}}$ は真空の誘電率である．例えば $\varepsilon_r \approx 10$, $\phi \approx 1\,\mathrm{eV}$, $N_{\mathrm{d}} \approx 10^{16}\,\mathrm{cm^{-3}}$ を使うと，$d \approx 3 \times 10^{-5}\,\mathrm{cm}$ と見積もられる．

空乏層内での電荷分布を**図 13･10** の階段関数で近似することができる．これにより，電子に対して**図 13･11** のポテンシャルが生じる．正孔に対しては，これと逆符号のポテンシャルとなる．このポテンシャルの差が拡散に対する障壁として作用し，両者がバランスして熱平衡に達している．この状況では電流が流れない．

これまでのべてきたことを，もう一度バンド構造の考えで理解し直しておこう．接合部での p 領域から n 領域への転移が急峻だとして，バンドのエネルギーを，**図 13･12** に示す．図は，**接合でのバンド**を横軸に位置をとって示したものである（$\boldsymbol{k}$ の関数としてのバンド構造ではない）．接合部から離れたところでは，それぞれ p 型，n 型半導体のエネルギーバンドに一致している．すなわち p 型の領域には，アクセプターから価電子帯にかなりの正孔が供給されている．同時に伝導帯には，ドナーから励起された電子が少数キャリヤーとして存在する．逆に，n 領域にはかなりの数の電子が伝導帯に，少数の正孔が価電子帯に分布している．

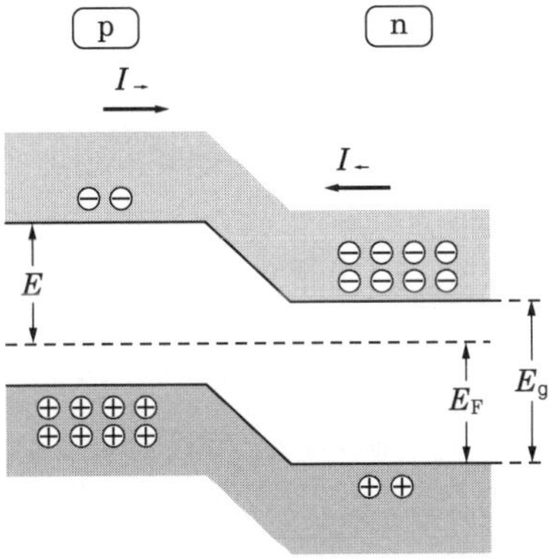

図 13・12　p－n 接合のバンド

p 型と n 型の半導体の接合により，n 領域にある電子が拡散して，p 領域のバンドの空いているところへ移る．熱平衡に達すると，空乏層の電位差によって接合部を含む全域でフェルミ準位は一定になる．その結果，両側のバンドは相対的にシフトし，接合部でのバンドが図 13・12 のように変形した．

このような熱平衡下での電流を計算する．電子による右方向への電流を $I_{\rightarrow}$，左方向への電流を $I_{\leftarrow}$ と表わす．p 側でアクセプターから伝導帯に励起された電子は空乏層まで拡散すると，そのままエネルギーが低い n 側の伝導帯に移れるので，$I_{\rightarrow} = A\exp(-E/k_BT)$ となる（A は比例定数）．$I_{\leftarrow}$ については，$E_g - E_F$ の活性化エネルギーでドナー準位から伝導帯に励起された電子が空乏層のポテンシャル障壁 $E - (E_g - E_F)$ を越える必要があるので，やはり $A\exp(-E/k_BT)$ となる．したがって両方向への電流が打ち消し合い，正味の電流はゼロである．

5・2 整流作用

次に p－n 接合にバイアス電圧をかけた場合を考える．p 領域に正の電圧を加えた場合を，**順方向バイアス**という（**図 13・13**）．ポテンシャルの変化によって，正孔は p 領域から n 領域へ，電子は n 領域から p 領域へ容易に移動するので，電場がないときに比べて電気伝導率は大きく増加する．これを**トランジスター効果**という．

電場を逆方向にかけると(**図 13•14**)，p 領域からの電子と n 領域からの正孔により電流が運ばれるが，それぞれの部分にその種のキャリヤーがほとんどないので，電流は順方向バイアスに比べて著しく減少する．順方向電流は障壁の高さに指数関数的に依存するので，加えた電圧に指数関数的に依存して $I_0 \exp(eV/k_B T)$ で増加する．つねに熱的に励起された少数キャリヤーによる電流があるので，これを差引いた全電流は

$$I = I_0\left\{\exp\left(\frac{eV}{k_B T}\right) - 1\right\} \qquad (13.30)$$

となる．(13.30) は，順方向バイアスで指数関数的に増え，逆方向バイアスで飽和電流 I_0 に近づくという，**整流作用**を示している (**図 13•15**)．

バイアス電圧を加えた場合を，もう一度エネルギーバンドのキャリヤー分布によって理解しておこう．電場があると，両方の領域の

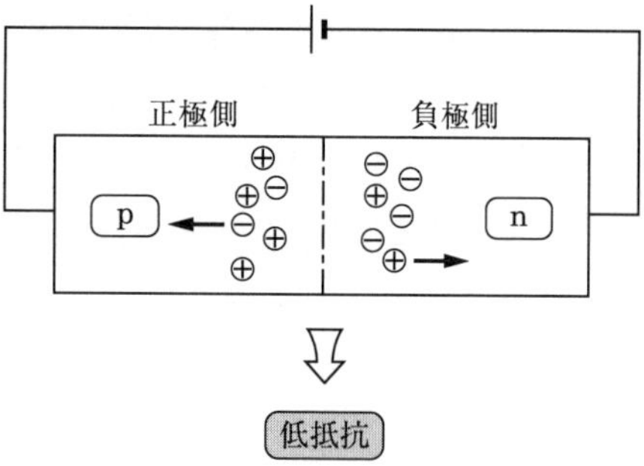

図 13•13　順方向バイアスでのキャリヤー移動

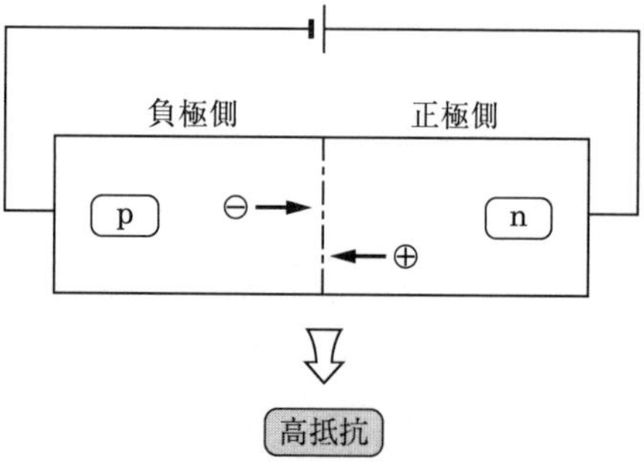

図 13•14　逆方向バイアスでのキャリヤー移動

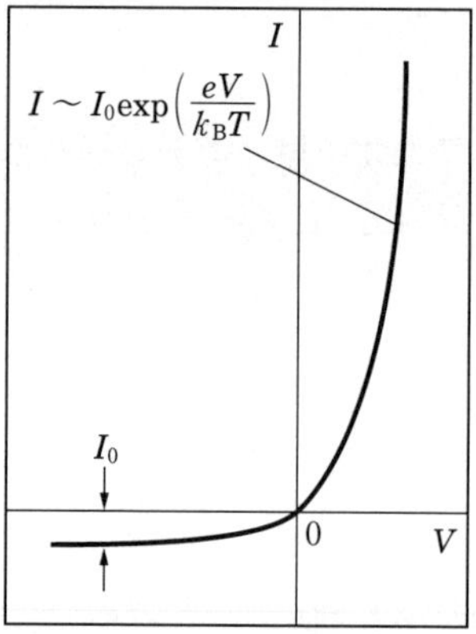

図 13•15　整流作用

フェルミエネルギーが同じでないから，接合は熱平衡状態にはない．したがって正しい意味のフェルミ準位は定義できないが，p 側，n 側それぞれの領域で，準フェルミ準位 E_{fp}，E_{fn} を定義することができる．

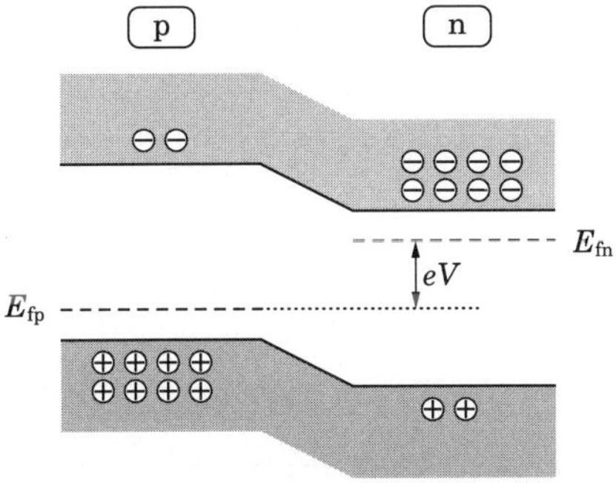

図 13•16　電場下の p－n 接合のバンド

バイアス電圧 V を順方向に掛けた場合の，接合でのエネルギー準位を**図 13•16** に示す．n 領域でのフェルミ準位が p 領域での値より eV だけ上がり，それだけ障壁が低くなるので，n 側から p 側への電子の流れは，バイアスがないときの $\exp(eV/k_{\mathrm{B}}T)$ 倍だけ大きくなる．同様に p 側から n 側への正孔の流れも，同じ因子で増える．その結果，p 領域から n 領域への正味の電流は (13.30) となる．I_0 は熱平衡で各々の方向に流れている全電流で，$I_{\rightarrow}(=I_{\leftarrow})$ に等しい．p 側を負極につないだ逆方向バイアスのときは，n 領域から p 領域への電子の流れは因子 $\exp(eV/k_{\mathrm{B}}T)\,(V<0)$ だけ減少し，(13.30) で V の符号を変えた式がそのまま使える．

演習問題

1．ドナーをもつ半導体のフェルミ準位の位置を求めよ．

2．ゲルマニウム結晶はブリュアン域境界近くに等方的な光学的ギャップ E_{g} をもつ．15 章の演習問題 4 で示す関係

$$\varepsilon(q,0) \approx 1 + \left(\frac{\hbar\omega_{\mathrm{p}}}{E_{\mathrm{g}}}\right)^2$$

を用いて，E_{g} を見積もれ．$\varepsilon(q,0) = 15.8$，格子定数 $a = 5.62$ Å とする．

3．光吸収にともなうランダウ準位間の遷移の，n に関する選択則を，有効質量理論によって導け．

4．（13.28）を導け．

5．（13.29）を導け．

第一原理分子動力学法

第一原理による計算とは，実験値や任意パラメーターを一切用いない純粋に理論的な計算方法である．**分子動力学**とは，原子間に働く力によって原子や分子を移動させ，次に新しい場所での力を計算することを繰り返して，粒子の運動を追いかける方法である．**第一原理計算**と分子動力学の2つを組み合わせて，固体を構成する原子系と電子系を同等に扱う手法が，カーとパリネロによって1985年に提出された．

それまでは，電子の運動に比べて原子の運動ははるかにゆっくりなので，電子状態はイオンの運動に完全にフォローして起こるとする，**断熱近似**を仮定していた．そのとき，原子配置での電子系エネルギー $E(\boldsymbol{R})$ を原子に働くポテンシャルとみて，断熱ポテンシャルと呼ぶ．ここで $\boldsymbol{R}$ は，全原子の座標を代表させている．

カーとパリネロの方法では，原子の座標に加えて，電子の波動関数を一種の座標とみなし，系の全エネルギーを両方の座標についてのポテンシャルと考える．その2変数空間で（実際には座標は原子数の3倍，波動関数は展開に使う平面波の数だけある），ポテンシャルから力を計算し，動力学によって最低エネルギーの点に到達する．その点が，原子配置と波動関数（電子状態）を同時に決定する．

この方法は，任意の原子配置から出発して系のエネルギーが最小になるような原子配置とそのときの電子状態を求める一般的な手法である．それが原子の吸着・脱離，結晶成長の素過程，化学反応など動的な問題にも応用されている．

14

超 伝 導

超伝導体が示す特徴的な物性である，抵抗ゼロ，マイスナー効果，比熱異常を説明する．超伝導状態が電子対を形成した秩序状態であるとして，超伝導の原因を解明したBCS理論を，定性的に説明する．フォノンを媒介して電子間に引力が働くことが，その鍵である．超伝導体間のトンネル現象は，ジョセフソン効果をもたらす．これは波動関数の位相の差が電流を生じるという特異な現象で，いろいろなデバイスに応用されている．

1　超伝導物性　～抵抗と磁場がゼロの秩序状態～

超伝導とは，物質の電気抵抗がゼロであること，いいかえると，電気伝導率が無限大のことである．超伝導は，低温で非常に多くの金属に共通してみられる現象である．抵抗ゼロの超伝導電流は，ジュール熱を発生しない点で，通常の電流とは違う．電力をロスなしに利用できるので，室温で超伝導になる物質がみつかれば，エネルギー革命が期待される．1986年以後に発見された銅酸化物超伝導体の転移温度は，それまでより飛躍的に高い，70から130Kの物質である．このことが，新しい超伝導発現機構の探求を通じて，物性物理に新しい展開をもたらすと同時に，常温での超伝導材料利用へと一歩前進することになった．

超伝導を理解するには，3章の内容以上に高度な量子力学の知識が必要である．この章ではそこまで立ち入らずに，なるべく直観的に理解することを試みる．さらにくわしくは，巻末にあげる参考書を参照されたい．

1・1 抵抗ゼロ

1908年，カマリン・オネスはヘリウムの液化に成功した．その結果，液体ヘリウムを寒剤として用いた4K付近の物性研究が可能となった．その中で，水銀の電気抵抗が4.2Kでゼロになることがみつかった．これが，その後今日まで華々しく展開されている低温物理の幕開けであった．しかも温度を下げていったときの電気抵抗の減少の仕方が，徐々にではなく，突如としてゼロとなった(**図14•1**)．これは，これまで観測されていた低温での金属の電気抵抗の振舞い（10章3節）とは違う，特異な現象であった．

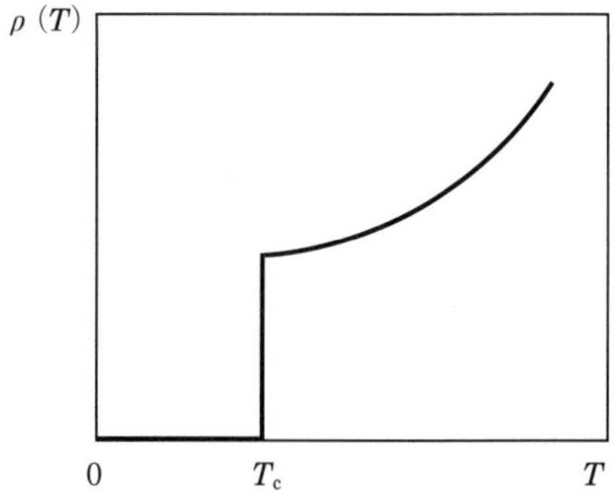

図14•1 水銀の超伝導

例えば金属ガリウムでは，転移が起こっている温度範囲はわずか10^{-5}Kにすぎない．その点からも，超伝導状態は物質に現われる特別な相であるといえる．これを，**超伝導相**という．超伝導に転移する温度を**転移温度**といい，T_cで表わす．T_cより上の温度で，電気伝導にオームの法則が成り立つ状態は，**常伝導相**と呼ばれる．

この転移は一種の**相転移**である．物質の内部エネルギー，自由エネルギーなどの熱力学的関数が，温度や磁場を変数として解析的に変化する範囲を1つの相という．温度を下げていったとき，気相から液相へ変わったり，キュリー温度で常磁性相から強磁性相へ変化するのは，相転移である．T_cを境にして，低温側で**秩序相**，高温側で**無秩序相**に分かれる．

超伝導相への転移は**可逆的**である．すなわち，超伝導相の試料の温度をT_c

以上にすると，常伝導相に戻る．このことは，低温での抵抗ゼロの状態が，熱力学的に安定な状態であることを意味している．

1・2　マイスナー効果　─ 完全反磁性 ─

金属に外から磁場をかけたとき，常伝導状態では物質内に磁束密度 $\boldsymbol{B}$ が存在する．これに対して，超伝導体では，内部での磁束密度がゼロとなる．マイスナーとオクセンフェルトが 1933 年にみつけたこの現象は，**マイスナー効果**と呼ばれる．T_c より高い温度で常伝導状態にある金属を，磁場中で温度を下げていくと，T_c 以下で磁束が超伝導体の外へ押し出される．すなわち，磁場を加えても試料の内部では $\boldsymbol{B} = 0$ となっている（**図 14・2**）．より正確にいうと，外から加えた磁場の大きさがある臨界値 H_c より小さいと，磁束密度は超伝導体の表面から $\lambda \simeq 10^{-6} \sim 10^{-8}$ m 以上深く侵入しない．この現象も可逆的で，温度を T_c より上げると磁束密度が侵入する．マイスナー効果は，超伝導を特徴づける現象である．磁場中で超伝導体が空中に浮くことを利用したリニヤモーターカーは，この効果を応用している．

12 章の磁性のところでのべたように，物質中の磁束密度は

$$\boldsymbol{B} = \mu_0(\boldsymbol{H} + \boldsymbol{M}) = \mu_0(1 + \chi)\boldsymbol{H} \qquad (14.1)$$

と表わされる．$\boldsymbol{H}$ は外部磁場の強さ，$\boldsymbol{M}$ は物質の磁化，χ は磁化率である．

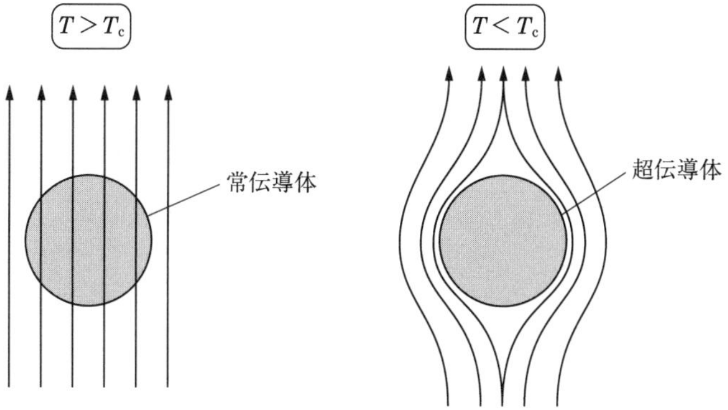

図 14・2　マイスナー効果

$\boldsymbol{B}=0$ とは $\chi=-1$ のことであり，外部磁場を完全に打ち消すだけの磁化が物質内に存在することを意味する．これは，反磁性が最も極端な形で現われて，$\boldsymbol{B}$ を完全に打ち消した場合であり，**完全反磁性**と呼ばれる．常伝導の金属は，伝導電子によるパウリ常磁性と，大きさがその1/3の反磁性を示す(12章3·2節)．反磁性磁化率の大きさは 10^{-5} 程度と小さく，超伝導体の $\chi=-1$ とは非常に違っている．完全反磁性は，厚さ $\lambda\sim10^{-6}$ m程度の表面層の中を抵抗ゼロの電流が流れて，外部磁場を遮蔽するために起こる．

超伝導状態は，外から磁場をかけると，ある**臨界磁場** H_c より強い磁場で常伝導状態に変わる．そのため，T_c 以下の温度であっても超伝導でなくなる．磁束密度と外部磁場の関係を**図14·3**aに示す．磁束密度は H_c 以下でゼロ，H_c 以上では H に比例する．

一方，合金や不純物を含む金属では，図14·3bに示すように，**下部臨界磁場** H_{c1}，**上部臨界磁場** H_{c2} の2種類の臨界磁場が存在する($H_{c2}>H_{c1}$)．$H<H_{c1}$ では電気抵抗がゼロで，$\boldsymbol{B}=0$ と上でのべた超伝導の性質がそのまま現われる．$H>H_{c2}$ では，試料全体が常伝導状態に変わり，磁束は完全に内部に浸透する．磁場が $H_{c1}<H<H_{c2}$ のときに，新しい現象が現われる．このとき電気抵抗はゼロであるが，内部に磁場が渦糸状に侵入し部分的に超伝導

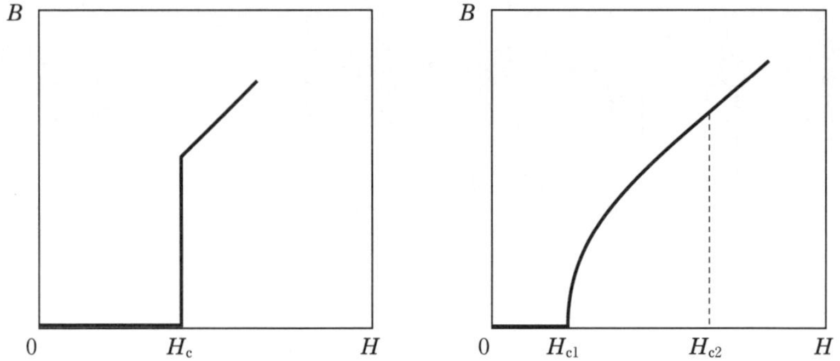

(a) 第1種超伝導体　(b) 第2種超伝導体

図14·3　第1種，第2種超伝導体の磁束密度

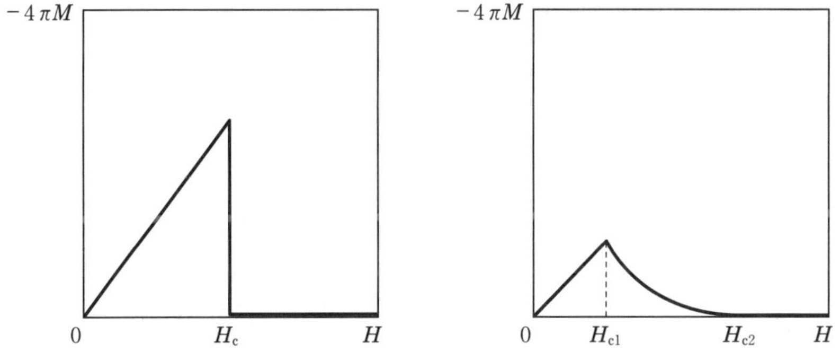

(a) 第1種超伝導体　(b) 第2種超伝導体

図 14・4　第 1 種，第 2 種超伝導体の反磁性磁化

が磁場によって壊されている．この磁場領域では，常伝導状態と超伝導状態が混じっており，**混合状態**と呼ばれる．磁束密度の磁場依存性が図 14・3 a のものを**第 1 種超伝導体**，図 14・3 b のものを**第 2 種超伝導体**という．この事実は超伝導への転移が，必ずしも急激でない場合があることを意味している．実際，不純物を含むスズのような第 2 種超伝導体では，電気抵抗は約 0.1 K の範囲で徐々に減少して，ゼロとなる．第 1 種と第 2 種の超伝導体を，反磁性磁化の違いで示すと，**図 14・4** のようになる．

臨界磁場は

$$H_c(T) = H_c(0)\left\{1 - \left(\frac{T}{T_c}\right)^2\right\} \tag{14.2}$$

の温度依存性をもつ．すなわち $T = 0$ で最大値をとり，温度とともに減少して，$T = T_c$ でゼロとなる（**図 14・5**）．この曲線は超伝導相と常伝導相の境界を与える．典型的な物質の臨界磁場の値は，

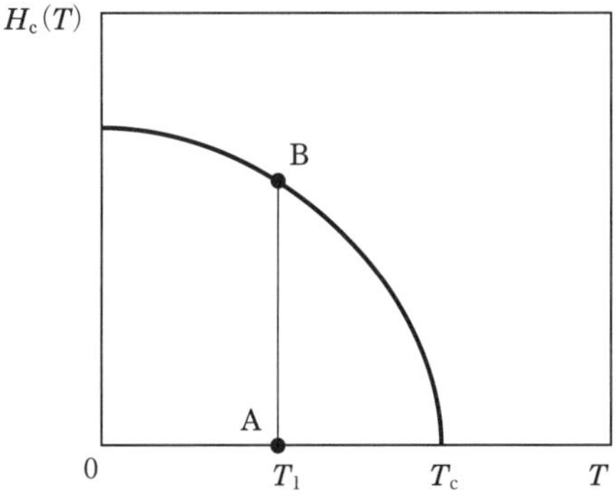

図 14・5　臨界磁場の温度変化

アルミニウムで99 G，ガリウムが51，鉛は803である．

超伝導状態では，抵抗が生じることなく電流が流れる．しかしある一定値 I_c 以上の電流が流れると，抵抗ゼロの状態が壊れ電圧が発生する．I_c を臨界電流という．超伝導体の特徴を示す量として，単位時間当たりの臨界電流値である**臨界電流密度** J_c を用いる．実用材料には，臨界電流密度が $10^8\ \mathrm{A \cdot m^{-2}}$ を超えるものが用いられている．

1・3 転移の熱力学

超伝導体の電子比熱を低温で測定すると，**図14･6** a に示すような温度変化をする（鎖線は，$T < T_c$ で仮想的に常伝導状態であるとしたときの比熱である）．比熱は，T_c の直下で常伝導相の値から急に増え，温度の低下とともに指数関数的に減少し，常伝導相の値より小さくなる．その振舞いは

$$C_V = ae^{-b(T_c/T)} \tag{14.3}$$

で表わされる．これは，超伝導状態では，フェルミエネルギー付近のエネルギースペクトルに

$$\Delta \simeq kT_c \tag{14.4}$$

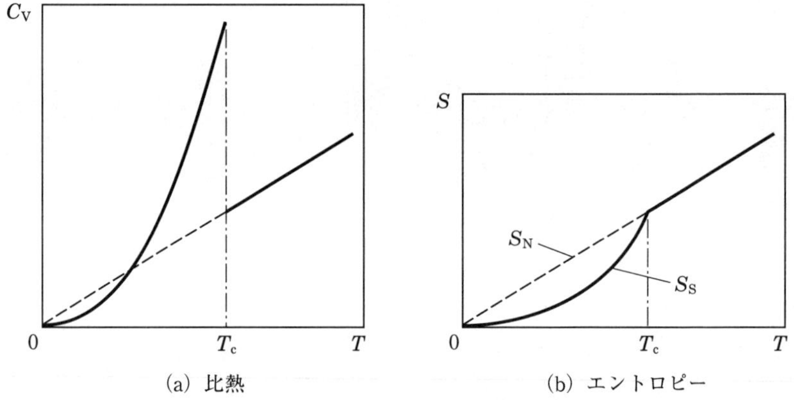

図14･6 超伝導体の比熱とエントロピー

程度のギャップがあると考えると理解できる．なぜならば，ギャップがあると，それより小さいエネルギーをもらっても，移り先の状態がないので，その物質はエネルギーを受け取ることができない．したがって熱の吸収が起きないので，比熱も小さくなる．物質を T_c に昇温させると，常伝導となってギャップが消えるので，励起される電子が多くなる．

(14.4) で転移温度を 5 K としてギャップの大きさを見積もると，$\Delta \simeq 10^{-4}$ eV となる．これは半導体などのエネルギーギャップが 1 eV 程度，不純物準位の深さが 10^{-2} eV 程度なのに比べて 2 桁以上小さい．すなわち超伝導は，このくらい小さなエネルギースケールの現象であり，それに相当する極低温（数度 K）でしか現われないのである．

熱力学によれば，ヘルムホルツの自由エネルギーを F，エントロピーを S とすると

$$S = -\left(\frac{\partial F}{\partial T}\right)_{\mathrm{V}} \tag{14.5}$$

の関係がある．また定積比熱とエントロピーの間には

$$C_{\mathrm{V}} = \left(\frac{\partial U}{\partial T}\right)_{\mathrm{V}} = T\left(\frac{\partial S}{\partial T}\right)_{\mathrm{V}} \tag{14.6}$$

の関係がある．一般に**超伝導相のエントロピー** S_{S} は，常伝導相の S_{N} より大きくなく，$S_{\mathrm{S}} \leq S_{\mathrm{N}}$ である．これは超伝導相の電子系が，常伝導相より秩序度が大きいことを意味している．両方の相のエントロピーの温度変化を図 14･6 b に示す．転移温度に近づくと，エントロピーが増えて，T_c で常伝導相の値に一致する．図 14･6 a と図 14･6 b は，(14.6) の関係とつじつまがあっている．

超伝導状態の秩序度は，クーパー対と呼ばれる電子対が形成されることに由来する．固体内の秩序でよく知られた例としては，スピンが一方向にそろっている強磁性がある．クーパー対は，フェルミエネルギー近くの電子が対をつくりそろって運動している点で，ばらばらの運動をしている電子ガスよ

り秩序度が大きいのである.

2 超伝導の BCS 理論 〜超伝導電流を運ぶ電子のペア〜

2・1 クーパー対

超伝導現象を説明するミクロな理論は，1957年にバーディーン，クーパー，シュリーファーによって提出された．これを**BCS理論**という．この節では，抵抗ゼロやマイスナー効果など，ほとんどすべての実験事実を説明することに成功したBCS理論によって，超伝導の原因を定性的に説明する．

金属では，伝導電子がフェルミ球の内部を占有している．いま，フェルミ面のごく近くにある2個の電子を考える．当然 電子の間にはクーロン斥力が働いている．この斥力は，次の2つの理由でかなり弱められる．まずパウリの排他律によって，同じ向きのスピンをもつ電子は同じ状態にいることができない（同じ波動関数になれない）．その結果 互いに遠ざけ合い，離れて存在する．遠くにいればクーロン斥力は弱い．第2に，注目する2つの電子以外の電子の空間分布が変化して，2つの電子の周りの電子密度が少なくなるようにする．その結果，2つの電子は相対的に正電荷が周りに増えた状況になる．こうして2電子間の相互作用が弱くなる現象を**遮蔽**という．これは電子間相互作用のエネルギーを減らし，系のエネルギーをなるべく低くするために起こる．遮蔽の範囲は1Å程度である．遮蔽効果の理論的定式化は，15章3節で説明する．

このようにして電子間のクーロン斥力はわずかに残る程度にまで弱められるが，まだ斥力である．もし何かの理由で，フェルミ面近くの2つの電子に引力が働くと仮定すると，それが対となって束縛状態をつくることをクーパーが示した．これを**クーパー対**と呼ぶ．このアイデアによって，超伝導の原因解明は大きく進展した．

残る問題は，常識に反する電子－電子間の引力が，どうしたら可能になるかである．一言でいえば，それは電子 - 格子相互作用の媒介によってである．電子 1 と 2 が近づいた状況を考える(**図 14•7**)．結晶中の電子 1 は，場所場所で自分の周りに正電荷をもつ金属イオンを引き寄せながら運動する．この場合のイオンの変位は格子振動である．つまり電子 2 からみた電子 1 は，裸の電子ではなくて，フォノンによってある程度遮蔽されている．電子 1 はフェルミ面の近くにあるので，速度 v_1 が大きい．一方，正イオンは重いのでゆっくり応答して変位する．したがってイオンが完全に電子を遮蔽し終わる頃には，電子 1 はイオンの位置をすでに離れてしまっている．いいかえると，正イオンの変位は電子が通り過ぎたあとも残り，その付近は多少正に帯電した領域になっている．そこへ第 2 の電子がやってくると引き寄せられる．以上の過程を全体としてみると，2 つの電子間に格子の変形を介した引力が働いていることになる．

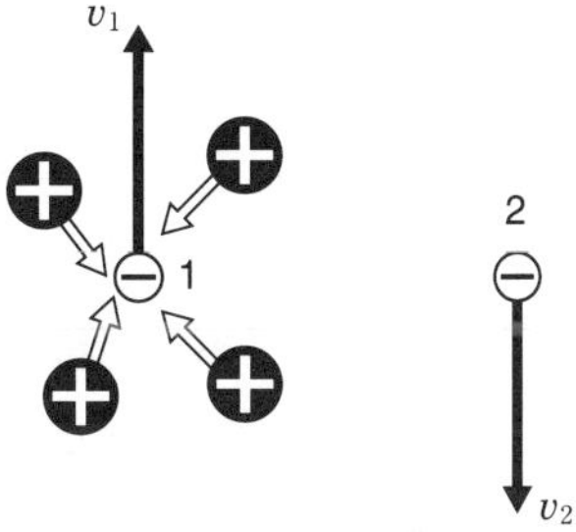

図 14•7　格子を媒介とした電子 - 電子相互作用

電子が格子を少し歪めることを，電子がフォノンを放出した（あるいは吸収した）と解釈する．上の過程は，電子 1 と電子 2 の間のフォノンのやり取りと考えることができる（**図 14•8**）．

クーパーは，元来 斥力が働いているフェルミ球内の電子間に引力が働くと，それがどんなに弱いものであっても，束縛状態ができることを示した．この機構は，電子 1 と 2 が逆に進むとき，つまり $\boldsymbol{k}$ と $-\boldsymbol{k}$ の電子の間で有効であろう．実際，このような効果は，スピンが逆向きの $\boldsymbol{k}_{\uparrow}$ と $-\boldsymbol{k}_{\downarrow}$ の対に対して最大となることを示すことができる．そのとき束縛エネルギーも最大となる．

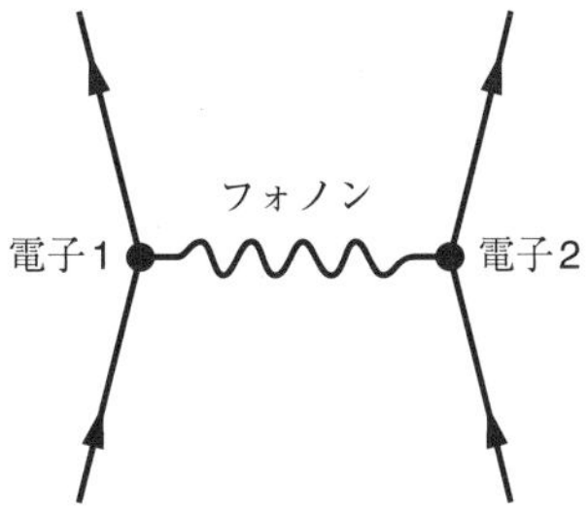

図 14•8　電子間のフォノンのやり取り

2・2 ボース凝縮と超伝導電流

クーパー対はフェルミ粒子が2個の系でスピンがゼロだから，ボース粒子として振舞う．ボース粒子は，1つの状態に何個でも占めることができる点で，フェルミ粒子と際立って違う．そのため，すべての粒子が波数ゼロの基底状態を占めて**ボース凝縮**を起こすことができる．こうして電子間の引力によって，フェルミ面近くのすべての $\boldsymbol{k}$ と $-\boldsymbol{k}$ の電子が，クーパー対に凝縮する．超伝導を担うのはクーパー対であり，その束縛エネルギーが超伝導体のエネルギーギャップに対応する．

束縛により，フェルミエネルギーを中心とする状態 $E_F - \Delta/2$ と $E_F + \Delta/2$ の間にギャップができる．これが1・3節で比熱にピークを生じたギャップである．ギャップをはさんでのクーパー対の励起を，フェルミエネルギーを中心とする電子・正孔対の励起と比べて考えてみる．後者の場合のフェルミエネルギーから測ったエネルギーを，立体文字のEで表わす．このとき，ある $\boldsymbol{k}$ の方向でのフェルミエネルギー近くでのエネルギースペクトルは，$|\boldsymbol{k}|$ に比例する(**図14・9** a)．したがって，状態密度は一定値である．一方，クーパー対のエネルギーは図14・9bのようになる．

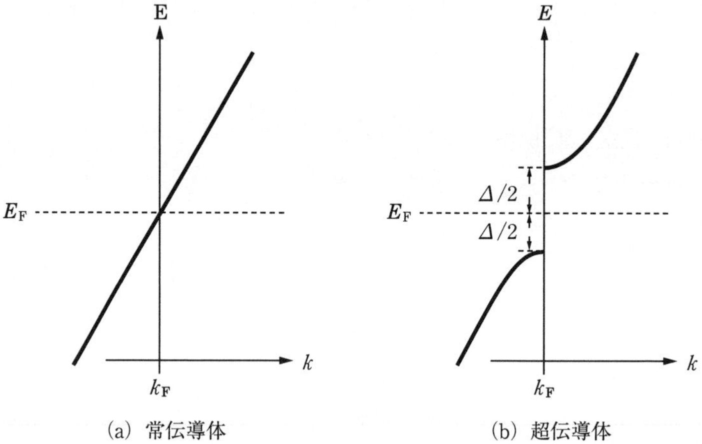

図14・9 フェルミエネルギー近くのスペクトル

0 K でのギャップは，BCS 理論によると

$$\Delta_0 = 4\hbar\omega_D e^{-1/D(E_F)V'} \tag{14.7}$$

と表わされる．ω_D はフォノンのデバイ周波数，$D(E_F)$ は一方のスピンに対する E_F での状態密度である．V' は電子－格子相互作用の大きさである．おおざっぱな見積りでは，$\hbar\omega_D$ の因子が $10^{-27}\times10^{13}=10^{-14}\,\mathrm{erg}\simeq10^{-2}\,\mathrm{eV}$，指数因子を入れると，$\Delta_0\simeq10^{-4}\,\mathrm{eV}$ となる．BCS 理論によると，ギャップと転移温度には

$$\Delta_0 = 3.52\,kT_c \tag{14.8}$$

の関係がある．V' が大きいと T_c が高く，超伝導が起こりやすくなる．

同位元素の割合を変えたとき，転移温度は平均原子量 M と

$$T_c \propto M^{-1/2} \tag{14.9}$$

の関係があることが実験的にみつかった．これを**同位元素効果**という．歴史的には同位元素効果が，超伝導のメカニズムにフォノンが関与していることを最初に示唆した．事実，$\omega_D\approx M^{-1/2}$ から，$\Delta\approx M^{-1/2}$，したがって $T_c\propto M^{-1/2}$ がいえ，転移温度は M とともに下がる．

ボース凝縮が起こっている状態で，超伝導電流はどうして流れるのか．クーパー対の状態では，電子対全体が強い相関をもち，そろって運動をする系となるのが特徴である．アボガドロ定数ほどの巨大な数の粒子が，内部運動と重心運動がすべての対でそろった完全な秩序状態となり，同じ運動をする．最低エネルギーをもつ基底状態では，すべての粒子の速度がゼロでそろっている．

ボース粒子は，その基底状態の軌道にすべての対が入ることができる．同じ軌道に非常に多くのボソンをもつ状態は，振幅 $|\psi|$ と位相 $\phi(\boldsymbol{r})$ によって，複素関数

$$\psi(\boldsymbol{r}) = |\psi|\,e^{i\phi(\boldsymbol{r})} \tag{14.10}$$

で記述される．ψ は N 個の対の波動関数だから，$2N$ 個の座標の関数である．

しかし金属が一様で対の密度は座標に依らず，ϕ はすべての対で共通だから，ϕ は座標に依存しない．

基底状態での同一の運動とは，例えていえば，すべてのクーパー対が軸を共通の方向に保ちながら回転しているようなものである．こうして系全体での回転が実現し，全体に共通な角度が定義できる．これを**超伝導対の位相**と呼んでいる．これはクーパー対の波動関数 (14.10) の ϕ である．その状況下で，超伝導電流は，位相が変化することによって生じる．

電流の流れている超伝導状態と，電流の流れていない超伝導状態とは，べつの秩序状態であり，外力が働かない限り，相互に移り変わることはできない．しかも超伝導状態では，電子系の基底状態にエネルギーギャップがあるために，小さい外場に対して電子は状態を変えることができない．したがって，一度電流が生じたら減衰することはない．これが抵抗ゼロの直観的な説明である．

3　トンネリングとジョセフソン効果　～位相の違いが電流となる～

薄い絶縁体層をはさんで接合した2つの超伝導体間には，トンネル効果による電流が流れる．電流 - 電圧 (I - V) 特性の測定から，**ジョセフソン効果**と呼ばれる興味ある現象がみつかった．このトンネル電流を，半導体の p - n 接合をバンドモデルで考えたのと同じように議論できる．

まず絶縁体薄膜（厚さ約 30 Å）を常伝導（左側）と超伝導（右側）の金属ではさんだ接合を考える (**図 14・10**)．例えば

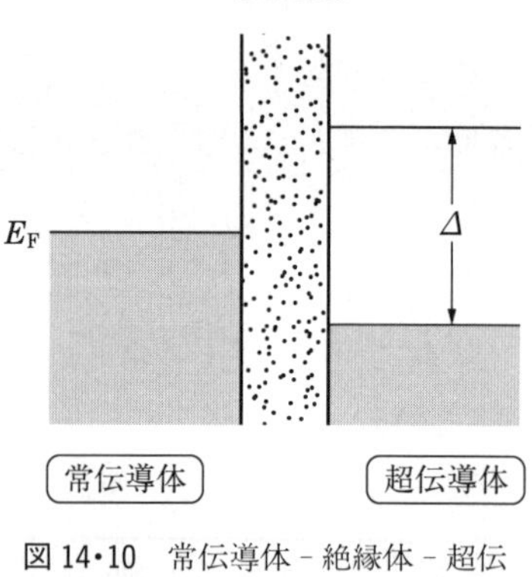

図 14・10　常伝導体 - 絶縁体 - 超伝導体接合のバンド

金属マグネシウム（常伝導）の表面を酸化させて酸化マグネシウムの薄膜をつくり，その上に鉛（超伝導）を蒸着させたものである．絶縁膜は電子に対してポテンシャル障壁になっていて，電子はトンネル効果によって接合を横切って流れる．トンネル効果については，3章7節で説明した．

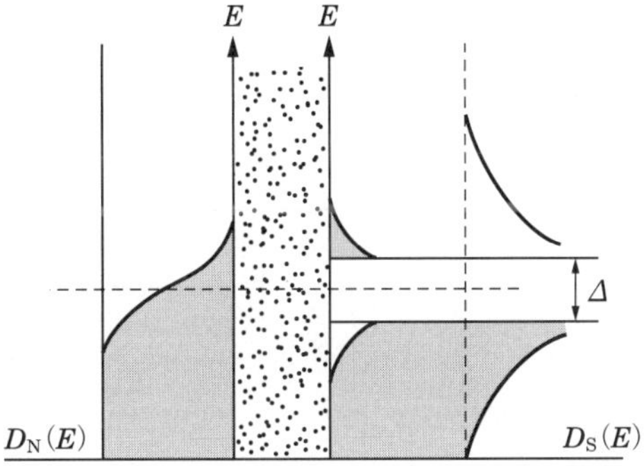

図 14•11 常伝導体－絶縁体－超伝導体接合の状態密度

接合した常伝導金属，超伝導金属のフェルミエネルギー近くでの状態密度は，**図 14•11** のようになる．超伝導体にはギャップがあり，その上下端に状態密度の鋭いピークがある．一方，金属の状態密度は，この狭いエネルギー範囲で一定と考えてよい．$T \neq 0$ では，フェルミ分布によってアミかけ部分に電子が占有している．常伝導側では，フェルミエネルギー付近まで電子が占有している．超伝導側にはギャップを越えてクーパー対が励起されている．

障壁が薄いと，電子は量子力学的なトンネル効果で2種の金属の間を往ききすることができる．超伝導トンネリングの実験を最初に行ったのは，ジエバーであった．常伝導金属に電子をつくったり消したりし，絶縁体膜をトンネルさせて右側の超伝導金属に電子対をつくったり消したりする過程がそれである．コンダクタンス（dI/dV）は，トンネリングの始状態と終状態の状態密度に比例することが，摂動論からいえる．常伝導金属の状態密度は一定とみてよいから，コンダクタンスは超伝導金属の状態密度で決まる．

トンネル接合の両端に小さい電圧 V を加え，常伝導金属の電位を eV だけ上げると，図 14•11 の左側の占有状態密度が eV だけ上がる．$|eV| \leq \Delta$

のときは，同じエネルギーをもつ右側のトンネルする先の状態がギャップ内で状態密度はゼロなので，トンネルが起こらない．このときは熱的に励起されている準粒子によるわずかな電流しか流れない．電場を大きくして，左側の状態密度が $|eV| = \varDelta$ だけ上がると，同じエネルギーの右側の状態密度がピークをもつので，電流が急激に増加する．その結果，I - V 特性は**図 14・12** のようになる．電流が流れ始める電圧から，ギャップの大きさを決めることができる．このようなトンネリングを**正常トンネリング**，または **1 電子トンネリング**という．

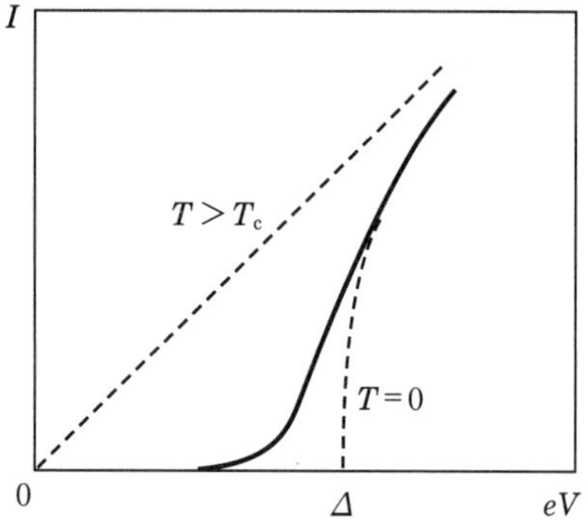

図 14・12　常伝導体 - 絶縁体 - 超伝導体接合の電流 - 電圧特性

次に，絶縁体薄膜の両側に，異なる超伝導体がある接合でクーパー対のトンネリング電流を考える．2 種の超伝導体のギャップの大きさをそれぞれ $2\varDelta_1$, $2\varDelta_2$ とすると，状態密度は**図 14・13** のようになる．このときはクーパー対が障壁を通り抜けることにより電流が流れる．低温での I - V 特性は**図 14・14** のようになる．トンネルの始状態も，終状態もともに状態密度がピークをもつので，図 14・12 の場合よりも電流の立ち上がりが鋭い．

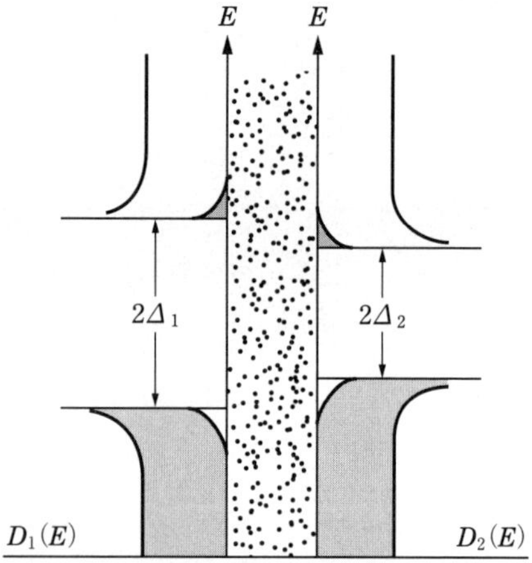

図 14・13　超伝導体 - 絶縁体 - 超伝導体接合の状態密度

このほかに，ゼロバイアス ($V = 0$) の状態で超伝導電流が流れることが，ジョセフソンによって発見された．例えば 10 Å くらいの薄い膜があるとき，クーパー対は容易にトンネルしないが，両側の波動関数は強い相関があるために電流が生じる．その相関とは，膜の存在は両側の波動関数の位相に $\varDelta\phi$ の差をもたらすだけということである．その結果，接合を超伝導電流が流れることになる．超伝導体を記述する巨視的波動関数の位相差に由来するこの電流密度の大きさは

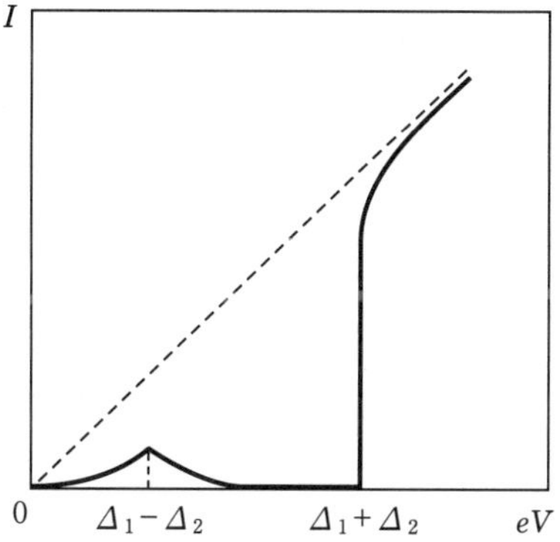

図 14･14　超伝導体 - 絶縁体 - 超伝導体接合の電流 - 電圧特性

$$J = J_1 \sin \varDelta\phi \qquad (14.11)$$

となる．J_1 は接合を通過する確率を与える量である．(14.11) は，凝縮状態の波動関数は，全系の状態を両側の相の位相差で記述できることを意味している．このため，トンネル接合での I - V 特性は，$V = 0$ にジョセフソン効果による電流が加わり，全体として**図 14･15** のようになる．これを**直流ジョセフソン効果**という．

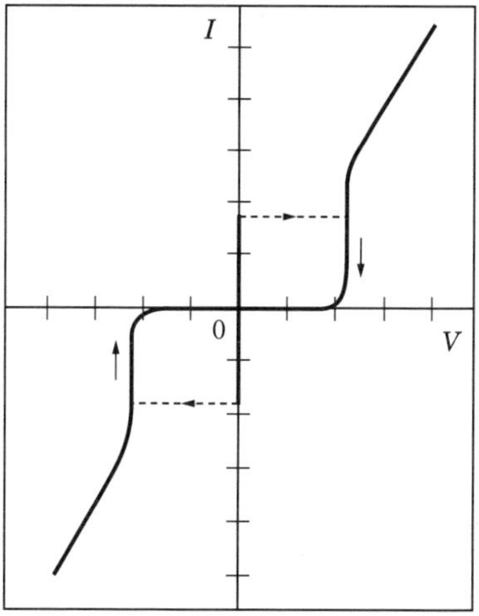

図 14･15　ジョセフソン効果の I - V 特性

次に，時間的に変化しないポテンシャル V_0 を接合部に加えた場合を考える．量子力学で，位相の時間変化は

$$\hbar \frac{d(\varDelta\phi)}{dt} = E \qquad (14.12)$$

で与えられる．クーパー対が接合を通

るときの位相変化は，電子対であるために2倍した $E = 2eV_0$ から

$$\Delta\phi = \frac{2eV_0 t}{\hbar} \tag{14.13}$$

となる．これを (14.11) の $\Delta\phi$ に加えて電流密度は

$$J = J_1 \sin\left(\Delta\phi + \frac{2eV_0}{\hbar}t\right) \tag{14.14}$$

に変形される．この結果は静的なポテンシャルが交流電流を生じ，その角振動数が

$$\omega = \frac{2eV_0}{\hbar} \tag{14.15}$$

であることを示している．これが**交流ジョセフソン効果**であり，1 mV に対して 484 GHz となる．通常の場合，電圧は約数 mV だから，マイクロ波領域の高周波電流が流れる．

ジョセフソン効果は，超伝導量子干渉計 (SQUID) など，高感度磁気センサーとして心臓や脳の磁場を測定するのにも利用されている．

演習問題

1． 磁場中においた超伝導体の棒と円盤は，どちらが弱い磁場で超伝導が壊れるか (図参照)．

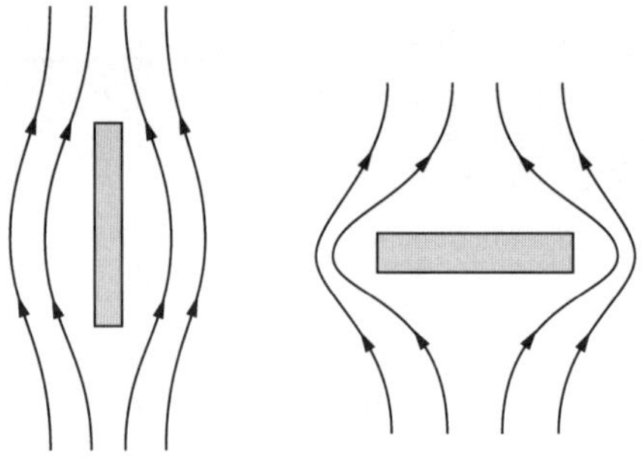

棒の場合　　円盤の場合

2. 図14・9bのエネルギーに対する状態密度が，図14・11の D_{S} となることを定性的に示せ．またそれを，$E = (\mathrm{E}^2 + \varDelta^2)^{1/2}$ と表わせることを使って導け．

3. 超伝導電流は

$$\boldsymbol{j} = \frac{n_{\mathrm{S}}e}{2m}\hbar\nabla\phi - \frac{n_{\mathrm{S}}e^2}{m}\boldsymbol{A} \tag{1}$$

で表わされる．n_{S} は超伝導状態の電子密度，ϕ は波動関数の位相である．超伝導リングを貫く磁束は，$h/2e$ の整数倍であることを示せ．このとき

$$\varPhi_0 = \frac{h}{2e} = 2.0678 \times 10^{-15}\ \mathrm{T{\cdot}m^2}$$

を**磁束量子**という．

素励起

抽象的ないい方をすれば，物性とは，量子力学的な多粒子系に外力を摂動として加えたときの応答であるといえる．外力が小さく温度も十分低いときは，応答に寄与する励起状態は，基底状態から少しだけ違う状態である．素励起とは，このような低いエネルギーの励起である．

もう少しきちんと**素励起**を定義しておこう．系の基底状態よりも，ε_1，ε_2 だけ高いエネルギーの2つの励起状態を考える．いま $\varepsilon_1+\varepsilon_2$ とあまり違わないエネルギー ε_3 の励起状態があるとする．このとき ε_3 の状態は，ε_1 と ε_2 の2つの励起の和と考える．ε_1，ε_2 のエネルギーの状態が，より低いエネルギー励起に分解できないとき，これを系の素励起という．2つの状態間に相互作用があると，エネルギー差 $\Delta\varepsilon=\varepsilon_3-(\varepsilon_1+\varepsilon_2)$ はゼロでない．この相互作用エネルギーが小さいと，系の励起状態を素励起の集まりとみることができる．このように素励起とは励起の要素であり，相互作用のある多粒子系を考えるときに便利な概念である．

われわれは励起を測定して物性を知る．人も，自分に直接利害が絡むような摂動を受けると，いろいろに反応し，ときに特異な言動をする．そのときに本当の人性がわかるのは，物性に似ている気がする．

15

多体問題

固体は多数の原子と電子からなり，それらは互いに相互作用をしている．これを実効的な1電子問題とする考えが，多くの問題で予想以上に効力を発揮することは，これまで多くの問題でみてきた．その近似を超えて，電子間のクーロン相互作用が本質的に重要なプラズマ振動と遮蔽効果を，この章で説明する．1電子近似に基づくバンド理論で説明できないモット転移は，電子間に強い相関がある系として，いま物性物理の最先端の問題である．

1　多体問題の位置づけ　～相互作用する粒子～

これまでにも何度かのべたが，固体は莫大な数の電子とイオンからなる多体粒子系である．しかもそれは相互作用をしている系である．

固体電子論の出発点であるブロッホの定理は，1電子の波動関数に関するものであった．それに基づいて，8章の電子状態や10章の電気伝導の理論では，電子間に相互作用がないと仮定する独立電子近似を用いて1電子状態を論じ，そのあとで多数の電子があるための統計性をフェルミ分布によりとり入れた．

ところが，電子ガスモデルにおいて，運動エネルギーとしてフェルミエネルギーを考え，ポテンシャルエネルギーに，正イオンから1Åのところで電子が受けるクーロン引力と，1Å離れた電子同士のクーロン斥力によるものを考えると，この3つはどれも数 eV 程度である．したがって，電子間のクーロン相互作用を無視する**独立電子近似**は，問題である．

粒子間に相互作用が働いているために，1体近似では本質を説明できない問題が実際にある．その場合には，全系の運動を扱わねばならなくなる．このような問題が**多体問題**である．12章4節の強磁性や14章の超伝導はその例である．電子のような同種粒子の集まりを量子力学で扱うとき，個々の粒子を区別できない．これを**粒子の不可弁別性**という．これは粒子の座標を交換したときに，どちらの粒子であるのか区別がつかないことである．

7章3節でものべたように，粒子は**多体波動関数**が，任意の粒子の交換に対して反対称なフェルミオンか，対称なボソンの，どちらかである．電子のようにスピンが半奇数の粒子はフェルミオン，スピンが整数の粒子はボソンであり，両者は統計的な法則性が著しく異なる．

2 プラズマ振動 ～電子の集団運動～

電子ガスとは金属中の伝導電子のモデルであり，クーロン相互作用する電子の集団が，イオンの配置を一様な正電荷分布で置き換えた媒質中を運動すると考える．このとき，全系が電気的に中性であるという条件を課す．電子ガスの考えは，電子間のクーロン相互作用による多体効果を考えるときに用いられる．

金属の**プラズマ振動**は，伝導電子と正イオンの電気的中性が局所的に乱れることによって生じる．何かのきっかけで電子密度が大きいところと小さいところができたと仮定すると，金属イオンの方は動けず密度が一定なので，電子密度の差を打ち消す方向に局所的な電場が生じる．これにより電子は，電子密度の大きいところでは減り，小さいところで増えるように移動する．このとき電場で加速された電子は，密度が平均値に一致した瞬間に急停止はできず，そのまま行き過ぎてさらに減少し，あるいは増える．その結果，初めと逆の密度の偏りを生じる．次にまた逆の過程をたどるということを繰り返し，プラズマ振動が起こる．

電荷密度の空間的な変化について，一様な平均値からのずれ（これを**ゆらぎ**という）に注目すると，それは，電荷密度の空間分布がどうであっても，1つの振動数で振動することがいえる．これが11章2·1節で導入されたプラズマ振動である．その振動数をプラズマ振動数という．プラズマ振動は**多電子の集団運動**である．その原因は，電子間の相互作用が $e^2/4\pi\varepsilon_0 r$ という長距離的な形をしていて，遠く離れた電子の間にも働くからである．このような電子間相互作用に起因するプラズマ振動は，金属中の電子に限らず，半導体中の伝導電子やイオンなど自由に動ける荷電粒子の場合にみられる．それは外場を加えなくても系に内在的に存在する運動である．プラズマ振動の存在は，$\hbar\omega_{\mathrm{p}}$（$\simeq 10 \sim 20\,\mathrm{eV}$）のエネルギーをもつ電子ビームを金属に当てたとき，プラズマ振動を励起して吸収が起こることで確かめられる．

プラズマ振動数が

$$\omega_{\mathrm{p}} = \sqrt{\frac{ne^2}{m\varepsilon_0}} \tag{15.1}$$

で与えられることは，次のような考えで導くことができる．正のイオンを空間的に一様な分布で置き換え，その電荷密度は平均値 ρ_0 に等しいとする．実際の電子電荷密度の空間的変化を，簡単のために1次元で考えて，$\rho(x, t)$ と表わすと，電場はゆらぎ $\rho(x, t) - \rho_0$ と

$$\mathrm{div}\, E = \frac{\rho - \rho_0}{\varepsilon_0} \tag{15.2}$$

の関係がある．この電場中での電子の運動は

$$m\frac{dv}{dt} = eE \tag{15.3}$$

にしたがう．(15.3)で衝突の効果を無視しているのは，典型的な衝突時間よりずっと短いタイムスケールの運動を問題にするからである．

電荷の保存則

$$\frac{\partial \rho}{\partial t} + \mathrm{div}\,(\rho v) = 0 \tag{15.4}$$

において，電荷密度の平均値からのずれが小さく，$\rho - \rho_0 \ll \rho_0$ が成り立つとすると，(15.4) は

$$\frac{\partial \rho}{\partial t} + \rho_0\,\mathrm{div}\,v = 0 \tag{15.5}$$

と書ける．ここで，v が $\rho - \rho_0$ に比例して決まることから，左辺第2項でその1次まで残す近似を用いた．(15.5) を t で微分して (15.2)，(15.3) を使うと

$$\frac{\partial^2 \rho}{\partial t^2} = -\rho_0\,\mathrm{div}\,\frac{\partial v}{\partial t} = -\frac{\rho_0 e}{\varepsilon_0 m}(\rho - \rho_0)$$

となる．これは

$$\frac{\partial^2(\rho - \rho_0)}{\partial t^2} + \omega_{\mathrm{p}}{}^2(\rho - \rho_0) = 0 \tag{15.6}$$

と書き直すことができて

$$\omega_{\mathrm{p}}{}^2 = \frac{\rho_0 e}{\varepsilon_0 m} \tag{15.7}$$

となる．電子の平均密度を n とすると，$\rho_0 = ne$ であるから，(15.7) は (11.31) で導入したプラズマ振動数と同じである．プラズマ振動数の標準的な値は

$$\omega_{\mathrm{p}}{}^2 \approx \frac{10^{29} \times 10^{-38}}{10^{-30} \times 10^{-11}}$$

から

$$\omega_{\mathrm{p}} \approx 10^{16}\,\mathrm{s}^{-1} \tag{15.8}$$

となる．

典型的な衝突時間 τ は 10^{-12} s 程度だから，$\omega_{\mathrm{p}}\tau \approx 10^4 \gg 1$ が成り立っている．10^4 回くらい振動してから1回衝突するということは，その衝突を感じないくらい速く振動する集団運動と考えてよい．

プラズマ振動を励起するのに必要なエネルギーは，(15.8) から

$$\hbar\omega_{\mathrm{p}} \approx 10^{-18}\,\mathrm{J} \approx 10\,\mathrm{eV}$$

である．金属薄膜に 10 ～ 100 eV 程度のエネルギーをもつ高速電子ビームを当て，その透過を測定すると，エネルギーの一部が吸収されてプラズマ振動の量子（**プラズモン**）が励起されることがわかる．

3　誘電率の摂動論　～外場への多様な応答を表現～

電子ガス中におかれた 1 つの正電荷がつくる電場は，r の大きいところでは $1/r$ より速く減少する．その理由は，正電荷の周りに電子ガスが引き寄せられて，正電荷によるポテンシャルを弱めるからである．このように，電荷が固体中におかれると，周りの電子やイオンが動いて分極を生じる結果，電荷によるポテンシャルは分極がない場合に比べて小さくなる．この現象を**遮蔽**という．金属における遮蔽効果を，摂動論によって定式化する．

格子点に並んでいる正イオンと結晶全体に広がっている価電子からなる系を考える．1 つの電子に注目し，時刻 t に座標 $\boldsymbol{r}$ で感じるポテンシャルを次式で表わす．

$$\delta v(\boldsymbol{r}, t) = v e^{i\boldsymbol{q}\cdot\boldsymbol{r}} e^{i\omega t} \tag{15.9}$$

これは空間的な変化は波数 q，時間的な変化は ω で振動しているポテンシャルを考えていることである．つまり遮蔽効果に限らず，空間的には長距離的な現象（$q \to 0$）から短距離的なもの（$q \to \infty$）まで，時間的には静的な場合（$\omega = 0$）から高い周波数の領域までを対象として扱う，ポテンシャルに対する電子ガスの応答の一般論を展開する．これは非常に多くの現象をカバーする．v は δv を空間，時間についてフーリエ展開したときの $\boldsymbol{q}$, ω 成分であり，厳密には $v(\boldsymbol{q}, \omega)$ と記すべき量で

$$\delta v(\boldsymbol{r}, t) = \iint v(\boldsymbol{q}, \omega)\, e^{i\boldsymbol{q}\cdot\boldsymbol{r}} e^{i\omega t}\, d\boldsymbol{q}\, d\omega \tag{15.10}$$

で定義される．

正イオンがない電子ガスの状態を無摂動状態と考えると，その波動関数は (3.11)，(3.16) から

$$\psi_{k}{}^{(0)} = \frac{1}{\sqrt{V}} \exp\left\{i\left(\boldsymbol{k}\cdot\boldsymbol{r} - \frac{E_k}{\hbar}t\right)\right\} \tag{15.11}$$

である．以下の議論では便宜上 $V = 1$ とする．摂動ポテンシャルが $e^{i\boldsymbol{q}\cdot\boldsymbol{r}}$ を含むので，波動関数 (15.11) には，1次摂動で状態 $\boldsymbol{k}+\boldsymbol{q}$ の波動関数 $\psi_{\boldsymbol{k}+\boldsymbol{q}}{}^{(0)}$ が混じり

$$\psi_{\boldsymbol{k}} = \psi_{\boldsymbol{k}}{}^{(0)} + C_{\boldsymbol{k}+\boldsymbol{q}}(t)\,\psi_{\boldsymbol{k}+\boldsymbol{q}}{}^{(0)} \tag{15.12}$$

となる．係数 $C_{\boldsymbol{k}+\boldsymbol{q}}(t)$ は，時間に依存する摂動論の式 (3.62) により

$$C_{\boldsymbol{k}+\boldsymbol{q}}(t) = \frac{v e^{i\omega t}}{E_{\boldsymbol{k}} - E_{\boldsymbol{k}+\boldsymbol{q}} + \hbar\omega} \tag{15.13}$$

で与えられる．波動関数の変化による電荷分布の変化は，1次近似で

$$\begin{aligned}\delta\rho(\boldsymbol{r}, t) &= e\sum_{\boldsymbol{k}}\{|\,\psi_{\boldsymbol{k}}(\boldsymbol{r}, t)|^2 - 1\} \\ &\simeq e\sum_{\boldsymbol{k}}\{C_{\boldsymbol{k}+\boldsymbol{q}}(t)\,e^{i\boldsymbol{q}\cdot\boldsymbol{r}} + C_{\boldsymbol{k}+\boldsymbol{q}}{}^*(t)\,e^{-i\boldsymbol{q}\cdot\boldsymbol{r}}\}\end{aligned} \tag{15.14}$$

となる．$\boldsymbol{k}$ に関する和は3次元空間で行う．実数の量を得るために，摂動 (15.9) の複素共役な項 δv^* に対する $\delta\rho^*$ を (15.14) に加えた電荷分布の変化を，改めて $\delta\rho$ と書くと

$$\delta\rho(\boldsymbol{r}, t) = e\sum_{\boldsymbol{k}} f(\boldsymbol{k})\left(\frac{v}{E_{\boldsymbol{k}} - E_{\boldsymbol{k}+\boldsymbol{q}} + \hbar\omega} + \frac{v}{E_{\boldsymbol{k}} - E_{\boldsymbol{k}+\boldsymbol{q}} - \hbar\omega}\right)e^{i\boldsymbol{q}\cdot\boldsymbol{r}+i\omega t} + \text{c.c.} \tag{15.15}$$

となる．$f(\boldsymbol{k})$ はフェルミ分布関数，c. c. は複素共役の意味である．(15.15) の括弧内の第2項で $\boldsymbol{k} - \boldsymbol{q} \to \boldsymbol{k}$ とおくと

$$\delta\rho = ev\sum_{\boldsymbol{k}}\left\{\frac{f(\boldsymbol{k}) - (\boldsymbol{k} + \boldsymbol{q})}{E_{\boldsymbol{k}} - E_{\boldsymbol{k}+\boldsymbol{q}} + \hbar\omega}\right\}e^{i\boldsymbol{q}\cdot\boldsymbol{r}+i\omega t} + \text{c.c.} \tag{15.16}$$

を得る．

電荷分布の変化により生じるポテンシャル $\delta\Phi(\boldsymbol{r}, t)$ は，ポアソン方程式

$$\Delta(\delta\Phi) = -\frac{e\,\delta\rho}{\varepsilon_0} \tag{15.17}$$

を満たす．$\delta\Phi(\boldsymbol{r}, t)$ の空間依存性と時間的依存性が，$\delta v(\boldsymbol{r}, t)$ のそれと同じとするのは自然な考えだから

$$\delta\Phi(\boldsymbol{r}, t) = \Phi e^{i\boldsymbol{q}\cdot\boldsymbol{r}+i\omega t} + \text{c.c.} \tag{15.18}$$

の形を仮定して（15.17）に代入すると

$$\Phi = \frac{e^2}{q^2\varepsilon_0}\sum_{\boldsymbol{k}}\frac{f(\boldsymbol{k}) - f(\boldsymbol{k}+\boldsymbol{q})}{E_{\boldsymbol{k}} - E_{\boldsymbol{k}+\boldsymbol{q}} + \hbar\omega}v \tag{15.19}$$

を得る．外から加えたポテンシャルを

$$\delta V(\boldsymbol{r}, t) = Ve^{i\boldsymbol{q}\cdot\boldsymbol{r}+i\omega t} + \text{c.c.} \tag{15.20}$$

とする．（15.18），（15.20）は正しくは

$$\delta\Phi(\boldsymbol{r}, t) = \iint\Phi(\boldsymbol{q}, \omega)\,e^{i\boldsymbol{q}\cdot\boldsymbol{r}+i\omega t}d\boldsymbol{q}\,d\omega + \text{c.c.} \tag{15.21}$$

$$\delta V(\boldsymbol{r}, t) = \iint V(\boldsymbol{q}, \omega)\,e^{i\boldsymbol{q}\cdot\boldsymbol{r}+i\omega t}d\boldsymbol{q}\,d\omega + \text{c.c.} \tag{15.22}$$

と表わすべきものである．これを $\delta\Phi(\boldsymbol{r}, t)$ に加えたものが，注目する電子に働いているポテンシャル δv で

$$\delta v(\boldsymbol{r}, t) = \delta V(\boldsymbol{r}, t) + \delta\Phi(\boldsymbol{r}, t) \tag{15.23}$$

を満たす．この式の右辺に（15.20），（15.18），（15.19）を代入すると

$$v = V - \frac{e^2}{q^2\varepsilon_0}\sum_{\boldsymbol{k}}\frac{f(\boldsymbol{k}) - f(\boldsymbol{k}+\boldsymbol{q})}{E_{\boldsymbol{k}+\boldsymbol{q}} - E_{\boldsymbol{k}} - \hbar\omega}v \tag{15.24}$$

を得る．右辺第2項は，電子が感じるポテンシャルによって生じた電荷分布の変化による項で，その中に，結果である左辺の v と同じものが原因として入っている．これは**自己無撞着**な考え方である．

ω の関数である**誘電関数** $\varepsilon(\boldsymbol{q}, \omega)$ を

$$\varepsilon(\boldsymbol{q}, \omega) = 1 + \frac{e^2}{q^2\varepsilon_0}\sum_{\boldsymbol{k}}\frac{f(\boldsymbol{k}) - f(\boldsymbol{k}+\boldsymbol{q})}{E_{\boldsymbol{k}+\boldsymbol{q}} - E_{\boldsymbol{k}} - \hbar\omega} \tag{15.25}$$

で導入すると

$$v(\boldsymbol{q}, \omega) = \frac{V(\boldsymbol{q}, \omega)}{\varepsilon(\boldsymbol{q}, \omega)} \tag{15.26}$$

となる．つまり電子間相互作用があるとき，実際に生じるポテンシャルは，

外部からのポテンシャルを誘電関数で割ったものになる．これは，外場が空間的にも時間的にも変化している場合の結果であるから，ε が $\boldsymbol{q}$ と ω の両方に依存している．(15.25) を**リンドハルトの誘電関数**と呼ぶ．静的な誘電率は1より大きいので，ポテンシャルは弱められる．半導体の不純物状態はその例である (13章4節)．時間的に振動する電場に対しては，11章でみたバンド間吸収などの現象がある．

(15.9) の v，(15.20) の V は，それぞれ δv，δV のフーリエ成分である．したがって，$\varepsilon(\boldsymbol{q}, \omega)$ は両者のフーリエ成分を (15.26) によって結びつける誘電率である．外電場をフーリエ係数 $V(\boldsymbol{q}, \omega)$ で表わすと，正味のポテンシャルは

$$\delta v(\boldsymbol{r}, t) = \iint \frac{V(\boldsymbol{q}, \omega)}{\varepsilon(\boldsymbol{q}, \omega)} e^{i\boldsymbol{q}\cdot\boldsymbol{r}+i\omega t} d\boldsymbol{q}\, d\omega \qquad (15.27)$$

と書ける．

特別な場合として，静的で空間変化が緩やかな外場の場合を考える．(15.25) で $\omega = 0$，$\boldsymbol{q} \simeq 0$ とすると

$$\varepsilon(\boldsymbol{q}, 0) = 1 + \frac{\lambda^2}{q^2} \qquad (15.28)$$

を得る．ただし

$$\lambda^2 = \frac{e^2 D(E_{\mathrm{F}})}{\varepsilon_0} \qquad (15.29)$$

である．外からのポテンシャル $\delta v(\boldsymbol{r}, t) = e^2/4\pi\varepsilon_0 r$ を考えると，$1/r$ のフーリエ変換が $4\pi/q^2$ であることから，(15.27) は

$$\int d\boldsymbol{q}\, \frac{e^2}{q^2\varepsilon_0} \frac{q^2}{q^2 + \lambda^2} e^{i\boldsymbol{q}\cdot\boldsymbol{r}} = \frac{e^2}{4\pi\varepsilon_0 r} e^{-\lambda r} \qquad (15.30)$$

となる．これを遮蔽されたクーロンポテンシャルと呼ぶ．λ^{-1} の距離より遠くではポ

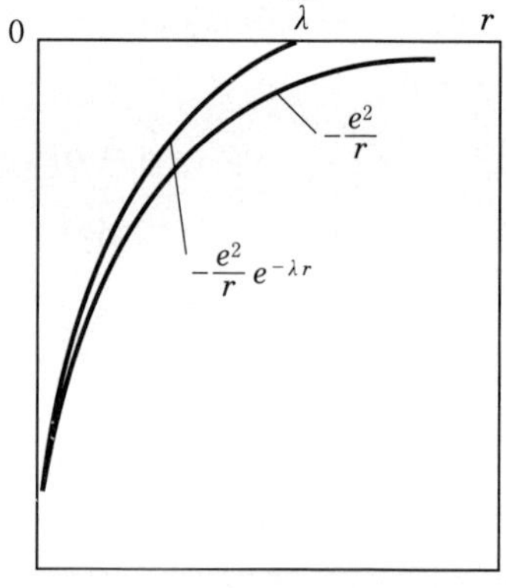

図15・1 遮蔽されたクーロンポテンシャル

テンシャルが遮蔽されている．**図 15•1** に，遮蔽されたときとされないときのポテンシャルの違いを示す．

以上のことからわかるように，電子間クーロン相互作用の長距離部分はプラズマ振動を生じ，短距離部分は遮蔽効果をもたらす．プラズマ振動の1周期の間に，電子は $v_F/\omega_p \approx 10^6/10^{16}\,\mathrm{m} = 1\,\text{Å}$ の程度の距離を非常に速い速度で移動する．したがって，電子は，1 Å よりも遠くにある正イオンの引力ポテンシャルからは遮蔽される．1 Å より近くでは裸のままのクーロン相互作用が残ることになる．

4　モット転移　～バンド理論の限界～

固体のいろいろな物性を議論するには，バンド理論が非常に有効である．しかし，1電子近似に基づくバンド理論は万能ではなく，適用限界がある．そしてバンド理論が破綻する重要な例に，金属 - 絶縁体転移の1つである**モット転移**がある．モット転移を示す物質は，**モット絶縁体**と呼ばれて，現在物性物理のホットな研究対象となっている．

ナトリウムを例にして説明する．原子間距離がある大きさより小さいと，電子の波動関数が重なり，孤立原子のときの離散的なエネルギー準位に幅がついてバンドとなる．Na の価電子は 3s 軌道に1個であるから，9章1節の考えによれば，結晶になったとき 3s バンドは半分まで占有されていて，金属である．いまこの格子定数を大きくしていった場合を想像してみる．バンドモデルに立つ限りは，伝導帯の半分が電子で占有されているという状況は，格子定数が大きくなっても変わらないので，伝導体のままのはずである．このとき電気伝導率は，ゆっくり減少すると考えられる．しかし実際には，格子定数がある値になったとき，伝導率は突然ゼロとなり，絶縁体となる．これが**金属 - 絶縁体転移**である．

この矛盾は，パウリの排他律と電子間の相互作用を考えて解くことができる．転移が起こる原因を，**強く束縛された電子の近似**で考える．この近似で伝導が起こるのは，ブロッホ電子がそれを供給した原子に局在せず，隣接する原子へ飛び移ることによって，結晶全体に広がった**非局在状態**を形成しているからである．飛び移りが大きいとバンド幅が大きくなり，バンドをつくったことによるエネルギーの得も大きい (8章5節)．飛び移りによってある原子に2個の電子があるとき，スピンは逆向きでなければならないし，同じ原子にある電子の間にはクーロン斥力が働く．

電子間のクーロン斥力が強い場合は，同じ格子点に2つの電子が存在するとエネルギー的に損であり，各格子点に1つずつ電子が存在する状態が，エネルギーが最低となる．このときは動ける電子がなくなるので，絶縁体となる．格子定数が大きい極限ではこの状態が実現する．いま，格子定数を小さくしていくと，電子の飛び移り積分が大きくなり，クーロン斥力はほかの電子による遮蔽の効果で小さくなる．そのため，ある格子間隔のところで，絶縁体から金属に転移が起こる．これがモット転移で，モット転移は自分以外の電子の影響，つまり多体効果の現われである．それゆえ，1電子近似に基礎をおくバンド理論では説明できない現象である．

電子が自由であればあるほど遮蔽が有効になり，残りの電子が自由になりやすい．その意味で，この現象は協力的に起こる．したがって金属状態への転移が急激に起こる．

演習問題

1. 結晶を構成する正イオンを，一様な正電荷の媒質で置き換えたもので近似し，一様な電子分布との相対的な変位がプラズマ振動数で振動することを示せ．

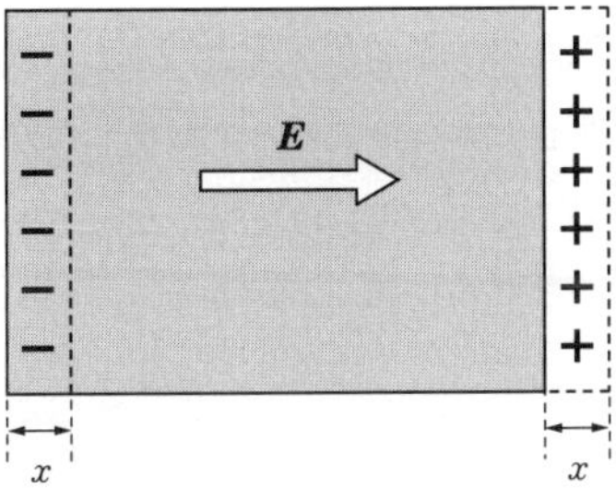

2. プラズマ振動数を（15.25）から導出せよ．
3. プラズマ振動数で誘電率がゼロであることの，物理的な意味を考察せよ．
4. 誘電関数（15.25）を結晶内電子に一般化した式は

$$\varepsilon(\boldsymbol{q}, \omega) = 1 + \frac{e^2}{q^2 \varepsilon_0} \sum_{\boldsymbol{k}, \boldsymbol{G}} \frac{|M_{\boldsymbol{k}, \boldsymbol{k}+\boldsymbol{q}+\boldsymbol{G}}|^2 \{f(\boldsymbol{k}) - f(\boldsymbol{k} + \boldsymbol{q} + \boldsymbol{G})\}}{E(\boldsymbol{k} + \boldsymbol{q} + \boldsymbol{G}) - E(\boldsymbol{k}) - \hbar\omega} \tag{1}$$

である．M は $e^{i\boldsymbol{q}\cdot\boldsymbol{r}}$ の波数 $\boldsymbol{k}$ と $\boldsymbol{k} + \boldsymbol{q} + \boldsymbol{G}$ のブロッホ関数間の行列要素である．$\omega = 0$ とし，$\boldsymbol{k}$ に依らず $E(\boldsymbol{k} + \boldsymbol{q} + \boldsymbol{G}) - E(\boldsymbol{k}) \simeq E_{\mathrm{g}}$ と近似できるとすると

$$\varepsilon(q, 0) \simeq 1 + \left(\frac{\hbar\omega_{\mathrm{p}}}{E_{\mathrm{g}}}\right)^2 \tag{2}$$

となることを示せ．

準粒子と集団励起

素励起は準粒子と集団励起に分類される．相互作用のない多粒子系では，ある粒子のエネルギーを，ほかの粒子に全く影響を与えずに励起することができる．そこでもう1つの粒子のエネルギーを上げると，両方が励起された状態のエネルギーは，2つの励起エネルギーの和である．これを**粒子励起**と呼ぶ．

粒子間に相互作用があると，励起された粒子が励起されていない粒子によって散乱されてエネルギーを失い，励起が減衰する．しかしパウリの排他律にしたがう粒子が非常に低い励起にあるときは，散乱されて移れる状態がほとんどないので，寿命が長く，粒子とみることができる．このような相互作用のある系で粒子的に振舞う励起のことを**準粒子**と呼ぶ．準粒子励起のエネルギーは相互作用がない粒子の場合とは違う．

集団励起では同時に多くの粒子が励起される．そのよく知られている例は，固体中の格子振動やプラズマ振動である．固体中の原子力間が強いため，結晶中の原子を粒子の運動として記述するのは好都合でない．ある原子を変位させたとき，運動量が非常に速く他の原子に移るので，どの原子を初めに動かしたかはいえない．こうして固体中のすべての原子の変位で記述される基準振動が生じる．このような集団励起を量子化したのがフォノンである．

演習問題解答

1章

1．体心立方格子の中心の格子点からみて，最近接の格子点は立方体の 8 つの角である．立方体の角の点からみた最近接の格子点は，隣接する 8 つの立方体の中心である．最近接以外の格子点でも，周期性から同じ景色である．

2．例を図に示す．

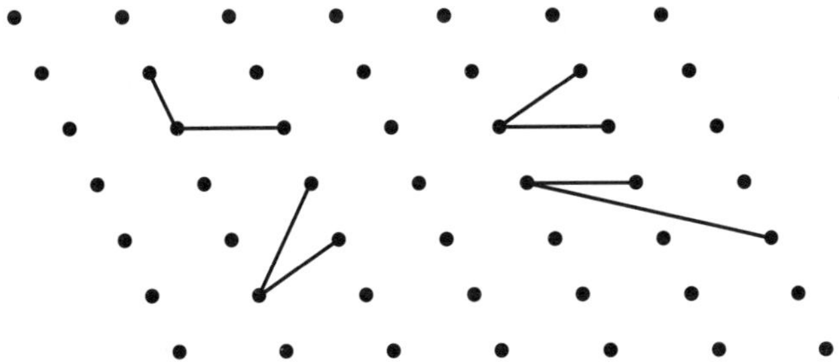

3．以下の表に示す．

	単位胞体積	格子点の数	最近接原子間距離	第 2 近接原子の数
単純立方	a^3	1	a	12
体心立方	$\dfrac{a^3}{2}$	2	$\dfrac{\sqrt{3}\,a}{2}$	6
面心立方	$\dfrac{a^3}{4}$	4	$\dfrac{a}{\sqrt{2}}$	6

4．慣用単位胞は 4 原子を含むから，密度は

$$\frac{63.5}{6.02 \times 10^{23}} \times \frac{4}{3.61^3 \times 10^{-24}} = 8.95\,\mathrm{g \cdot cm^{-3}}$$

5．(0, 0, 0) に対して，(1/4, 1/4, 1/4) を考えると，(− 1/4, − 1/4, 1/4)，(− 1/4, 1/4, − 1/4)，(1/4, − 1/4, − 1/4) を加えた 4 点が正四面体の頂点になる．また，この 4 点は面心立方格子をなす．

6．1辺 a の立方体を単位胞と考える．単純立方では半径 $a/2$ の球が1個あるから，0.52．面心立方では半径 $a/2\sqrt{2}$ の球が4個あり，0.74．ダイヤモンド構造では半径 $\sqrt{3}\,a/8$ の球が8個あり，0.34である．

2章

1．(2.12) から $\boldsymbol{b}_i\cdot\boldsymbol{a}_j = 2\pi\delta_{ij}$ であるから

$$\boldsymbol{G}_m\cdot\boldsymbol{R}_n = 2\pi(m_1n_1 + m_2n_2 + m_3n_3)$$

m_i，n_i は整数だから (2.14) が成り立つ．

2．$\boldsymbol{a}_1$，$\boldsymbol{a}_2$，$\boldsymbol{a}_3$ は (1.7) で与えられる．ベクトル積の公式

$$(\boldsymbol{A}\times\boldsymbol{B})_x = A_yB_z - A_zB_y$$

および，その循環置換を使うと

$$\boldsymbol{a}_2\times\boldsymbol{a}_3 = \frac{a^2}{4}(-\,\boldsymbol{e}_x + \boldsymbol{e}_y + \boldsymbol{e}_z),\qquad \boldsymbol{a}_1\cdot(\boldsymbol{a}_2\times\boldsymbol{a}_3) = \frac{a^3}{4}\quad(\text{基本単位胞の体積})$$

だから，$\boldsymbol{b}_1$ は体心立方格子の $\boldsymbol{a}_1$ である．$\boldsymbol{b}_2$，$\boldsymbol{b}_3$ についても同様にして示せる．

3．$\boldsymbol{r}_1 = a(0,0,0)$，$\boldsymbol{r}_2 = a(0,1/2,1/2)$，$\boldsymbol{r}_3 = a(1/2,0,1/2)$，$\boldsymbol{r}_4 = a(1/2,1/2,0)$ を (2.30) に代入し，f_j が共通なことから

$$S_G = f[1 + \exp\{-\,i\pi(m_2+m_3)\} + \exp\{-\,i\pi(m_3+m_1)\} + \exp\{-\,i\pi(m_1+m_2)\}]$$

4．ダイヤモンド構造は面心立方格子で，慣用単位胞での原子位置は，演習問題3の解答の $\boldsymbol{r}_1$ から $\boldsymbol{r}_4$ と，$\boldsymbol{r}_5 = a(1/4,1/4,1/4)$，$\boldsymbol{r}_6 = a(1/4,3/4,3/4)$，$\boldsymbol{r}_7 = a(3/4,1/4,3/4)$，$\boldsymbol{r}_8 = a(3/4,3/4,1/4)$ である．$\boldsymbol{r}_1$，$\boldsymbol{r}_5$ の中点 $\boldsymbol{r}_0 = a(1/8,1/8,1/8)$ に座標の原点を移し，$\boldsymbol{r}_1' = a(1/8,1/8,1/8)$，$\boldsymbol{r}_2' = a(1/8,5/8,5/8)$，$\boldsymbol{r}_3' = a(5/8,1/8,5/8)$，$\boldsymbol{r}_4' = a(5/8,5/8,1/8)$ を導入すると，$\boldsymbol{r}_i = \boldsymbol{r}_i' - \boldsymbol{r}_0$，$\boldsymbol{r}_{i+4} = \boldsymbol{r}_i' + \boldsymbol{r}_0$ $(i = 1\sim 4)$ と書ける．構造因子は

$$S_G = f\sum_{i=1}^{8}\exp(-\,i\boldsymbol{G}\cdot\boldsymbol{r}_i) = 2f\cos(\boldsymbol{G}\cdot\boldsymbol{r}_0)\sum_{i=1}^{4}\exp(-\,i\boldsymbol{G}\cdot\boldsymbol{r}_i')$$

$$= 2\cos(\boldsymbol{G}\cdot\boldsymbol{r}_0)\exp(-\,i\boldsymbol{G}\cdot\boldsymbol{r}_0)\times(\text{面心立方格子の構造因子})$$

となる．面心立方格子の構造因子は，(1, 1, 1)，(2, 0, 0)，(2, 2, 0)，(3, 3, 1)，(2, 2, 2) などがゼロでない．しかしダイヤモンド構造では cos 因子のために，その中の (2, 0, 0)，(2, 2, 2) はゼロになる．これは2つの面心立方格子の f が等しいか

らである．ZnS 構造では 2 つの面心立方格子の f が等しくないので，(2, 0, 0)，(2, 2, 2) がゼロにならず，小さな値をもつ点が違う．

5．単純立方格子で最短の格子面間隔は a で，ブラッグ条件から X 線の波長は $\lambda < 2a = 8\ \text{Å}$，エネルギーは $h\nu = ch/\lambda$，$h = 6.63 \times 10^{-34}\ \text{J·s}$ だから，$h\nu > 2.48 \times 10^{-16}\ \text{J} = 1.55 \times 10^{3}\ \text{eV}$．電子の場合は $(1/2m)(h/\lambda)^2 > 3.77 \times 10^{-19}\ \text{J} = 2.36\ \text{eV}$．

3 章

1．波動関数を，x の関数 $X(x)$，y の関数 $Y(y)$，z の関数 $Z(z)$ の積とおき，(1) に代入して両辺を XYZ で割ると

$$\frac{1}{X}\frac{d^2X}{dx^2} + \frac{1}{Y}\frac{d^2Y}{dy^2} + \frac{1}{Z}\frac{d^2Z}{dz^2} = -\frac{2m}{\hbar^2}E$$

となる．左辺の各項がそれぞれ x だけ，y だけ，z だけの関数で，かつ和が恒等的に右辺の定数になるには，各項が定数でなければならない．それを E_x, E_y, E_z とおくと，$E_x + E_y + E_z = E$ である．x に関する式

$$\frac{d^2X}{dx^2} + \frac{2m}{\hbar^2}E_xX = 0$$

の解は (3.15)，(3.16) であるから，全体の解は

$$E = \frac{\hbar^2}{2m}(k_x{}^2 + k_y{}^2 + k_z{}^2)$$

$$\psi = C\exp\{i(k_xx + k_yy + k_zz)\} = C\exp(i\boldsymbol{k}\cdot\boldsymbol{r})$$

となる．

2．

$$s_z\alpha = \frac{\hbar}{2}\begin{pmatrix}1 & 0\\ 0 & -1\end{pmatrix}\begin{pmatrix}1\\ 0\end{pmatrix} = \frac{\hbar}{2}\begin{pmatrix}1\\ 0\end{pmatrix} = \frac{\hbar}{2}\alpha$$

$$s_z\beta = \frac{\hbar}{2}\begin{pmatrix}1 & 0\\ 0 & -1\end{pmatrix}\begin{pmatrix}0\\ 1\end{pmatrix} = -\frac{\hbar}{2}\begin{pmatrix}0\\ 1\end{pmatrix} = -\frac{\hbar}{2}\beta$$

$$s_x{}^2 = \left(\frac{\hbar}{2}\right)^2\begin{pmatrix}0 & 1\\ 1 & 0\end{pmatrix}\begin{pmatrix}0 & 1\\ 1 & 0\end{pmatrix} = \left(\frac{\hbar}{2}\right)^2\begin{pmatrix}1 & 0\\ 0 & 1\end{pmatrix}$$

$s_y{}^2$，$s_z{}^2$ も同じであるから

$$s^2\alpha = (s_x{}^2 + s_y{}^2 + s_z{}^2)\alpha = 3\left(\frac{\hbar}{2}\right)^2\begin{pmatrix}1 & 0\\ 0 & 1\end{pmatrix}\begin{pmatrix}1\\ 0\end{pmatrix} = \frac{3}{4}\hbar^2\begin{pmatrix}1\\ 0\end{pmatrix} = \frac{3}{4}\hbar^2\alpha$$

同様にして

$$s^2\beta = \frac{3}{4}\hbar^2\beta$$

3. 0次のハミルトニアンのエネルギー固有値は (3.25)，固有関数は (3.26) である．1次のエネルギーは(3.50)で与えられるが，摂動ハミルトニアンの行列要素，

$$H'_{mn} = \int \psi_m{}^{(0)*}\varepsilon x\psi_n{}^{(0)}\,dx$$

は，$m = n$ に対してゼロだから，$E_n{}^{(1)} = 0$．2次のエネルギーは (3.51) に行列要素を代入して

$$E_n{}^{(2)} = \frac{|H'_{n-1,n}|^2}{E_n{}^{(0)} - E_{n-1}{}^{(0)}} + \frac{|H'_{n+1,n}|^2}{E_n{}^{(0)} - E_{n+1}{}^{(0)}}$$

$$= \frac{1}{\hbar\omega_0}\frac{\varepsilon^2}{2\alpha^2}\{n - (n+1)\} = \frac{-\varepsilon^2}{2\alpha^2\hbar\omega_0}$$

4. フェルミエネルギーでの電子が電場の下で感じるポテンシャルは，界面を $x = 0$ として $W - eEx$ である．これを使って T を計算する．積分の上限を W/eE，下限を 0 として

$$T = \exp\left(-\frac{4}{3}\sqrt{\frac{2m}{\hbar^2}}\frac{W^{3/2}}{eE}\right)$$

4章

1. 分子結合の考えでは，各原子の価電子の準位が相互作用によって N 個に分裂する．N が非常に大きく，各分裂の間隔は非常に小さいので，連続状態であるエネルギーバンドになる．各準位にはスピンの自由度により 2 個の電子が占有できるので，全電子はバンドの下半分を占める．つまり電子の最大のエネルギーが，およそ孤立原子のときのエネルギーであるから，全体の平均エネルギーは原子のときより低下する．しかしこの考えでは共有結合との違いがなく，金属結合を正しく説明するのは，5 節でのべたメカニズムである．

2. 孤立原子 A の位置を原点とした電子の座標を $\boldsymbol{r}_{\mathrm{A}}$ とし，固有状態 i の波動関数を $\varphi_i(\boldsymbol{r}_{\mathrm{A}})$ とする．シュレーディンガー方程式は

$$H_0\,\varphi_i(\boldsymbol{r}_{\mathrm{A}}) = E_i\,\varphi_i(\boldsymbol{r}_{\mathrm{A}}) \tag{1}$$

孤立原子のハミルトニアン H_0 は

$$H_0 = -\frac{\hbar^2}{2m}\Delta_A - \frac{e^2}{4\pi\varepsilon_0 r_A} \tag{2}$$

である．同様に，原子 B の電子の固有関数を $\varphi_i(\boldsymbol{r}_B)$ で表わす．2 つの原子が近づいたとき 1 つの電子に働くハミルトニアン H は

$$H = -\frac{\hbar^2}{2m}\Delta - \frac{e^2}{4\pi\varepsilon_0 r_A} - \frac{e^2}{4\pi\varepsilon_0 r_B} + \frac{e^2}{4\pi\varepsilon_0 R} \tag{3}$$

である．第 1 項は電子の運動エネルギー，第 2, 3 項は原子核 A, B によるポテンシャル，第 4 項は原子核 A と B の斥力ポテンシャルである．第 2 項から第 4 項の和をまとめて V とおく．$H\psi = E\psi$ の固有状態を，(1)の固有関数 $\varphi_i(\boldsymbol{r}_A)$ と $\varphi_i(\boldsymbol{r}_B)$ の 1 次結合

$$\psi = C_A\,\varphi_i(\boldsymbol{r}_A) + C_B\,\varphi_i(\boldsymbol{r}_B) \tag{4}$$

の形におく．波動関数 $\varphi_i(\boldsymbol{r}_A)$ を φ_A，$\varphi_i(\boldsymbol{r}_B)$ を φ_B と略記し，この 2 つを基底として H の行列要素を求めると，エネルギー固有値を決める式は

$$\begin{vmatrix} H_{AA} - E & H_{AB} - SE \\ H_{AB} - SE & H_{AA} - E \end{vmatrix} = 0 \tag{5}$$

となる．ここで

$$\left.\begin{aligned} &H_{AA} = \int \varphi_A^* H \varphi_A\,dr = H_{BB}, \qquad H_{AB} = \int \varphi_A^* H \varphi_B\,dr = H_{BA} \\ &S_{AB} = \int \varphi_A^* \varphi_B\,dr = S_{BA} = S \end{aligned}\right\} \tag{6}$$

である．(5) からエネルギー固有値

$$E_\pm = \frac{H_{AA} \pm H_{AB}}{1 \pm S} \tag{7}$$

を得る．H_{AB} は負の量であるから E_+ が結合状態，E_- は反結合状態である．固有関数は

$$\psi_\pm = \frac{1}{\sqrt{2(1 \pm S)}}\{\varphi_i(\boldsymbol{r}_A) \pm \varphi_i(\boldsymbol{r}_B)\} \tag{8}$$

3.
$$\frac{dV}{dr} = 4\,\varepsilon\left\{-12\left(\frac{\sigma}{r}\right)^{12}\frac{1}{r} + 6\left(\frac{\sigma}{r}\right)^{6}\frac{1}{r}\right\} = 0$$

から $\sigma = 2^{-1/6} r_0$，これを（4.30）に代入すると $\varepsilon = -V(r_0)$ である．

5章

1. 最近接原子との相互作用ポテンシャルの係数を K_1，第2近接原子とのそれを K_2 とすると，(5.1) に対応する式は

$$F_j = K_1(u_{j+1} + u_{j-1} - 2u_j) + K_2(u_{j+2} + u_{j-2} - 2u_j)$$

となる．運動方程式

$$M\frac{d^2u_j}{dt^2} = -K_1(2u_j - u_{j-1} - u_{j+1}) - K_2(2u_j - u_{j-2} - u_{j+2})$$

に (5.4) を代入すると

$$\omega^2 M = 4\sum_{m=1}^{2} K_m \sin^2\frac{mka}{2}$$

だから

$$\omega = \frac{2}{\sqrt{M}}\sqrt{\sum_{m=1}^{2} K_m \sin^2\frac{mka}{2}}$$

$k \approx 0$ で

$$\omega = \sqrt{\frac{K_1 + 4K_2}{M}}\,ka$$

となり，第2近接原子との相互作用を入れても，角振動数は k に比例する．

2. (5.14) の係数がつくる行列式がゼロという条件は

$$(2K - M_1\omega^2)(2K - M_2\omega^2) - K^2(1 + e^{-ika})(1 + e^{ika}) = 0$$

だから，ω^2 に関する2次方程式

$$M_1M_2\omega^4 - 2K(M_1 + M_2)\omega^2 + 2K^2(1 - \cos ka) = 0$$

を解く．

3. (5.15) で $\omega_-{}^2$ の根号を，k が小さいとして展開すると

$$\omega_-{}^2 \simeq K\left(\frac{1}{M_1} + \frac{1}{M_2}\right) - K\left(\frac{1}{M_1} + \frac{1}{M_2}\right) + \frac{2K}{M_1 + M_2}k^2a^2$$

4. 音響モードの ω はゼロだから，(5.14) の1行目の式で $k = 0$ として $2KA_1 - 2KA_2 = 0$ となるので $A_1 = A_2$．光学モードの解 (5.17) を ω_0 とおくと，$(2K - M_1\omega_0{}^2)A_1 - 2KA_2 = 0$，これから $A_2/A_1 = -M_1/M_2$．

5．次の図に示す．

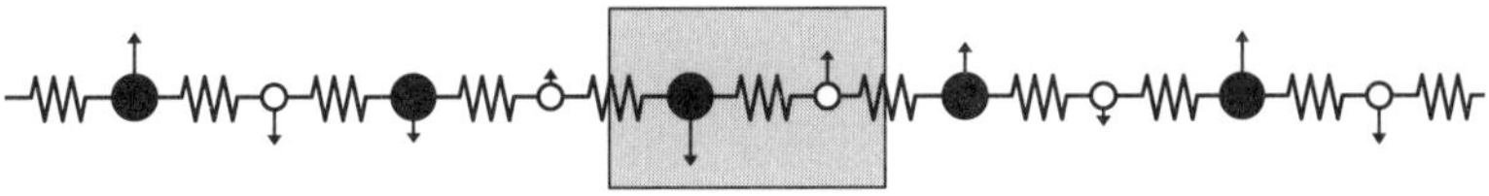

6章

1．(6.1) から，(6.4) の括弧内は

$$\Pi\left(e^{-\beta\hbar\omega_s(\boldsymbol{k})/2} + e^{-3\beta\hbar\omega_s(\boldsymbol{k})/2} + \cdots\right)$$

となる．これから

$$f = \frac{1}{V}\ln\prod_{\boldsymbol{k}s}\frac{e^{-\beta\hbar\omega_s(\boldsymbol{k})}}{1 - e^{-\beta\hbar\omega_s(\boldsymbol{k})}}$$

となり，これに (6.5) を使うと (6.3) が成り立っている．

2．(6.8) の展開の第2項は温度を含まないので，T で微分するとゼロになる．したがって，補正の最初の項は $x/12$ である．これを (6.7) に代入すると

$$\varDelta c_{\mathrm{V}}{}^{\mathrm{ph}} = \frac{1}{V}\frac{\partial}{\partial T}\sum_{\boldsymbol{k}s}\frac{1}{12k_{\mathrm{B}}T}\hbar^2\omega_s(\boldsymbol{k})^2 = -\frac{1}{V}\frac{\hbar^2}{12k_{\mathrm{B}}T^2}\sum_{\boldsymbol{k}s}\omega_s(\boldsymbol{k})^2$$

3．x 方向の熱流密度は，$v_x u(x)$ で与えられる．フォノンが入ってくる方向と x 軸のなす角度を θ として，温度は $x_0 - l\cos\theta$ で決まるので，u もそうである．

$$\begin{aligned} j &= \langle v_x u(x_0 - l\cos\theta)\rangle_\theta \\ &= v\int_0^\pi \cos\theta\, u(x_0 - l\cos\theta)\frac{2\pi\sin\theta}{4\pi}d\theta \\ &= \frac{v}{2}\int_{-1}^1 \mu\, d\mu\, u(x_0 - l\mu) \end{aligned}$$

で，温度勾配の1次の項までを考えると

$$j = -vl\frac{\partial u}{\partial x}\frac{1}{2}\int_{-1}^1 \mu^2\, d\mu = \frac{1}{3}vl\frac{\partial u}{\partial T}\left(-\frac{\partial T}{\partial x}\right)$$

となる．

4．フォノンがないときはエネルギーがゼロだから，3つフォノンが増えると，その前より必ずエネルギーが大きいので，エネルギー保存則が成立しない．また3つフォノンが減ると，エネルギーは小さくなる．

7章

1．$v_F = \hbar k_F/m$ で k_F に (7.14) を使い，与えられた数値を代入すると $v_F \simeq 1.2 \times 10^6$ m.

2．$N = \int_0^{E_F} D(E)\,dE = \dfrac{V}{3\pi^2\hbar^3}(2mE_F)^{3/2}$

3．5節で求めた3次元の場合と同様に考える．2次元の場合は

$$N(E) = 2\frac{\pi k^2}{(2\pi/L)^2} = \frac{S}{2\pi}k^2 = \frac{S}{2\pi}\frac{2m}{\hbar^2}E$$

だから，状態密度は

$$D(E) = \frac{S}{2\pi}\frac{2m}{\hbar^2} = 定数$$

1次元では

$$N(E) = 2\frac{k}{2\pi/L} = \frac{L}{\pi}\left(\frac{2m}{\hbar^2}\right)^{1/2}\sqrt{E}$$

から，

$$D(E) = \frac{L}{2\pi}\left(\frac{2m}{\hbar^2}\right)^{1/2}\frac{1}{\sqrt{E}}$$

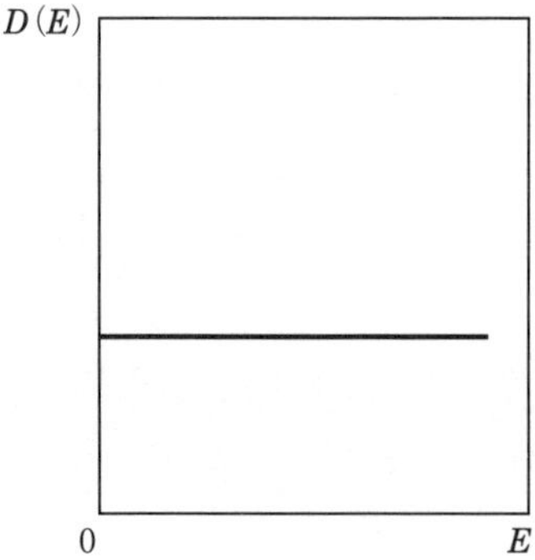

(a) 2次元の場合

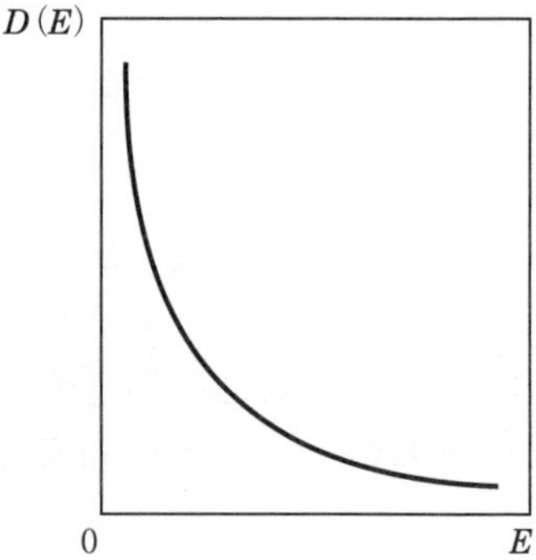

(b) 1次元の場合

4．(7.15) に $\hbar = 1.05 \times 10^{-34}$ J，$m = 9.1 \times 10^{-31}$ kg，$n = 3 \times 10^{28}\ \mathrm{m}^{-3}$ を代入し，1 eV $= 1.6 \times 10^{-19}$ J を使うと，$E_F = 3.7$ eV．(7.14) から

$$k_F = 9.6 \times 10^7\ \mathrm{m}^{-1} \approx 1\ \text{Å}^{-1}$$

5．$\boldsymbol{k}$ の関数である $E(\boldsymbol{k})$ の関数 $F(E(\boldsymbol{k}))$ の $\boldsymbol{k}$ 空間での積分は，(7.17)，(7.18)

と同様にして，また状態密度 $D(E)$ を使うと，$E = \hbar^2 k^2/2m$ のとき

$$\frac{1}{4\pi^3}\int_0^\infty F(E(\boldsymbol{k}))\,d\boldsymbol{k} = \frac{1}{\pi^2}\int_0^\infty F(E(\boldsymbol{k}))\,k^2\,dk = \int_{-\infty}^\infty F(E)\,D(E)\,dE \tag{1}$$

と書ける．エネルギーと電子密度は

$$u = \frac{1}{4\pi^3}\int_0^\infty E(\boldsymbol{k})\,f(E(\boldsymbol{k}))\,d\boldsymbol{k} = \int_{-\infty}^\infty E\,f(E)\,D(E)\,dE \tag{2}$$

$$n = \frac{1}{4\pi^3}\int_0^\infty f(E(\boldsymbol{k}))\,d\boldsymbol{k} = \int_{-\infty}^\infty f(E)\,D(E)\,dE \tag{3}$$

となる．任意のエネルギーの関数 H を，$E = \mu$ の近くで展開するときの展開公式

$$H(E) = \sum_{n=1}^\infty \frac{d^n}{dE^n}H(E)\bigg|_{E=\mu}\frac{(E-\mu)^n}{n!} \tag{4}$$

を使って，$H(E)$ とフェルミ分布関数との積の積分を，次のゾンマーフェルト展開の形に表わす．

$$\int_{-\infty}^\infty H(E)\,f(E)\,dE = \int_{-\infty}^\mu H(E)\,dE + \sum_{n=1}^\infty a_n (k_{\mathrm{B}}T)^{2n}\frac{d^{2n-1}}{dE^{2n-1}}H(E)\bigg|_{E=\mu} \tag{5}$$

右辺第 2 項の初項だけをとると，T^2 までで (5) は

$$\int_{-\infty}^\mu H(E)\,dE + \frac{\pi^2}{6}(k_{\mathrm{B}}T)^2 H'(\mu) + O(T^4) \tag{6}$$

となる．ここで $a_1 = \pi^2/6$ を使った（くわしくはアシュクロフト－マーミン 著『固体物理の基礎 上(I)』（吉岡書店）の 2 章を参照のこと）．その結果，T の 2 次までの近似では，(2) と (3) は

$$u = \int_0^\mu E\,D(E)\,dE + \frac{\pi^2}{6}(k_{\mathrm{B}}T)^2\{\mu D'(\mu) + D(\mu)\} \tag{7}$$

$$n = \int_0^\mu D(E)\,dE + \frac{\pi^2}{6}(k_{\mathrm{B}}T)^2 D'(\mu) \tag{8}$$

となる．(8) は，$T = 0$ では μ が E_{F} に等しいが，$T \neq 0$ ではその値からわずかにずれること，ずれの大きさは T の 2 次のオーダーであることを示している．したがって積分の上限が，μ と E_{F} の量の間には

$$\int_0^\mu H(E)\,dE = \int_0^{E_{\mathrm{F}}} H(E)\,dE + (\mu - E_{\mathrm{F}})\,H(E_{\mathrm{F}}) \tag{9}$$

の関係がある．(9) を使って，(8) で積分の上限 μ を E_{F} で置き換えると，T^2 ま

で正しい結果

$$n = \int_0^{E_F} D(E)\,dE + (\mu - E_F)D(E_F) + \frac{\pi^2}{6}(k_B T)^2 D'(E_F) \tag{10}$$

を得る．(10) の右辺第 1 項は，基底状態での n であり左辺と等しいから，右辺第 2，3 項の和がゼロとなるので

$$\mu = E_F - \frac{\pi^2}{6}(k_B T)^2 \frac{D'(E_F)}{D(E_F)} \tag{11}$$

第 1 項は 0 K でのフェルミエネルギーで定数である．

8 章

1． $k = k'$ のとき 1 になることは明らかである．$k \neq k'$ のときは

$$\frac{1}{L}\int_0^L e^{i(k-k')x}\,dx = \frac{1}{L}\int_0^L e^{i(2\pi/L)(m-m')x}\,dx = \frac{1}{L}\left[\frac{e^{i(2\pi/L)(m-m')x}}{i(2\pi/L)(m-m')}\right]_0^L = 0$$

2． $V\psi = \sum_m V_{G_m} e^{-iG_m\cdot r} \sum_q C_q e^{iq\cdot r} = \sum_{m,q} V_{G_m} C_q e^{i(q-G_m)\cdot r} = \sum_{m,q'} V_{G_m} C_{q'+G_m} e^{iq'\cdot r}$

$\boldsymbol{G}_m$，$\boldsymbol{q}'$ を $\boldsymbol{G}_{m'}$，$\boldsymbol{q}$ に変えると，シュレーディンガー方程式は

$$\sum_q e^{iq\cdot r}\left\{\left(\frac{\hbar^2}{2m}q^2 - E\right)C_q + \sum_{m'} V_{G_{m'}} C_{q+G_{m'}}\right\} = 0$$

$\boldsymbol{q} = \boldsymbol{k} + \boldsymbol{G}_m$ として

$$\left\{\frac{\hbar^2}{2m}(\boldsymbol{k} + \boldsymbol{G}_m)^2 - E\right\} C_{k+G_m} + \sum_{m'} V_{G_{m'}} C_{k+G_m+G_{m'}} = 0$$

第 2 項で $\boldsymbol{G}_{m'} \to \boldsymbol{G}_{m'} - \boldsymbol{G}_m$ とおけば (8.33) を得る．

3． (8.41) に (8.38) を代入すると

$$H\psi(\boldsymbol{r}) = H\varphi(\boldsymbol{r}) - \sum_c H\alpha_c u_c(\boldsymbol{r}) = E\psi(\boldsymbol{r})$$

$$= E\varphi(\boldsymbol{r}) - \sum_c E\alpha_c u_c(\boldsymbol{r})$$

ここで，$H = -(\hbar^2/2m)\Delta + V$ を用い (8.44) を導入すると $Hu_c = E_c u_c$ だから (8.43) を得る．

4．

$$\psi_k(\boldsymbol{r} + \boldsymbol{R}) = \frac{1}{\sqrt{N}}\sum_i e^{ik\cdot R_i}\varphi(\boldsymbol{r} - \boldsymbol{R}_i + \boldsymbol{R})$$

$\boldsymbol{R}_i - \boldsymbol{R} \equiv \boldsymbol{R}_j$ とおくと，$\boldsymbol{R}_j$ も格子点であるから，右辺の $\boldsymbol{R}_i$ に関する和を，$\boldsymbol{R}_j$ に関する和に書き換えることができて，上式は

$$\frac{1}{\sqrt{N}}\sum_j e^{i\boldsymbol{k}\cdot(\boldsymbol{R}_j+\boldsymbol{R})}\varphi(\boldsymbol{r}-\boldsymbol{R}_j) = e^{i\boldsymbol{k}\cdot\boldsymbol{R}}\psi_k(\boldsymbol{r})$$

5．(8.57) を $\boldsymbol{k}=0$ で展開して，

$$-4t\left[\left\{1-\frac{1}{2}\left(\frac{a\kappa}{2}\right)^2\right\}\left\{1-\frac{1}{2}\left(\frac{a\kappa}{2}\right)^2\right\}\times 3\right] = -12t+3ta^2\kappa^2$$

から

$$m^* = \frac{\hbar^2}{2a^2t}$$

6．強く束縛された近似で考えると，格子定数が大きくなると飛び移り積分 $t(\boldsymbol{R})$ が小さくなり，したがって m^* が大きくなるから．

7．ハミルトニアンは

$$H = -\frac{\hbar^2}{2m}\frac{d^2}{dx^2}+V(x) \tag{1}$$

で，$V(x)$ は周期ポテンシャルである．波動関数は (8.46) から

$$\psi_k(x) = \frac{1}{\sqrt{N}}\sum_n e^{ikR_n}\varphi(x-R_n), \qquad R_n = na \tag{2}$$

となる．エネルギーの期待値は

$$E_k = \frac{\int \psi_k{}^* H\psi_k\,dx}{\int \psi_k{}^*\psi_k\,dx} \tag{3}$$

で与えられる．(3) の分母は

$$\int \psi_k{}^*\psi_k\,dx = \frac{1}{N}\sum_n\sum_{n'} e^{-ik(R_{n'}-R_n)}\int \varphi^*(x-R_{n'})\,\varphi(x-R_n)\,dx \tag{4}$$

と書ける．積分は $n=n'$ のときは規格性から 1 となる．$n\neq n'$ のときは，R_n と $R_{n'}$ が遠く離れていると波動関数の重なりがなくなりゼロとなる．第 1 近似として $n'=n\pm 1$ の項だけを残すと

$$\int \varphi^*(x-R_{n\pm1})\,\varphi(x-R_n)\,dx = \int \varphi^*(x'\mp a)\,\varphi(x')\,dx' \equiv S \tag{5}$$

となる．右辺への変形で，$x'=x-R_n$ とおき，積分が n によらず一定であることを用いた．これから

$$(\text{分母}) = 1+2S\cos ka \tag{6}$$

分子も $n'=n$，$n\pm 1$ だけを残すことにして

$$n' = n \quad で \quad E_0 = \int \varphi^*(x - R_n)\, H\, \varphi(x - R_n)\, dx \tag{7}$$

$$n' = n \pm 1 \quad で \quad E_1 = \int \varphi^*(x - R_{n\pm1})\, H\, \varphi(x - R_n)\, dx \tag{8}$$

とおくと

$$\int_0^L \psi_k^*(x)\, H\, \psi_k(x)\, dx = \frac{1}{N} \sum_n \{E_0 + E_1(e^{ika} + e^{-ika})\}$$

$$= E_0 + 2E_1 \cos ka \tag{9}$$

(3) に (6) と (9) を代入し，S が 1 に比べて十分小さいとして分母を展開し，S と E_1 の 1 次までとると

$$E_k = E_0 + 2(E_1 - E_0 S) \cos ka \tag{10}$$

となる．

9章

1．ギャップが十分小さいとき，$E^{(0)}(\boldsymbol{G}/2)$ はバンド幅にほぼ等しいから，$E_g = 2|V_{\boldsymbol{G}}|$ を使うと (9.13) の括弧内で，1 は第 2 項に比べて無視できて

$$m_{/\!/}{}^{*(\pm)} \simeq \pm \frac{mE_g}{4E^{(0)}(\boldsymbol{G}/2)}$$

これから題意がいえる．

2．$k = 0$ で v もゼロ，k が増えるにつれて正で大きくなり，最大値をとったのち減少して，k が π/a でゼロとなる．k が負の領域では，正の領域の v の符号を変えたものである．

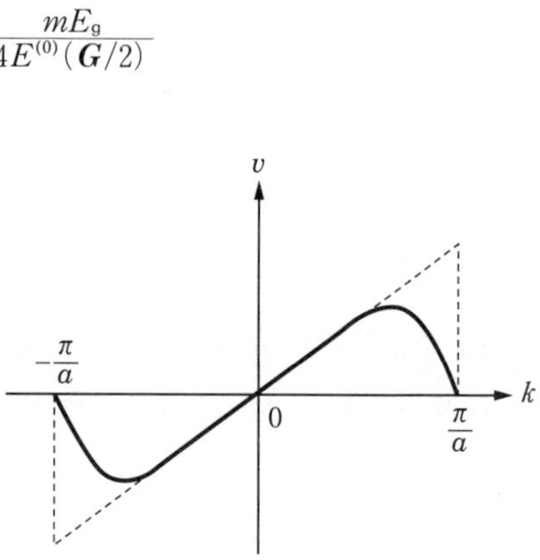

3．量子力学で，$\boldsymbol{k}$ で指定される状態の運動量は $-i\hbar\nabla$ の期待値で与えられる．これをブロッホ関数 $\psi_{n\boldsymbol{k}}$ に作用させると

$$-i\hbar\nabla\psi_{n\boldsymbol{k}} = -i\hbar\nabla(e^{i\boldsymbol{k}\cdot\boldsymbol{r}}u_{n\boldsymbol{k}}(\boldsymbol{r})) = \hbar\boldsymbol{k}\psi_{n\boldsymbol{k}} + e^{i\boldsymbol{k}\cdot\boldsymbol{r}}(-i\hbar)\nabla u_{n\boldsymbol{k}}(\boldsymbol{r})$$

となって，右辺は $\psi_{n\boldsymbol{k}}$ の定数倍ではない．つまり，$\psi_{n\boldsymbol{k}}$ は運動量の固有関数ではない．

4．ブリュアン域の中心近くではバンドの形が $\hbar^2k^2/2m$ だから，波動関数は1つの平面波で $\psi_k \approx e^{ikx}$ と書け，速度は $v = \hbar k/m$ となる．k が大きくなると，バンドが $\hbar^2k^2/2m$ からずれることを反映して，波動関数には k と逆格子だけ違う $k' = k - 2\pi/a$ をもつ左に進む波が加わり

$$\psi_k \approx e^{ikx} + be^{-i(2\pi/a-k)x} \tag{1}$$

となる．b は摂動論から決まる係数．この波の速度は

$$v = \frac{\hbar k}{m} - |b|^2 \frac{\hbar}{m}\left(\frac{2\pi}{a} - k\right) \tag{2}$$

である．右辺の第2項は負の寄与をして，第1項を打ち消す効果がある．ブリュアン域境界の $k = \pi/a$ では，ブラッグ反射が起こり $b = 1$ となるので，$v = 0$ となる．

5．正方格子のブリュアン域の1辺を a とする．面積 a^2 に2個の電子が入るから，4個の電子を収容するフェルミ円の半径は，$r = \sqrt{2a^2/\pi} = 0.8a$．この円は第4

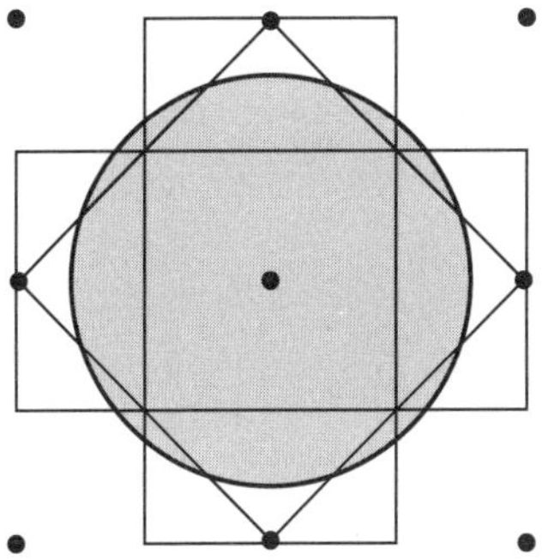

(a)

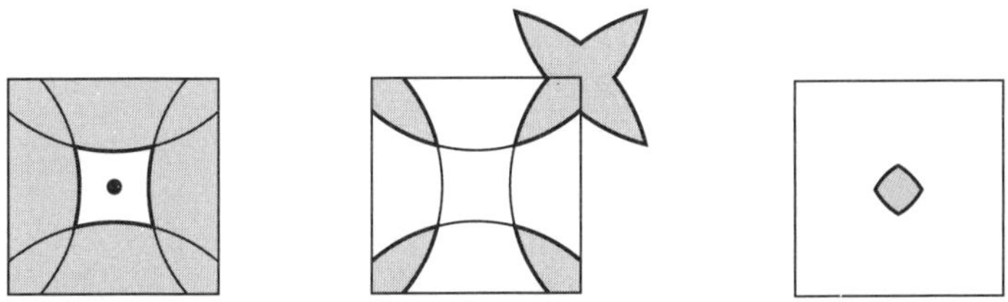

(b) 第2ゾーン　　(c) 第3ゾーン　　(d) 第4ゾーン

ゾーンまでかかる(図). 電子が占有する領域をアミかけで示す. 第1ゾーンは満ちている. 第2ゾーンを還元ゾーン形式で示すと, 中心に電子がいない正孔バンドのフェルミ面である. 第3ゾーンは, 8つの片を還元ゾーンに集めたものが4つの角状になるが, 周期ゾーンでみると十字型の電子のフェルミ面になる. 第4ゾーンには小さな電子の面がある.

10章

1. 電流密度は (10.8) を一般化して

$$\boldsymbol{j} = -n_{\mathrm{e}}e\boldsymbol{v}_{\mathrm{e}} + n_{\mathrm{h}}e\boldsymbol{v}_{\mathrm{h}}$$

と書ける. n_{e}, n_{h} は電子と正孔の密度, $\boldsymbol{v}_{\mathrm{e}}$, $\boldsymbol{v}_{\mathrm{h}}$ は電子と正孔のドリフト速度である. ドリフト速度は, それぞれの緩和時間 τ と有効質量 m^* を用いて

$$\boldsymbol{v}_{\mathrm{e}} = -\frac{e\tau_{\mathrm{e}}}{m_{\mathrm{e}}^*}\boldsymbol{E}, \qquad \boldsymbol{v}_{\mathrm{h}} = \frac{e\tau_{\mathrm{h}}}{m_{\mathrm{h}}^*}\boldsymbol{E}$$

と書けるので

$$\sigma = \frac{\boldsymbol{j}}{\boldsymbol{E}} = \frac{n_{\mathrm{e}}e^2\tau_{\mathrm{e}}}{m_{\mathrm{e}}^*} + \frac{n_{\mathrm{h}}e^2\tau_{\mathrm{h}}}{m_{\mathrm{h}}^*}$$

2. 電場のもとで定常状態に達し, 移動速度が一定値 v_{d0} になったとする. そこで突然電場を切ると, v_{d} は運動方程式 (10.5) で $\boldsymbol{E} = 0$ とした

$$m^*\frac{dv}{dt} = -m^*\frac{v}{\tau}$$

にしたがう. その解で, $t = 0$ での初期条件, $v_{\mathrm{d}}(0) = v_{\mathrm{d0}}$ を満たすものは

$$v_{\mathrm{d}}(t) = v_{\mathrm{d0}}e^{-t/\tau}$$

である. v_{d} は指数関数的に減少し, 時間 τ の間に $1/e$ まで緩和する. これが τ を緩和時間という理由である.

3. 磁場があるとき, (10.35) で

$$\boldsymbol{F} = -e(\boldsymbol{E} + \boldsymbol{v} \times \boldsymbol{H}) \tag{1}$$

である. $f_{\boldsymbol{k}}$ に0次の $f_{\boldsymbol{k}}{}^0$ を用いると

$$\frac{\partial f_{\boldsymbol{k}}{}^0}{\partial \boldsymbol{k}} = \frac{\partial f_{\boldsymbol{k}}{}^0}{\partial E}\frac{\partial E}{\partial \boldsymbol{k}} = \hbar\boldsymbol{v}_{\boldsymbol{k}}\frac{\partial f_{\boldsymbol{k}}{}^0}{\partial E} \tag{2}$$

だから, (10.35) で $\hbar^{-1}\boldsymbol{F}\cdot\nabla_k f_{\boldsymbol{k}}$ の第1項は $-e\boldsymbol{E}\cdot\boldsymbol{v}_{\boldsymbol{k}}(\partial f_{\boldsymbol{k}}{}^0/\partial E)$ となる. 第2項は

$(\boldsymbol{v}_k \times \boldsymbol{H})\cdot\boldsymbol{v}_k = 0$ からゼロとなる．したがって，磁場の最低次の項は $f_k \to f_k{}^1$ とおいたものである．ボルツマン方程式は

$$-e\boldsymbol{E}\cdot\boldsymbol{v}_k\frac{\partial f_k{}^0}{\partial E} = \frac{f_k{}^1}{\tau} + \frac{e}{\hbar}(\boldsymbol{v}_k \times \boldsymbol{H})\cdot\frac{\partial f_k{}^1}{\partial \boldsymbol{k}} \tag{3}$$

となる．

4．　ボルツマン方程式の解を

$$f_k{}^1 = -\frac{\partial f_k{}^0}{\partial E}\tau\boldsymbol{v}_k\cdot e\boldsymbol{A} \tag{1}$$

の形に求めることにする．演習問題 3 の解答の（3）は $\hbar\boldsymbol{k} = m\boldsymbol{v}_k$ を使うと

$$\boldsymbol{v}_k\cdot\boldsymbol{E} = \boldsymbol{v}_k\cdot\boldsymbol{A} + \frac{e\tau}{m}(\boldsymbol{v}_k \times \boldsymbol{H})\cdot\boldsymbol{A} \tag{2}$$

となり，これはすべての $\boldsymbol{v}_k$ に対して

$$\boldsymbol{E} = \boldsymbol{A} + \frac{e\tau}{m}\boldsymbol{H} \times \boldsymbol{A} \tag{3}$$

が満たす．磁場がないときには

$$\boldsymbol{J} = \sigma_0\boldsymbol{A} = \frac{1}{\rho_0}\boldsymbol{A} \tag{4}$$

であるから（3）は

$$\boldsymbol{E} = \rho_0\boldsymbol{J} + \frac{e\tau}{m}\rho_0\boldsymbol{H} \times \boldsymbol{J} \tag{5}$$

である．第 1 項は電流の方向に $E_{/\!/} = \rho_0 J$ の電場が必要なことを示す．第 2 項は，$\boldsymbol{J}$ に垂直に $\boldsymbol{H}$ を加えたとき，電場と電流に垂直な方向に生じるホール電場

$$E_{\mathrm{H}} = \frac{e\tau}{m}\rho_0 HJ \tag{6}$$

を与える．

$$\frac{e\tau}{m}\rho_0 = -\frac{1}{ne}$$

がホール係数である．

11 章

1．　z 向に進む電場の x 成分を考え，入射波，反射波，透過波の振幅をそれぞれ E_{i}, E_{r}，E_{t} とすると

$$E_x = E_\mathrm{i} \exp\left\{i\omega\left(\frac{z}{c} - t\right)\right\} + E_\mathrm{r} \exp\left\{-i\omega\left(\frac{z}{c} + t\right)\right\} \qquad (z < 0)$$

$$E_x = E_\mathrm{t} \exp\left\{i\omega\left(\frac{Nz}{c} - t\right)\right\} \qquad (z > 0)$$

が成り立つ．境界（$z = 0$）での連続条件から

$$E_\mathrm{t} = E_\mathrm{i} + E_\mathrm{r} \tag{1}$$

y 方向に存在する磁場成分を，マクスウェルの方程式（11.1）から導くと

$$-c\mu_0 H_y = E_\mathrm{i} \exp\left\{i\omega\left(\frac{z}{c} - t\right)\right\} - E_\mathrm{r} \exp\left\{-i\omega\left(\frac{z}{c} + t\right)\right\} \qquad (z < 0)$$

$$-c\mu_0 H_y = NE_\mathrm{t} \exp\left\{i\omega\left(\frac{Nz}{c} - t\right)\right\} \qquad (z > 0)$$

である．境界での連続性から

$$NE_\mathrm{t} = E_\mathrm{i} - E_\mathrm{r} \tag{2}$$

（1）と（2）から $E_\mathrm{r}/E_\mathrm{i}$ を求めて（11.23）を得る．

2．（11.20）と（11.33）から

$$\varepsilon_2 = \frac{1}{\omega\tau} \frac{{\omega_\mathrm{p}}^2 \varepsilon_0}{\omega^2 + 1/\tau^2}$$

$\tau \to \infty$ を考えると

$$\varepsilon_2 = \frac{ne^2}{m} \frac{1}{\omega^2 \omega\tau}$$

となり，（11.38）の σ と $\omega\varepsilon_2$ が等しい．

3．（11.40）から $\omega^2 N^2 = -c^2 |K|^2$ だから，N が純虚数となるので，（11.23）で $n = 0$ とおくと $R = 1$．

4．$\boldsymbol{k} = 0$ での電子の遷移に対しては，これが成り立たないと考えるかもしれない．その考え自体は正しいが，現実には $\boldsymbol{k} \approx 0$ というのは非常に限られた事象である．$\boldsymbol{k} = 0$ を中心にしても，ある範囲の $\boldsymbol{k}$ が関係する．例えば $G/10$ までかもしれない．それを平均の $G/20$ だと考えても，K は十分小さくて無視できる．大きさの比較とは，この程度に粗い議論なのである．

5．（1） 電子が光からエネルギーをもらって，バンド間の遷移をするとき，フォノンを吸収する．そのときフォノンは1つ消える．音響モード，光学モードのどちらのエネルギーも，光に比べて非常に小さいので，フォノンの波数 q だけずれ

たところに電子のエネルギーが $\hbar\omega_q$ だけ大きい状態があり得る．これは関与するフォノンがどちらのモードでも可能である．

（2） 波数とエネルギーの保存則が両立するには，音響モードのフォノンが1つ消え（生じ），光学モードのフォノンが1つ生じる（消える）ことが必要である．そのエネルギー差と波数の差を両立させるフォトンが存在する．2つとも同じモードでは，光速が音速に比べて非常に大きいので，運動量保存則とエネルギー保存則が両立できない．

12章

1． $\boldsymbol{L}+\boldsymbol{S}=\boldsymbol{J}$ の両辺を2乗すると

$$\boldsymbol{L}\cdot\boldsymbol{S}=\frac{1}{2}(\boldsymbol{J}^2-\boldsymbol{L}^2-\boldsymbol{S}^2)=\frac{1}{2}\{J(J+1)-L(L+1)-S(S+1)\} \tag{1}$$

と表わせる．(12.33) の $\boldsymbol{\mu}$ を，$\boldsymbol{J}$ に平行な成分 $\boldsymbol{\mu}_J$ と，垂直な成分 $\boldsymbol{\mu}_\perp$ に分解して考える．まず $\boldsymbol{S}$ を $\boldsymbol{J}$ に平行な成分 $a\boldsymbol{J}$ と，垂直な成分 $\boldsymbol{S}_\perp$ に分け

$$\boldsymbol{S}=a\boldsymbol{J}+\boldsymbol{S}_\perp \tag{2}$$

とおく．

$$\boldsymbol{L}=\boldsymbol{J}-\boldsymbol{S}=(1-a)\boldsymbol{J}-\boldsymbol{S}_\perp \tag{3}$$

と表わして，(2)，(3) と $\boldsymbol{J}(=\boldsymbol{L}+\boldsymbol{S})$ の内積をとると

$$\left.\begin{aligned}\boldsymbol{J}\cdot\boldsymbol{S}&=\boldsymbol{L}\cdot\boldsymbol{S}+\boldsymbol{S}^2=a\boldsymbol{J}^2\\ \boldsymbol{J}\cdot\boldsymbol{L}&=\boldsymbol{L}\cdot\boldsymbol{S}+\boldsymbol{L}^2=(1-a)\boldsymbol{J}^2\end{aligned}\right\} \tag{4}$$

(4) の両辺を引き算すると

$$\boldsymbol{S}^2-\boldsymbol{L}^2=(2a-1)\boldsymbol{J}^2 \tag{5}$$

(5) の両辺をそれぞれ固有値で置き換えると

$$S(S+1)-L(L+1)=(2a-1)J(J+1) \tag{6}$$

であるから

$$a=\frac{J(J+1)+S(S+1)-L(L+1)}{2J(J+1)} \tag{7}$$

を得る．(12.33) に，(2)，(3)を代入すると，$\boldsymbol{J}$ に平行な成分は

$$\boldsymbol{\mu}_J=-\mu_{\mathrm{B}}(1+a)\boldsymbol{J} \tag{8}$$

となる．これと (12.35) から (12.36) が得られる．

2．標準的なバンドでは，(7.24)，(7.25) から $D(E_\mathrm{F}) = 3N/2E_\mathrm{F}$ だから

$$\chi_\mathrm{P} \simeq \frac{3}{2}\chi\frac{T}{T_\mathrm{F}}$$

ここで χ はイオンの常磁性磁化率 (12.25) である．T_F を3万度とすると，χ_P は χ の百分の一の大きさになる．

3．ランダウ準位の状態密度は，(8.37) の定義を使うと

$$D(E) = \frac{eB}{\hbar}\frac{1}{2\pi}\sum_n\int\delta\left\{E - \left(n + \frac{1}{2}\right)\hbar\omega_\mathrm{c} - \frac{\hbar^2 {k_z}^2}{2m}\right\}dk_z$$

$eB/\hbar$ は k_x，k_y 面内の縮退度である．(11.67) と (3.67) を使うと

$$D(E) = \frac{eB}{\hbar}\frac{1}{2\pi}\frac{\sqrt{2\hbar}}{2m}\sum_n\left\{E - \left(n + \frac{1}{2}\right)\hbar\omega_\mathrm{c}\right\}^{-1/2}$$

これは括弧内がゼロとなる等間隔のエネルギーで，鋭いピークをもつ (7章の演習問題3の解答の図参照)．

4．(12.59) は

$$M = \frac{\mu_0 N(g\mu_\mathrm{B})^2}{k_\mathrm{B}T}(H + \lambda M) \equiv \alpha(H + \lambda M)$$

とおくと

$$M = \frac{\alpha}{1 - \alpha\lambda}H \tag{1}$$

となる．(12.56) から $\alpha\lambda = T_\mathrm{c}/T$ を (1) に代入すると，(12.60) を得る．

5．反強磁性体では，格子が正スピンと負スピンの原子の部分格子に分けられる．これを A，B 部分格子として，それぞれの磁化を M_A，M_B とすると，キュリー則は

$$M_\mathrm{A} = \frac{C}{T}(H - \beta M_\mathrm{B} - \varepsilon M_\mathrm{A}) \tag{1 a}$$

$$M_\mathrm{B} = \frac{C}{T}(H - \beta M_\mathrm{A} - \varepsilon M_\mathrm{B}) \tag{1 b}$$

と書ける．β，ε は2つの部分格子の結合定数である．上の式は，$T > T_\mathrm{N}$ で成り立つ．磁場ゼロで M_A，M_B が有限の値をもつ条件は

$$\begin{vmatrix} T + \varepsilon C & \beta C \\ \beta C & T + \varepsilon C \end{vmatrix} = 0$$

である．これから

$$T_{\mathrm{N}} = (\beta - \varepsilon)\,C \tag{2}$$

(1)の反強磁性（$M_{\mathrm{A}} = M_{\mathrm{B}}$）に関する解は

$$\frac{M_{\mathrm{A}}}{H} = \frac{C}{T + C(\beta + \varepsilon)} = \frac{M_{\mathrm{B}}}{H}$$

となり，磁化率は

$$\chi = \frac{M_{\mathrm{A}} + M_{\mathrm{B}}}{H} = \frac{2C}{T + \theta} \tag{3}$$

の形である．

13 章

1．（13.5）と（13.19）から

$$\mu = -\frac{E_{\mathrm{d}}}{2} + \frac{k_{\mathrm{B}}T}{2}\log\frac{N_{\mathrm{d}}}{2N_{\mathrm{c}}(T)}$$

2．慣用単位胞内の価電子数が 32 であることを使うと

$$n = \frac{32}{(5.62 \times 10^{-10})^3} = 1.8 \times 10^{29}\,\mathrm{m^{-3}}$$

だから，（11.31）で

$$\hbar\omega_{\mathrm{p}} = 2.52 \times 10^{-18}\,\mathrm{J} = 15.6\,\mathrm{eV}$$

これと与えられた式を使うと

$$E_{\mathrm{g}} = 4.05\,\mathrm{eV}$$

3．伝導帯のランダウ準位での電子の波動関数は，(13.21)から $\phi_{\mathrm{c}}(\boldsymbol{r}) = u_{\mathrm{c}}(\boldsymbol{r})F_{\mathrm{c}}(\boldsymbol{r})$ である．$u_{\mathrm{c}}(\boldsymbol{r})$ は伝導帯の $\boldsymbol{k} = 0$ でのブロッホ関数，$F_{\mathrm{c}}(\boldsymbol{r})$ はそこでのランダウ準位の波動関数で，調和振動子の解（3.26）で与えられる．対応する価電子帯の波動関数を，$\phi_{\mathrm{v}}(\boldsymbol{r}) = u_{\mathrm{v}}(\boldsymbol{r})F_{\mathrm{v}}(\boldsymbol{r})$ とする．(11.60)で双極子近似を使うと，遷移の行列要素は $\boldsymbol{p}$ の行列要素

$$\int \phi_{\mathrm{v}}{}^*(\boldsymbol{r})\,\boldsymbol{p}\,\phi_{\mathrm{c}}(\boldsymbol{r})\,d\boldsymbol{r} \tag{1}$$

に比例する．包絡関数 F の変数は格子点 $\boldsymbol{R}$ ごとにとり，積分を単位胞の積分と，格子点に関する積分に分けて考える．(1) は

$$\int_{\text{cell}} u_{\text{c}}^*(\boldsymbol{r})\,\boldsymbol{p}\,u_{\text{v}}(\boldsymbol{r})\,d\boldsymbol{r} \int F_{\text{c}}^*(\boldsymbol{R})\,F_{\text{v}}(\boldsymbol{R})\,d\boldsymbol{R}$$

$$+ \int_{\text{cell}} u_{\text{c}}^*(\boldsymbol{r})\,u_{\text{v}}(\boldsymbol{r})\,d\boldsymbol{r} \int F_{\text{c}}^*(\boldsymbol{R})\,\boldsymbol{P}\,F_{\text{v}}(\boldsymbol{R})\,d\boldsymbol{R}$$

となる．第2項で $\boldsymbol{R}$ に対する運動量を $\boldsymbol{P}$ で表した．第1項の第1因子がゼロでないときに，バンド間遷移が許される．そのとき第2因子は，波動関数の直交性から，価電子帯と伝導帯の量子数 n が等しいときに遷移が許される．第2項では同じバンド (c = v) 間の遷移に対して，第1因子がゼロでない．このとき第2因子は，3章の演習問題3の公式から $\Delta n = \pm 1$ となり，サイクロトロン共鳴の選択則を与える．

4. まず

$$H_0\,a_n(\boldsymbol{r} - \boldsymbol{R}) = \sum_{\boldsymbol{R}''} \varepsilon_n(\boldsymbol{R} - \boldsymbol{R}'')\,a_n(\boldsymbol{r} - \boldsymbol{R}'') \tag{1}$$

が成り立つ．ここで

$$\varepsilon_n(\boldsymbol{R} - \boldsymbol{R}'') = \frac{1}{N} \sum_{\boldsymbol{k}} E_n(\boldsymbol{k})\,e^{-i\boldsymbol{k}\cdot(\boldsymbol{R}-\boldsymbol{R}'')} \tag{2}$$

である．シュレーディンガー方程式 (13.23) に (13.27) を代入すると

$$\sum_n \sum_{\boldsymbol{R}} \{ \sum_{\boldsymbol{R}''} \varepsilon_n(\boldsymbol{R} - \boldsymbol{R}'')\,a_n(\boldsymbol{r} - \boldsymbol{R}'') + v(\boldsymbol{r})\,a_n(\boldsymbol{r} - \boldsymbol{R})$$

$$- E\,a_n(\boldsymbol{r} - \boldsymbol{R}) \} F_n(\boldsymbol{R}) = 0 \tag{3}$$

両辺に $a_{n'}^*(\boldsymbol{r} - \boldsymbol{R}')$ を掛けて $\boldsymbol{r}$ で積分すると

$$\sum_n \sum_{\boldsymbol{R}} \{ \delta_{nn'}\,\varepsilon_n(\boldsymbol{R} - \boldsymbol{R}') + V_{nn'}(\boldsymbol{R}, \boldsymbol{R}') \} F_n(\boldsymbol{R}) = E\,F_{n'}(\boldsymbol{R}') \tag{4}$$

を得る．ここで

$$V_{nn'}(\boldsymbol{R}, \boldsymbol{R}') = \int a_{n'}^*(\boldsymbol{r} - \boldsymbol{R}')\,v(\boldsymbol{r})\,a_n(\boldsymbol{r} - \boldsymbol{R})\,d\boldsymbol{r} \tag{5}$$

であるが，これをワニエ関数が格子点付近に局在していることから $v(\boldsymbol{R})\,\delta_{nn'}\delta_{\boldsymbol{RR}'}$ で置き換える．$v(\boldsymbol{r})$ の変化が緩やかなとき，$F_n(\boldsymbol{R})$ の格子点ごとの変化もゆっくりだと考えてよいので，$\boldsymbol{R}$ を連続変数と考えて $F_n(\boldsymbol{r})$ と書く．$F_n(\boldsymbol{r})$ は，格子点間隔の何倍か動いたときに初めて変化があるような包絡関数である．(2) の逆変換

$$E_n(\boldsymbol{k}) = \sum_{\boldsymbol{R}} \varepsilon_n(\boldsymbol{R})\,e^{i\boldsymbol{k}\cdot\boldsymbol{R}} \tag{6}$$

で，$\boldsymbol{k} \to -i\nabla$ とした $E(-i\nabla)$ を用いて (13.28) を得る．

5．電気二重層の単位面積当たりの電荷を Q とすると，接合の両側の電位差を ϕ として

$$\frac{Q}{\varepsilon\varepsilon_0} \approx \frac{\phi}{d}$$

と考えてよい．両側のドナー，アクセプターの濃度がほぼ等しいとすると，$Q \approx N_{\mathrm{d}}ed$．これから (13.29) がいえる．

14 章

1．円盤では磁場が部分的に排斥される外部領域が大きいので(図)，磁場のエネルギーが非常に増加する．凝縮エネルギーのほうは試料の形状によらず一定だから，円盤形の試料は H_{c} よりかなり下で常伝導になりはじめる．そのとき全域が常伝導ではない混合状態になり，試料内部に多くの超伝導領域と常伝導領域が並んで存在する．

2．定性的には，変数 k が 1 次元であることと，7 章の演習問題 3 の 1 次元の結果からいえる．式で表わすには，次のように考える．

クーパー対のエネルギーは，k を k_{F} から測ったとき，$k=0$ で Δ，$k \to$ 大で E となる．問題中の E と E の式はこれを正しく表わしているから

$$\frac{dE}{d\mathrm{E}} = \frac{\mathrm{E}}{\sqrt{\mathrm{E}^2 + \Delta^2}} = \frac{\sqrt{E^2 - \Delta^2}}{E}$$

を使うと，$|E| > \Delta$ で

$$D(E) = 2D(\mathrm{E})\frac{d\mathrm{E}}{dE} = 2D(E_{\mathrm{F}})\frac{|E|}{\sqrt{E^2 - \Delta^2}}$$

となる．$|E| < \Delta$ ではゼロである．

3．表面から十分深いリングの内部を貫いて 1 周する経路 C を考える．C 上では $\boldsymbol{j} = 0$ だから

$$\hbar\nabla\phi = 2e\boldsymbol{A} \tag{1}$$

経路に沿っての $\boldsymbol{A}$ の積分は，ストークスの定理を使うと

$$\oint_{\mathrm{C}} \boldsymbol{A}\, d\boldsymbol{l} = \int \nabla \times \boldsymbol{A}\, dS = \int \boldsymbol{B}\, dS = \Phi \tag{2}$$

となり，経路を貫く磁束を与える．(1) の左辺は波動関数の位相で，1 周積分したとき 2π の整数倍だから

$$\oint_C \nabla\phi\, d\boldsymbol{l} = 2\pi m \tag{3}$$

(1) に (2)，(3) を使うと，$\Phi = (h/2e)\,m$.

15 章

1．電子で満たされている広い平板を x だけずらすと，両側に電荷密度 $\pm\, nex$ が生じる (問題の図参照)．n は電子密度である．これが分極 $P = nex$ を生じ，それがつくる電場 $E = -\,P/\varepsilon_0$ により板は復元力 eE を受ける．その運動方程式

$$m\frac{d^2x}{dt^2} = eE = -\frac{ne^2}{\varepsilon_0}x$$

は，プラズマ振動数 $\omega_{\mathrm{p}} = (ne^2/\varepsilon_0 m)^{1/2}$ による振動を表わす．

2．(15.25) を書き直した式

$$\varepsilon(\boldsymbol{q}, \omega) = 1 + \frac{e^2}{q^2\varepsilon_0}\sum_{\boldsymbol{k}}\frac{2f(\boldsymbol{k})(E_{\boldsymbol{k}} - E_{\boldsymbol{k}+\boldsymbol{q}})}{(\hbar\omega)^2 - (E_{\boldsymbol{k}} - E_{\boldsymbol{k}+\boldsymbol{q}})^2}$$

で，すべての励起について

$$\hbar\omega \gg E_{\boldsymbol{k}+\boldsymbol{q}} - E_{\boldsymbol{k}}$$

が成り立つような高いエネルギーの光を考えると

$$\varepsilon(\boldsymbol{q}, \omega) = 1 + \frac{e^2}{q^2\varepsilon_0}\sum_{\boldsymbol{k}}\frac{f(\boldsymbol{k})}{(\hbar\omega)^2}\left(-\,q^2\frac{\partial^2 E}{\partial k^2}\right) = 1 - \frac{ne^2}{\omega^2\varepsilon_0 m}$$

この式で誘電率がゼロになる振動数が，(15.1) のプラズマ振動数である．

3．$v = V/\varepsilon$ において $\varepsilon = 0$ であれば，$v \to \infty$ となる．これは無限小の外場 V によって，有限のポテンシャル v が生じることを意味する．つまり電子ガスは，外場を加えなくてもそれ自身が ω_{p} で振動する系である．その原因は電子間のクーロン相互作用である．

4．振動子強度の和公式 $\sum_n (E_n - E_s)\,|\langle n|e^{i\boldsymbol{q}\cdot\boldsymbol{r}}\,|s\rangle|^2 = \hbar^2 q^2/2m$ で，問題に与えられた近似を使うと

$$\sum_{\boldsymbol{G}}|\,M_{\boldsymbol{k},\boldsymbol{k}+\boldsymbol{q}+\boldsymbol{G}}\,|^2 \approx \frac{1}{E_{\mathrm{g}}}\frac{\hbar^2 q^2}{2m}$$

である．問題の (1) が 0 でないのは，(a) $f(\boldsymbol{k}) = 1$, $f(\boldsymbol{k} + \boldsymbol{q} + \boldsymbol{G}) = 0$, または

(b) $f(\boldsymbol{k})=0$, $f(\boldsymbol{k}+\boldsymbol{q}+\boldsymbol{G})=1$のときで．(a)では

$$\varepsilon(\boldsymbol{q},0)\simeq 1+\frac{e^2}{q^2\varepsilon_0}\frac{1}{{E_{\mathrm{g}}}^2}\frac{\hbar^2q^2}{2m}\sum_{\boldsymbol{k}}f(\boldsymbol{k})$$

となる．ここで和は1となる．(b)の寄与も同じだから(2)が示せた．

参 考 書

特定の話題に関する参考書は，本文中で そのつど あげてあるので，ここでは全体的な参考書を紹介する．

数多い固体物理の教科書の中で，代表的なものはキッテルとアシュクロフト－マーミンの2つだろう．

キッテル：「固体物理学入門 上・下」(宇野良清・津屋 昇・森田 章・山下次郎 共訳，丸善)

は，カバーする範囲が広く，実験データが豊富なことが特色である．版を改めるごとに新しい項目が加えられ，固体物理を学ぶ者が最初に読む本としての地位を半世紀近く保っている．原著は

C. Kittel : *Introduction to Solid State Physics* (John Wiley & Sons Inc.)

で，第7版が1996年に出ている．

アシュクロフト－マーミン：「固体物理の基礎 上I・上II，下I・下II」(松原武生・町田一成 共訳，吉岡書店)

は，1000頁を超す大著である．ほかの本にはないことまで踏み込んで記述されていて，じっくり腰を据えて読むのによい．初学者は息切れするかもしれないが，大学院生にも適している．原著は

N. W. Ashcroft and N. D. Mermin : *Solid State Physics* (W. B. Saunders Company)

である．

黒沢達美：「物性論 — 固体を中心とした — [改訂版]」(裳華房)

は，むずかしい式を使わずに書かれていて，細部にとらわれず本質を理解す

るのに適している．

そのほか

ザイマン：「固体物性論の基礎」（山下次郎・長谷川彰 共訳，丸善）

原著は，

J. M. Ziman: *Principles of the Theory of Solids* (Cambridge University Press)

と

溝口 正：「物性科学の基礎 物性物理学」（裳華房）

をあげておく．

上村 洸・中尾憲司：「電子物性論 ― 物性物理・物性科学のための ―」（培風館）

は，とくに半導体の記述が行き届いている．

もっと初歩的な本として

M. A. Omar: *Elementary Solid State Physics* (Addison-Wesley)

がある．

長岡洋介：「遍歴する電子」（産業図書）

は，固体電子論に限って，ていねいに書かれている．

私が大学院修士課程の講義に利用したのが，いずれもやや古いが

A. O. E. Animalu: *Intermediate Quantum Theory of Crystalline Solids*

P. L. Taylor: *A Quantum Approach to the Solid State* (Prentice-Hall Inc.)

である．後者には第2量子化の導入からBCS理論までがわかりやすく書かれている（*A Quantum Approach to Condensed Matter Physics* として再版された）．

量子力学の教科書もたくさんある．本書の3章よりもやさしく，くわしいものに

中嶋貞雄：「量子力学 I・II」（岩波書店）

がある．量子力学を固体物理につなぐ意図で書いたのが

拙著：「物質の量子力学」（岩波書店）

である．

齋藤理一郎：「量子物理学」（培風館）

は，半導体への応用を中心に書かれている．

フェリー：「デバイス物理のための量子力学」（長岡洋介 監訳，丸善）

は，物理や電子工学向きに高度なところまでを含んでいる本である．

各論に関するものとしては

金森順次郎：「磁性」（培風館）

中嶋貞雄：「超伝導入門」（培風館）

ティンカム：「超伝導現象」（小林俊一 訳，産業図書）

をあげておく，ティンカムの原著は

M. Tinkham : *Introduction to Superconductivity* (McGraw Hill Inc.)

である．

栗原 進：「超伝導 ― 目に見える量子の世界 ―」

は，超伝導を数式を1つも使わず20数頁で解説したユニークなもので，東京電力株式会社・エネルギー未来開発センター発行の"ILLUME" 2巻1号（1990）に載った．早稲田大学理工学部のホームページ（http://www.sci.waseda.ac.jp/journal/）で読むことができる．

2004年9月に「超伝導でたどるメゾスコピックの世界」物理の世界・物質科学の展開6（岩波書店）として刊行された．

索　　引

ク

ケ

コ

サ

シ

ヘ

ホ

マ

ム

メ

モ

ユ

ヨ

ラ

リ

レ

ワ

著 者 略 歴

1934年 中国，旅順市に生まれる．1957年 東京大学理学部物理学科卒業．1962年 同大学院博士課程修了．理学博士．東京大学工学部物理工学科助手，講師，助教授，筑波大学物質工学系教授を経て，現在，同大学名誉教授．

主な著書：「物質の量子力学」（岩波書店），「演習 量子力学［新訂版］」（共著），「量子力学［新訂版］」（以上，サイエンス社），「べんりな変分原理」（共立出版）

固体物理学 ―工学のために―

2002年10月25日 第1版発行
2013年 1月30日 第9版1刷発行
2023年 1月30日 第9版4刷発行

検印省略

定価はカバーに表示してあります．

増刷表示について
2009年4月より「増刷」表示を『版』から『刷』に変更いたしました．詳しい表示基準は弊社ホームページ
http://www.shokabo.co.jp/
をご覧ください．

著作者 岡崎（おかざき） 誠（まこと）

発行者 吉野和浩

発行所 〒102-0081
東京都千代田区四番町8-1
電話 03-3262-9166
株式会社 裳華房

印刷所 中央印刷株式会社

製本所 牧製本印刷株式会社

ISBN 978-4-7853-2214-4